초등
문해력을
키우는
엄마의 비밀

3단계 | 고학년 추천

3단계

고학년 추천

초등

최나야 · 정수정 지음

문해력을

키우는

엄마의 비밀

엄마표 책동아리 실전 가이드

로그인

초등학교 6년,
문해력 성장의 민감기

'문해력(literacy)'에 대한 부모님들의 관심이 크게 증가하여 얼마나 기쁜지요. 현대 사회에서 문해력은 인간으로서 잘 살아갈 수 있게 해 주는 기본적이고 절대적인 능력입니다. 우리 아이들은 문해력의 씨앗을 갖고 태어나며, 태어나자마자 싹을 틔우고 조금씩 키워 나가기 시작한다는 것은 이미 아시지요? 영유아기는 자연스러운 방식으로 문해력의 바탕을 만들어 가는 '발현적 문해(emergent literacy)'의 시기입니다. 학습을 통해 읽기, 쓰기를 익히는 '관습적 문해(conventional literacy)'는 취학 전후로 시작되지요. 따라서 초등학교 시기는 바로 학업과 업무를 위한 기초 기술로서의 문해력을 탄탄히 키울 수 있는 민감기(sensitive period)라고 할 수 있습니다.

이 시기를 놓치면 '문해력이 떨어지는 사람'이 될 수 있다는 뜻이에요. 중학교 중간·기말고사 결과만 보아도 바로 느낄 수 있어요. 아무리 수업을 이해하고 시험 전에 내용을 달달 암기해도 처음 본 시험지의 질문을 정확히 파악하지 못하면 점수를 따내지 못하니까요.

아이의 문해력을 키워 주는 가장 좋은 활동은 책을 읽고 이해하고 생각한 것을 말하고 써 보는 것입니다. 문해력 발달을 연구하는 저도 엄마로서 아이를 키우는 과정은 여러분과 똑같아요. 바쁜 시간을 쪼개어 아이의 성장에 어떤 도움을 줘야 하나 고민하고 반성도 하죠. 아이가 초등학교에 입학한 이후 어느 날, 방마다 도서관처럼 정리해 둔 책꽂이들을 바라보다 문득 생각했어요. '발품 들여 좋은 책만 갖춰 놓으면 뭘 하나. 구슬도 꿰어야 보배지. 일단 엄마가 할 수 있는 일부터 하나씩 해 봐야겠다' 하고요.

그렇게 시작했던 것이 책동아리였습니다. 혹시 '책동아리'라는 말에 주춤하셨나요? 하지만 혼자보다는 여럿이 더 쉽답니다. 저도 용기를 내기 위해서 친구들을 모은걸요. 엄마(또는 아빠)와 아이만 탄뗏목보다는 다른 아이들, 다른 어머니들과 함께 노를 저으며 나아가는 배가 훨씬 더 안정적이고 빠르며 재미도 있습니다. 이 책에 엄마표 책동아리의 장점을 모두 풀어놓았으니 살펴보시고 저한테 설득당해 주세요. 어떻게 책동아리를 꾸리면 좋을지, 어떻게 운영하고 지도하면 좋을지 설명서도 준비했으니 마음 편히 읽어 주시고요. 공통적인 내용은 어쩔 수 없이 겹치지만, 학년별 차이도 각 권에 나누어 제시했으니 독서 지도 시 도움이 될 거예요.

아이들과 초등학교 6년간 밟아온 길을 되돌아가 수준별로 1~2학년, 3~4학년, 5~6학년용 세 권으로 분권하고 자세한 지도 방법과 활동지까지 담아냈습니다. 바쁜 엄마들을 위해 바로 활용할 수 있는 독서 지도안을 학년별로 20회씩 제공했어요. 저처럼 격주로 진행한다면 한 학년 동안 이것만 해도 충분할 거예요. 나아가 아이들과 함께 우리만의 책도 고르고 나만의 활동지를 만들어 아이들을 만나게 된다면 엄마는 물론 아이에게도 분명 더 의미 있는 활동이 될 거라 생각합니다. 학년 간 구분은 절대적이지 않으니 아동의 수준에 맞게 사용하면 되며, 활동지는 꼭 한번 다른 책에 응용해 보세요.

저의 오랜 연구 파트너, 정수정 선생님과 함께 이 책을 펴낼 수 있어서 기뻤습니다. 아동학 박사이자 초등학교에서 오랫동안 사서로 일해 오신 정 선생님이 제가 고른 책들과 함께 읽으면 좋은 책들을 많이 추천했으니 살펴보시고 골라 보세요. 6년간 든든하실 거예요. 로그인에서 이 책에 마음을 더해 예쁘게 출간해 주셔서 참으로 감사합니다. 책의 이미지 사용을 허락해 주신 수많은 출판사의 관계자 분들께도 감사드립니다.

최나야 드림

권장 도서 목록에 지치는 아이와 엄마를 위해

초등학교 도서관 사서로서 가장 많이 듣는 말은 책을 추천해 달라는 거예요. 학부모님께서 "우리 아이가 ○학년인데 무얼 읽혀야 되나요?"라고 질문하실 때 당혹스럽지요. 심지어는 ○학년 '필독 도서'를 알려 달라고도 하세요. 그런데 대부분 질문을 하실 때 정작 책 읽기의 주체인 아이는 쏙 빠져 있는 경우가 많아요.

보통 학령기 아동을 나누는 객관적인 요소가 연령, 학년이라는 점은 충분히 이해됩니다. 하지만 같은 학년이라도 아이마다 읽기 수준, 배경지식, 흥미와 관심 분야가 다르기 때문에 학년만 가지고 아이에게 맞는 책을 고르는 일은 쉽지 않아요. 아이들의 개별성과 다양성을 무시하고 획일적으로 학년별 권장 도서를 준다는 것은 독자나 추천자 모두에게 무리가 있어요. 권장 도서라는 것은 말 그대로 권장하는 것일 뿐이고, 세상의 많고 많은 책 중에 자신이 좋아하는 책이 어떤 종류인지, 무슨 책을 읽어야 할지 모를 때 참고로 하는 기준일 뿐이지요. 또 그 학년에 반드시 읽어야만 하는 책도 없답니다.

초등학교 아이들은 신체, 인지, 정서, 사회성 등 모든 면에서 하루가 다르게 계속 성장합니다. 이에 따라 읽기 흥미와 능력도 나날이 발달해야 하지만 개개인에 따라 그 정도가 달라지기도 하니 익혀야 할 독서법이 달라질 수밖에 없지요. 그러므로 아동 개개인의 관심 분야나 발달과 관계없이 권위 있는 기관에서 선정했다는 이유만으로, 교과서에 수록되었다는 이유만으로 무작정 수용하는 것은 바람직하지 않다고 생각합니다.

권장 도서와 상관없이 아이의 취향, 관심사와 관계된 책을 골라 주세요. 수많은 권장 도서를 읽기에도 바쁘다 보니 정작 읽고 싶은 다른 책들은 구경도 못 해 보고 '독서는 재미없어'라는 생각이 아이에게 자리 잡기 쉽습니다. 그래서 유아기 때는 책을 좋아하던 아이들이 나이를 먹을수록 점점 책과 멀어지는 게 아닐까요?

책 선정에 어려움이 있다면 아이들에게 안전한 책은 스테디셀러라 할 수 있어요. 일시적인 유행이나 호기심이 아니라 세대를 넘어 지속적인 공감을 불러일으키고, 교훈도 주는 고전이야말로 아이들이 읽어야 하는 책이에요. 부모님들이 읽었던《톰 소여의 모험》,《오즈의 마법사》,《이상한 나라의 앨리스》등과 같은 책은 요즘 아이들도 즐겨 읽지요. 부모와 자녀가 같은 책을 읽은 경험은 서로를 이해하고 소통하는 데 아주 중요한 역할을 한다고 봐요.

〈초등 문해력을 키우는 엄마의 비밀〉에는 신간과 함께 이런 책들도 많이 다루었고, 꼬리를 물고 곁들여서 읽으면 좋은 책들을 풍부하게 소개했습니다. 활동 도서와 같은 주제의 책 외에도 같은 작가가 쓴 책 등을 제시했어요. 그중에 아이와 엄마 마음에 쏙 드는 책만 골라 읽으시면 됩니다. 학년별로 고정된 것이 아니니, 읽기 수준에 따라 자유롭게 이동해 주세요. 아이들이 부디 '필독 도서'의 함정에서 벗어나 주체적인 독자가 되길 바랍니다.

책동아리는 단거리 경주가 아니에요. 저의 멘토 최나야 교수님이 마치 마라톤을 하듯 아이 옆에서 꾸준하게 함께 뛰면서 기록한 6년간의 성장기를 공개합니다. 엄마표 책동아리의 운영은 긴 호흡이 필요합니다. 의욕만 앞서서 전력 질주를 한다면 도중에 지쳐서 포기하게 될 거예요. 여러분도 어깨의 힘을 빼고 아이의 손을 잡고 출발선에 서 보세요. 한 걸음씩 즐겁게 나아가면 됩니다.

이 책에 담은 활동 도서 중에는 현재 절판 또는 품절인 도서들도 몇 권 있는데, 활동에서 빼기에는 책 자체가 너무나 좋아서 그대로 두었습니다. 도서관에서 빌려 보시거나 중고 서적을 구하는 데도 무리가 없어 소개해 드립니다. 좋은 어린이책이 계속 살아남아 사랑받으면 좋겠습니다.

정수정 드림

차 례

Chapter 1

초등 문해력, 엄마표 책동아리로 키운다

초등 5~6학년 문해력 키우는 비밀

왜 엄마표 책동아리인가?

엄마표 책동아리, 무엇을 어떻게 할까?

초등 문해력을 키우는 엄마표 책동아리 활동

Chapter 1

초등 문해력,
엄마표
책동아리로
키운다

초등 5~6학년
문해력 키우는 비밀

초등학교 고학년은 몸과 마음이 급속도로 성장하는 시기입니다. 사춘기에 접어들면서 또래 문화가 더욱 강화되고, 부모님이나 교사와 같은 성인 집단에 대해 반발심을 품기도 합니다. 친구들과 (온라인에서 수다 떨고 게임하며) 노느라, 책 읽을 시간은 점점 줄어 가지요.

이런 실상과는 반대로, 아이들이 배워야 할 교과의 수준은 점차 높아지고 분야는 확장되는 시기에 돌입합니다. 토론, 토의를 수업에서 본격적으로 배우고, 논설문이나 설명문 쓰기를 비롯한 글쓰기 과제도 늘어나요. 사회 교과는 역사, 정치, 경제, 세계지리, 세계문화 등으로 확장되어 평소 이에 대한 관심이나 흥미 또는 지식이 부족할 경우, 어렵다고 느끼기 쉽지요.

무엇보다 곧 진학할 중학교에서의 학습에 대비하기 위해서라도 모든 학습의 근간인 문해력을 탄탄하게 갖출 필요가 있어요. 그럼 초등학교 5~6학년생의 문해력은 어떻게 키워 줘야 할까요? 다음 내용을 꼼꼼히 살펴보고 아이의 문해력이 무럭무럭 잘 자라날 수 있도록 도와주세요.

토론과 논술을 위한 비문학 읽기

제가 운영한 책동아리에서는 아이들이 4학년일 때부터 비문학, 즉, 논픽션 책을 포함해 읽기 시작했어요. 문학, 비문학을 번갈아 가면서 읽도록 목록을 구성했지요. 5~6학년의 독서 지도에서는 토론과 논술을 좀 더 강화할 필요가 있습니다. 이를 위해서 다양한 주제의 논픽션 도서와 함께 신문, 잡지도 주기적으로 활용할 것을 추천합니다. 집에서 신문을 구독하시나요? 제가 전국의 초등생 학부모님들을 대상으로 연구를 해 보니, 요즘 가정의 종이 신문 구독률은 17%도 채 되지 않았습니다. 대다수 부모는 온라인 기사를 읽고, 종이 신문을 읽는 비율은 30%에 못 미치고요. 초등학생 본인들이 종이 신문을 읽는 경우는 11% 정도로 나타났습니다. 그런데 부모-자녀 간에 신문을 활용한 상호작용이 활발한 가정은 자녀의 읽기 동기를 높여 전 과목 성적에 긍정적인 영향을 미치는 것이 확인됐습니다. 즉, 신문은 훌륭한 가정 문해 자료입니다.

집에서 하는 신문 활용 교육

예전에 비해 초등학생들이 신문을 접하고 제대로 읽는 기회가 많이 줄어서 아쉽습니다. 신문은 현재 일어나고 있는 일을 다루는 매우 실제적인 문해 자료로서, 글이 간명하여 읽기 이해력을 높이는 데 효과적인 매체예요. 어린이신문부터 관심을 두고 살펴보고, 일반 일간지에서도 아이들이 읽는 책과 관련된 기사가 있는지 눈여겨보길 바랍니다.

일단 아이 앞에서 부모님이 신문 읽는 모습을 자주 보여 주세요. 그리고 아이에게도 신문을 읽을 수 있는 기회를 만들어 주세요. 구독을 하지 않는다면 가끔씩이라도 구매하거나 직장 등에서 본 신문을 집에 가져다주면 됩니다. 이야기 나눌 기사를 오려 주는 것도 좋아요. '스크랩 활동' 그 자체가 좋은 모델링이 됩니다. 물론, 온라인 기사도 공유할 수 있습니다. 기사 단위로 스마트폰으로 바로 보내 주어도 되고, PC나 스마트 기기로 함께 보는 것도 좋습니다.

그런데 지면과 화면상의 읽기가 어떻게 다른지 느끼시나요? 모니터나 스마트 기기 액정 화면으로 기사 같은 글을 읽을 때는 'F 자형' 읽기가 흔히 이루어집니다. 제목과 첫 몇 줄 정도는 좌우로 제대로 (그러나 훑듯이) 읽지만, 그 아래부터는 시선을 수직으로 내리며 대충 읽는 거죠. 주로 자극적이고 흥미로운 정보만 찾아 읽게 되는데, 이렇게 빠르고 성의 없는 읽기는 이해로 잘 이어지지 않습니다. 이에 반해, 책이나 신문 등 전통적인 방식의 읽기에서는 정독이 이루어지는 경우가 많아요. 그러니 어린아이들이 전자책과 온라인 기사부터 친숙해지지 않게 신경 쓸 필요가 있답니다.

추가 자료 제공으로 생각을 더 깊게

초등 고학년을 위해서는 어린이·청소년용 잡지 구독도 추천합니다. 과학, 수학, 독서, 문학, 게임 잡지 등이 있어요. 아이가 좋아하는 분야나 주제의 잡지를 찾아서 스스로 선택하게 해 주세요. 아이의 관심사 또는 의사와 상관없이 억지로 시켜 주고 읽으라고 강요하면 부작용만 생길 거예요. 아이에게 주는 선물처럼 1년 단위로 구독하면 좋습니다.

매달 자기 이름으로 오는 우편물을 뜯어서 보는 잡지는 즐거움과 함께 따끈따끈한 정보도 주기 때문에 문해력 성장에 아주 유용합니다. 독자로서의 자부심도 느끼게 되거든요. 잡지를 보다가 책동아리에서 읽은/읽을 책과 잘 연결되는 글을 발견했다면 친구들을 위해서 추가 읽기 자료로 추천할 수 있겠지요? 그럴 때도 상당한 뿌듯함을 느낄 거예요. 이렇게 초등학생 때 조금씩 꾸준하게 읽으면 결코 무시할 수 없는 지식이 쌓이고 읽기 능력의 바탕이 된답니다.

사춘기 자녀와 대화의 물꼬를 터 주는 신문

아이가 읽은 기사를 부모님도 함께 읽으면 대화할 거리가 풍부해집니다. 아침, 저녁 식탁에서 훌륭한 이야기 소재가 되죠. 읽다가 나온 모르는 내용에 대해 아이가 먼저 질문을 한다면 최선의 상황입니다. 질문 자체를 칭찬하며 부모님이 아는 선에서 적극적으로 대답해 주세요. 모르는 것은 같이 찾아볼 기회가 되니 멋쩍어하실 필요 없고요. 언제든, 무엇이든 정확히 모르면 '찾아보면 된다'는 것을 알려 줄 수 있어서 더 좋습니다. 그게 정보 문해(information literacy)의 시작이에요.

일반적인 신문 기사의 어휘는 중학교 2~3학년생 이상의 학력을 요구하기 때문에 초등 고학년에게는 어려운 게 당연합니다. 특히 한자어와 시사 관련 단어가 많지요. 하지만 이때부터 실제적 내용의 기사를 읽으며 한 번 두 번 눈에 익혀 두면 맥락을 이용해 단어의 의미를 유추하는 능력이 길러지고, 다른 책이나 교과 과정에서 다시 만날 때 더 쉽게 이해할 수 있어요. 기사마다 주제와 관련된 핵심 어휘가 있을 텐데, 그런 것 한두 개만 짚어 줘도 충분해요. 뜻을 간단하게 풀어 주거나 예문을 만들어 아이의 이해를 도울 수 있어요.

대화를 나눌 때는 내용 중심으로 하는 게 좋습니다. 이해를 제대로 했는지, 지식을 갖추고 있는지 확인하려는 질문만 하면 아이는 이런 시간을 피하게 될 수 있어요. 지금 우리가 사는 세상을 다루는 기사를 매개로 아이와 풍부한 대화를 나눠 보세요. 그리고 독후 활동으로도 연결할 수 있는 기사는 특히 눈여겨보길 바랍니다. 복수의 텍스트를 비교하여 읽는 문제가 각종 시험의 단골손님인 것, 잘 아시죠? 신문이나 잡지의 기사는 책과 분량뿐 아니라 결이 다르기 때문에 비교해서 읽기에 좋아요. 주제는 같지만 형식이 다른 두 텍스트를 읽고 비교하며 그에 대한 자신의 생각을 펼칠 기회를 만들어 보세요.

책만큼 알찬 스크랩북 만들기

신문과 잡지를 재활용 종이 쓰레기로 내다 버리는 건 귀찮기도 하지만, 아깝기도 합니다. 시간적 여유가 있다면 버리기 전에 훑어보고 어린이용 기사로 좋은 것을 스크랩해 두세요. 아이가 놓친 것을 읽을 기회, 좋은 내용은 한 번 더 볼 기회를 만들 수 있습니다. 나중에 학교 과제에 활용할 수도 있고, 동생에게 도움이 되기도 합니다.

저는 화가나 모델이 포트폴리오 수집을 위해 사용하는 대형 파일을 구해 놓고 기사 스크랩에 사용했어요. 투명한 비닐 안에 검정 종이가 들어 있는데, 오린 기사에 풀칠을 하지 않아도 어느 정도 고정이 되어서 한 면에 몇 개씩 넣었다가 빼고 교체하기 편리합니다. 내지를 추가로 구매해 끼울 수 있어 좋더라고요. 삼각대처럼 세워 둘 수도 있어 읽기에 더 편하기도 해요. 경제, 국사, 세계사, 환경, 인물, 문화, 세계 토픽……. 파일을 몇 장씩 구분해 주제별 섹션을 만들어 두면 근사한 스크랩북이 만들어집니다.

때로는 신문지 반 면짜리 기사가 책 한 권보다 더 값진 내용을 담고 있기도 합니다. 이렇게 정성스럽게 스크랩을 해 두면 가끔이나마 아이가 그 정성을 알아줍니다. 눈에 띌 때 또는 구체적인 정보가 필요할 때, 파일을 뒤적거리며 읽게 되는 거죠. 기사를 읽으면서 잘 몰랐던 특정 주제에 대해 흥미를 키워 가는 것도 책 읽기 못지않게 값진 경험입니다.

책동아리에서의 신문 활용 교육

책동아리에서 함께 읽은 책의 내용과 잘 연결되는 신문 기사를 그 자리에서 읽고 이야기를 나누거나 글을 쓸 수 있습니다. 이렇게 하면 신문 활용 교육(NIE: Newspaper In Education)이 되어 효과가 좋더라고요.

한 학기 독서 계획을 미리 세워 놓았다면 평소 신문을 읽을 때 책과 연결될 수 있는 기사를 틈틈이 스크랩해 두면 되고, 각 책을 읽고 활동지를 구성할 때 인터넷 검색을 하는 것도 좋아요. 주요 신문사 홈페이지나 인터넷 포털 사이트에서도 키워드로 관련 기사를 찾기 좋습니다. 방송 기사를 포함해 다양한 언론사의 자료를 통합적으로 찾고 싶을 때는 빅카인즈(www.bigkinds.or.kr)에서 검색하면 됩니다. 연도별, 지역별로도 찾을 수 있어요.

이렇게 검색해서 필요한 양질의 자료를 찾는 것은 정보 문해에 달려 있습니다. 요즘 아이들에게 필수적인 능력이니 어릴 때부터 길러 주면 좋겠죠. 신문 기사 찾기가 딱이에요. 아이에게 관련 기사를 찾아보게 하고, 찾은 것은 인쇄 기능으로 출력해서 함께 읽어도 좋아요. 광고는 빼고 출력할 수 있어요. 게재 날짜나 취재 기자 정보는 그대로 담아 두는 게 좋습니다.

초등학생용 부모-자녀 신문 활용 척도

(HNUS-E: Home Newspaper Utilization Scale for Elementary School Students)

자녀와의 신문 활용 정도를 점검해 보고, 척도의 문항들을 참고해 가정에서 신문을 활용해 보세요.

구성요인		번호	문 항	√
제1 범주 지도	모델링	1	나는 아이에게 종이 신문 보는 모습을 보여 준다.	
		2	나는 종이 신문이 아이 눈에 잘 띄도록 비치해 둔다.	
		3	나는 아이에게 신문 내용에 대해 다른 사람과 대화하는 모습을 보여 준다.	
		4	나는 아이에게 온라인 신문 보는 모습을 보여 준다.	
		5	나는 아이에게 신문 기사를 읽어 준다.	
	제한적 중재	6	나는 아이에게 읽어야 하는 내용을 정해 준다.	
		7	나는 아이에게 읽지 말아야 할 내용을 정해 준다.	
		8	나는 아이에게 신문을 읽어야 하는 시간을 정해 준다.	
		9	나는 아이에게 학습에 도움이 되는 영어-한자 등을 중점적으로 읽게 한다.	
	텍스트 지도	10	나는 아이에게 제목을 읽으며 기사의 내용을 예측하는 방법을 알려 준다.	
		11	나는 아이에게 신문을 효과적으로 읽는 전략을 설명해 준다(헤드라인, 부제 등).	
		12	나는 아이에게 신문의 다양한 지면을 알려 준다.	
		13	나는 아이에게 신문 기사의 내용을 설명해 준다.	
제2 범주 활용	놀이 활동	14	나는 아이와 종이 신문을 이용한 게임을 한다.	
		15	나는 아이와 종이 신문으로 만들기(종이접기, 옷 만들기, 입체 모양 만들기 등)를 한다.	
		16	나는 아이와 종이 신문으로 색칠하기, 그림 그리기 활동을 한다.	
		17	나는 아이와 종이 신문을 활용하여 스포츠(축구, 야구, 볼링 등)를 한다.	
		18	나는 아이와 종이 신문을 활용하여 수 세기 활동(읽기, 오리기 등)을 한다.	
		19	나는 아이에게 신문에서 숫자를 찾아보거나 읽도록 한다.	
	언어적 중재 (대화)	20	나는 아이에게 신문 기사를 읽고 느낀 점을 이야기하게 한다.	
		21	나는 아이에게 신문 기사에 대한 의견을 묻는다.	
		22	나는 아이와 신문을 함께 읽고 토론한다.	
		23	나는 아이에게 신문 기사를 읽고 내용을 설명/요약해 보게 한다.	
	온라인 중재	24	나는 아이에게 온라인 신문을 스크랩하는 모습을 보여 준다.	
		25	나는 아이에게 신문을 읽을 수 있는 사이트나 앱을 소개한다.	
		26	나는 아이에게 스크랩한 온라인 신문 기사를 보여 준다.	
		27	나는 아이에게 온라인 신문 기사를 검색해서 보는 법을 알려 준다.	
		28	나는 아이와 온라인 신문을 함께 읽고 저장 및 인쇄하여 스크랩(분류-정리)한다.	
	스크랩 활동	29	나는 아이에게 종이 신문을 스크랩하는 모습을 보여 준다.	
		30	나는 아이에게 스크랩한 종이 신문 기사를 보여 준다.	
		31	나는 아이와 종이 신문을 함께 읽고 오려서 스크랩(분류-정리)한다.	
제3 범주 신념	학업 성취	32	학교 수업에서 사용하기 때문에 신문을 보게 한다.	
		33	학교 수업과 관련된 정보를 얻을 수 있어서 신문을 보게 한다.	
		34	학교 수업에 도움이 될 것 같아서 신문을 보게 한다.	
		35	학교에서 읽으면 좋다고 해서 신문을 보게 한다.	
		36	공부에 도움이 되기 때문에 신문을 보게 한다.	
		37	다른 아이들이 무엇을 공부하는지 알 수 있도록 신문을 보게 한다.	
	정보 습득	38	다양한 정보를 접할 수 있어서 신문을 보게 한다.	
		39	세상에서 무슨 일이 일어나고 있는지 알 수 있기 때문에 신문을 보게 한다.	
		40	표현 능력이 향상될 것 같아서 신문을 보게 한다.	
		41	글쓰기에 도움이 될 것 같아서 신문을 보게 한다.	
		42	내용이 재미있기 때문에 신문을 보게 한다.	

※출처: 최나야·정수정(2019). 초등학생을 위한 가정 신문 활동 척도의 개발 및 타당화. 대한가정학회지, 57(2), 225~241.

속독을 위한 지문 읽는 법: 스키밍과 스캐닝

비문학 도서인 정보책이나 신문을 읽을 때 도움이 되는 읽기 방법을 소개합니다. 스키밍과 스캐닝은 둘 다 글을 처음부터 끝까지 속속들이 읽는 것이 아닌 속독을 위한 읽기 방법이에요. 국어/영어 시험을 볼 때도 필수적인 기술이지요. 스키밍은 글의 전반적 요점을 파악하기 위해 빨리 읽는 것이고, 스캐닝은 글에서 특정 사실을 발견하기 위해 빨리 읽는 것입니다.

스키밍 skimming

'skim'은 걷어 내다, 표면을 스치듯 지나가다라는 뜻으로, 읽기에서 스키밍은 글의 핵심 아이디어, 즉, 요점을 찾기 위해 빨리 읽는 방법이에요.

신문을 볼 때 모든 기사를 정독하지는 않지요. 머리기사들을 중심으로 전반적으로 훑어보다 자세히 읽고 싶은 기사를 찾게 될 거예요. 읽고 싶은 책인지 아닌지 결정할 때, 인터넷 검색 결과 목록을 보며 어떤 결과를 클릭할지 결정할 때, 카탈로그를 보며 사고 싶은 물건이 있는지 살펴볼 때 우리는 스키밍을 합니다.

먼저 제목을 통해 가장 중요한 주제를 알 수 있어요. 부제나 소제목도 중요한 정보를 줍니다. 보통 각 문단의 첫 문장도 핵심적 생각을 알려 주지요. 저는 이걸 많이 강조해요. 글을 쓸 때도 도움이 되거든요. 굵거나 기울여 쓴 강조 표현도 힌트가 됩니다.

스캐닝 scanning

사진이나 문서 따위를 복사하듯 읽는 스캐너라는 기계 아시지요? 'scan'은 (특히 무엇을 찾느라고 유심히) 살피는 것을 말해요. 독서에서의 스캐닝은 필요한 항목을 찾으며 읽는 일이에요. 짧은 시간에 특정 정보를 찾아내기 위해 눈으로 지문을 훑으며 읽게 됩니다. 사전에서 특정 단어를 찾을 때, 전화번호부에서 번호나 주소를 찾을 때, 카탈로그나 팸플릿에서 가격, 시각 등을 찾을 때와 비슷하지요.

스캐닝을 하기 위해서는 글에 대한 기본적 사실을 알아야 해요. 그래야 글의 어느 부분에서 찾고자 하는 정보를 발견할 수 있을지 알 수 있어요. 그걸 모른다면 스키밍부터 해야 합니다. 소제목이나 사진, 도표 등이 힌트가 될 수 있어요. 만약 사전 정보가 전혀 없다면 아무 데서나 찾기 시작해야 해서 시간이 더 걸리고 어렵지요. 눈을 세로나 대각선 방향으로 움직이며 특정 단어를 찾으면 시간을 줄일 수 있어요.

정보책을 읽고 모여 책동아리 활동을 할 때, 다시 책을 훑어보며 필요한 정보를 찾아야 할 때가 많아요. 어떤 소제목 부분에서 그 내용을 다루고 있을지 파악하거나 어디에서 봤는지 기억하는 게 중요하겠지요. 그래서 질문에 대한 답을 담고 있는 페이지를 활동지에 밝히지 않는 것도 좋습니다.

사고력과 표현력을 키우는 토론하기

독후 활동을 통한 토론은 3~4학년 때부터 시작했지만, 고학년인 5~6학년 때 더 집중할 부분이라고 생각합니다. 책동아리는 아이들이 토론을 경험하기에 적합한 모임이에요. 토론의 형식을 알아가는 모임을 해 본 뒤, 좋은 주제가 생길 때마다 간단히 토론을 해 보세요. 토론을 경험하고 연습하면서 아이들의 생각이 깊어지고, 논리적으로 말하는 능력이 향상됩니다.

대학 입시 전형 중에서 수시 모집(일반/지역균형/기회균형) 등은 면접을 통해 학생을 선발합니다. 주어진 글에 대해서든, 제출한 서류에 대해서든 말로 하는 논술이라고 보시면 돼요. 이때 필요한 사고력과 언어표현력은 절대로 하루아침에 만들어지는 게 아니랍니다. 어릴 때부터 일상에서 다양한 주제에 대해 생각하고 자신의 생각을 논리적으로 말해 보도록 이끌어 주세요. 주기적으로 책을 활용하는 게 가장 편리하고 효과적입니다.

토론과 토의 구분하기

토론이 무엇인지부터 이야기해 볼까요? 많은 분들이 토론과 토의를 혼동하는 경향이 있거든요. 토론(討論, debate)은 '어떤 문제(논제)에 대해 여러 사람이 각각 의견을 주장하며 논의하는 것'을 말합니다. 각자의 의견이 옳다고 주장하며 그것을 상대방이 받아들이도록 설득하는 것이지요. 이와 비교해 토의(討議, discussion)는 '어떤 주제에 대해 여러 사람이 의견을 나누고 검토해서 가장 좋은 결론을 함께 찾는 것'입니다. 즉, 토론은 경쟁적 논의이고, 토의는 협력적 논의라고 정리할 수 있어요.

초등학교 학급 회의에서 '우리 반의 쓰레기 배출을 줄일 방법을 생각해 보자'라고 한다면 토의를 하는 것이겠죠. 교실 안에 쓰레기 분류를 위한 통을 각각 구비해 둘 것이냐, 일반 쓰레기통과 재활용 쓰레기통만 하나씩 두었다가 당번이 외부 시설로 가져가서 분류할 것이냐를 두고 찬성, 반대 의견을 말한다면 토론이고요.

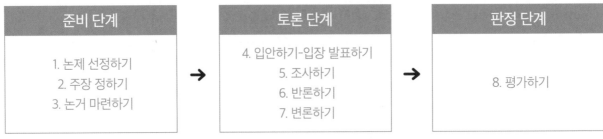

준비 단계		토론 단계		판정 단계
1. 논제 선정하기 2. 주장 정하기 3. 논거 마련하기	→	4. 입안하기-입장 발표하기 5. 조사하기 6. 반론하기 7. 변론하기	→	8. 평가하기

토론의 단계

토론을 위한 논제 선정과 논거 수집하기

토론은 '논제'를 둘러싸고 하게 됩니다. 논제의 성격은 다양해요. '사실 논제'는 어떤 일이 사실인지 아닌지를 따지는 것이에요. '가치 논제'는 어떤 대상에 대해 '옳다/그르다', '좋다/나쁘다'를 판단하는 것이고요. '정책 논제'는 어떤 일을 할지 말지를 놓고 토론합니다. 초등학생의 경우, 논제가 어려우면 토론 자체가 어렵습니다. 아이들의 일상생활과 가까운 주제, 주변에서 들어 보았을 시의적절한 주제를 중심으로 토론을 경험해 보면 도움이 될 거예요.

무엇보다 자신의 입장을 결정하고 어떻게 그 주장을 펼칠지에 대해 충분히 생각해야 논리적으로 토론할 수 있어요. 아이들이 토론에 대해 배울 때 생소하게 여기면서도 가장 많은 준비가 필요한 부분이 바로 '논거'입니다. 논거란 자신의 주장이나 의견을 뒷받침하는 근거예요. 아무런 근거 없이 주장만 하면 혼자만의 생각에 그치겠지요. 당연히 설득력도 떨어지고요. 논리적이어서 타당한 근거, 객관적이어서 인정할 수 있는 근거, 창의적이어서 듣는 사람의 마음을 움직여 설득할 수 있는 근거를 마련해야 합니다.

이러한 논거를 준비하려면 시간이 필요하기 때문에 즉석에서 토론이 어려울 수도 있어요. 다양한 책이나 신문 기사를 찾아봐야 할 때가 많고, 다른 사람의 의견을 들어 보는 게 도움이 되기도 해요. 논거를 준비할 때는 공신력 있는 자료 위주로 찾아야 해요. 통계 자료가 객관적인 근거가 될 때가 많습니다. 전문가의 의견도 좋고요. 사례, 즉, 예시를 들면서 근거로 삼기 쉬운데, 일반화할 수 없는 사례는 적합한 근거가 되지 못하니 주의가 필요합니다. 또한 요즘 아이들이 인터넷 검색을 많이 하는데, 근거가 불분명하고 객관적이지 않은 정보를 잘 가려내지 못하는 경우가 많아요. 그러니 논거를 위한 자료를 찾고 활용하는 측면에서 어른의 도움이 필요하지요.

실제 토론 참여하기

논거까지 잘 준비되었다면 토론에 적극적으로 참여할 수 있어요. 먼저, 각자(또는 각 팀)의 주장을 밝히는 것으로 시작합니다. 입장 발표, 즉, '입안'이라고 해요. 논제에 대해 어떻게 생각하는지 입장을 밝히고, 그렇게 생각하는 근거를 댑니다. 자신의 입장을 핵심 위주로 말하고, 그런 주장을 뒷받침하는 근거를 설득력 있게 제시해야 합니다.

상대가 입장을 밝힐 때는 잘 들어야 해요. 이것은 '조사'라고 합니다. 서로 순서를 바꿔 가며 입안하고 조사하게 되는 거죠. 상대의 주장과 논거를 잘 듣지 않으면 토론 예의에도 벗어나지만, 토론을 계속해 나가기 어려워요. 상대가 무엇을 근거로 나와 다른 주장을 하는지 제대로 파악해야 하거든요. 조사 과정에서는 주장을 들을 뿐 아니라 질문도 하게 됩니다. 상대의 의견이나 용어 사용에 대해 물어 취약한 부분을 찾아낼 수 있어요. 근거의 출처나 정확성을 질문할 수도 있고요.

이제 상대의 주장까지 들었으니 그에 대해 '반론'하는 것으로 이어 가게 됩니다. 앞에서 조사한 내용을 바탕으로 논리적인 반박을 하는 거예요. 즉, 상대 주장의 타당성을 문제 삼고 설득력을 떨어뜨리는 과정입니다. 반론을 통해 토론에서 성과를 거두려면 미리 토론 준비도 잘 해야 하고, 조사 단계에서 상대의 허점을 발견하는 게 중요해요.

제가 보기에 우리나라 교육과정에서는 토론을 그렇게 강조하는 것 같진 않아요. 반면, 서구 사회에서는 아동·청소년기에 토론 기술을 잘 익혀 훌륭한 토론자로 성장하도록 많은 신경을 쓰더군요. 세련된 토론 기술에서는 예절이 큰 부분을 차지합니다. 초등학생이 처음 토론에 참여할 때는 자기주장만 강하게 내세우느라 상대의 의견을 경청하지 않거나 토론 예절을 잘 못 지키기 쉬워요. 토론에서 무엇보다 예절도 중요함을 강조해 주세요. 말싸움을 해서 이기는 것이 아니라, 논리적으로 설득하는 것이 토론이니까요. 대학생들의 토론 대회에 심사위원으로 참여한 적이 있는데, 태도를 중시하게 되더군요. 서로 반대의 입장을 펼치더라도 격앙되지 않고 차분하게, 상대를 존중하는 언어를 쓰면서 참여하는 팀이 돋보이게 되어 있어요.

책동아리에서의 토론 지도

저는 아이들에게 토론에 대해 알려 줄 겸, 모임 중 몇 번은 토론에 집중한 형식의 책을 소개했어요. 등장인물들의 토론을 직접 보게 한 거죠. 제3자인 독자로서 다른 아이들의 토론을 관찰하는 것이지만, 입장을 정해서 읽으면 마치 자기가 참여하는 느낌을 받을 수 있어요. 어떤 점이 좋았는지, 어떤 점은 고쳐야 하는지 찾아보면서요. 이런 책을 읽고 나서는 양쪽 입장을 정리해 보고, 어떤 논거가 쓰였는지 되짚어 봅니다. 그리고 각 팀의 토론을 평가할 수 있지요. 마지막으로, 자신은 어떤 입장인지, 토론 책을 다 읽은 상황에서 최종적으로 어떻게 생각하는지로 마무리하면 좋고요. 가끔은 반대 입장에서 다시 한번 토론해 보는 것도 괜찮아요. 입장을 바꿔 생각하는 '역지사지(易地思之)'의 자세를 제대로 배울 수 있는 게 토론이잖아요.

이렇게 본격적으로 토론을 다룬 책이 아니더라도 대부분의 논픽션이나 일부 픽션을 읽고 미니 토론으로 연결할 수 있어요. 특별한 준비 없이도 각자가 어떤 입장인지 묻고, 왜 그렇게 생각하는지 이야기 나눌 수 있으니까요. 아이들이 여럿이니 입장이 갈릴 때가 더 좋습니다. 나와 다른 의견이 존재함을, 그리고 그 생각의 바탕이 무엇인지를 접할 기회가 되기 때문이에요. 고학년 때부터는 이렇게 다양한 생각이 가능한 주제로 자주 토론을 해 보세요. 아이들의 사고력과 표현력이 쑥쑥 자라날 거예요.

독서 토론 대회

책동아리를 구성해 친구들과 모여 독서 활동을 한다면 토론을 할 수 있어서 정말 좋아요. 둘만 있어도 할 수는 있지만, 네 명 정도가 된다면 딱 좋습니다.

책을 읽고 나서 독서 토론 대회도 열어 볼 수 있어요. 진행자 역할은 부모님이 맡아 주세요. 진행자는 반드시 필요하기도 하지만, 매끄러운 진행을 하는 부모님을 통해 아이들은 많은 걸 배울 수 있어요. 토론 단계마다 각 팀의 입장을 정리해 주고, 다음 순서로 진행하면 됩니다. 질문이 필요하다고 생각되면 질문을 던져도 좋고요.

5~6학년생에게 추천하는 토론 주제

- 한국식 나이와 만 나이, 어떤 게 좋을까?
- 줄임말, 써도 될까?
- 선행학습, 꼭 해야 하나?
- 게임 셧다운제, 필요한가?
- 초등학생의 화장, 괜찮은가?
- 초등학교 비대면 수업, 도움이 되나?
- 조별 수행 과제에 대한 공동 평가, 공정한가?
- 부모의 자녀 체벌, 법으로 금지해야 하나?

대회 진행 방법

❶ 미리 토론 주제를 정하고 찬성과 반대 입장을 조사해 인원을 나눕니다.

❷ 논거를 준비할 시간을 주세요. 1~2주면 됩니다. 팀이 만들어졌다면 역할을 나눠 자료를 찾을 수 있어요.

❸ 다시 모였을 때 본격적인 토론을 진행합니다. 토론의 규칙과 순서를 따라요.

❹ 평가회를 갖고 시상도 할 수 있어요.

- **철저한 준비상**: 토론에 필요한 논거를 성실하게 준비한 친구

- **명쾌한 논리상**: 토론에서 주장을 설득력 있게 펼친 친구

- **근사한 표현상**: 토론에 필요한 언어를 훌륭하게 사용한 친구

- **깍듯한 예절상**: 토론에서 상대에 대한 예의를 잘 지킨 친구

지도 Tip

토론의 주제, 즉, 논제는 한 가지의 정답으로 이어지지 않는 경우가 대부분이에요. 그래서 어떤 한 가지의 입장으로 모두가 설득되기는 어렵기 때문에 승패로 평가하는 건 무리가 있습니다. 그러나 토론을 위한 준비나 주장과 논거의 전달, 치밀한 조사와 반론, 상대에 대한 예의를 지키는 자세 등은 평가할 수 있어요. 모두가 배우고 이기는 토론이 되기 위해 결과보다 이러한 과정에 집중하는 게 좋아요.

열심히 참여한 아이들을 격려하기 위해 시상식을 해 보세요. 작은 부상으로 책갈피, 형광펜, 메모지, 태그 스티커 등을 줘도 좋아요.

철저한 준비상

이름:

위 어린이는 제 회 독서 토론 대회
에서 토론에 필요한 논거를 성실
하게 준비하였기에 이 상을 수여
합니다.

20 년 월 일

★ ★ ★ ★ ★

명쾌한 논리상

이름:

위 어린이는 제 회 독서 토론 대회
에서 설득력 있게 주장을 펼쳤기에
이 상을 수여합니다.

20 년 월 일

★ ★ ★ ★ ★

근사한 표현상

이름:

위 어린이는 제 회 독서 토론 대회
에서 토론에 필요한 언어를 훌륭
하게 사용하였기에 이 상을 수여
합니다.

20 년 월 일

★ ★ ★ ★ ★

깍듯한 예절상

이름:

위 어린이는 제 회 독서 토론 대회
에서 상대에 대한 예의를 잘 지켰
기에 이 상을 수여합니다.

20 년 월 일

★ ★ ★ ★ ★

읽기 동기 키우기

고학년이 되니 아이가 책을 더 안 읽지 않나요? 대부분의 가정에서 그럴 거예요. 꾸준하게 읽는 아이도 권수나 시간 면에서 줄어드는 게 당연하고요. 고학년용 책은 저학년 때 보던 책들과는 두께부터 다른 데다 학원 다니고 게임하느라 책 읽을 시간이 없다고 항변할 테니까요. 안타깝게도 아이들의 읽기 동기는 취학 후 매년 조금씩, 꾸준히 떨어진답니다. 고학년이 되면 급감하기도 해요. 학교에서 추천 도서 목록이 활용되면서 학교 숙제와 연관되니 괜히 더 읽기 싫다고도 합니다.

이런 실상을 그냥 바라보는 수밖에 없을까요? 읽기 동기는 유지되거나 더 강화될 수 있어요. 읽기를 좋아하는 아이는 당연히 많이 읽고, 더 잘 읽게 됩니다. 이런 결과는 높은 수준의 학업 성취, 지적 능력, 사회·경제적 지위와 연결이 되니 무시할 일이 아니지요. 그럼 도대체 어떻게 하면 아이의 읽기 동기를 키워 줄 수 있을까요?

가장 먼저, 가정의 문해환경을 개선한다

집에 아이를 위한 책이 여전히 충분히 많은가요?(어른을 위한 책도 많아야 합니다.) 무조건 책장 가득히 많은 것 말고 읽고 싶어지는 재미있는 책으로요. 장서량도 중요하지만 책의 질이 훨씬 중요합니다. 유아기나 저학년 때는 자녀의 책을 구매하는 데에 신경 썼던 부모도 아이가 고학년이 되면 그런 정성이 사그라들기 쉬워요.

어차피 안 읽을 텐데 책을 사 줘서 뭐 하나 하고 포기한 부모님도 많아요. 아이가 어릴 때 그나마 다니던 서점은 더 이상 함께 가지 않는 곳이 되었고, 도서관은 어디에 있는지도 모르고요. 어떤 분은 학교 추천 도서 목록대로 구매했더니, 작년에 산 책을 또 샀다고 푸념하시더라고요. 아이가 어떤 책을 읽었는지, 집에 어떤 책이 있는지 관심을 두지 않아서 이런 일이 생긴 거겠지요. 초등 고학년이라고 포기하기엔 너무 이릅니다. 한창 책에 관심 가질 수 있는 나이예요. 중고등학생에 비해 책 읽을 시간은 넘치는 때이니 다시 한번 도전해 보세요.

둘째, 책 읽는 분위기를 만든다

책 읽는 모습을 아이에게 자주 보여 주나요? 의외로 어른들이 책을 잘 안 읽어요. 한 아이가 친구에게 "우리 엄마 아빠는 책 읽을 때……" 하고 말을 꺼냈더니, "엄마 아빠가 책도 읽어?"라고 묻더래요. 본 적이 없으면 신기하게 느껴지는 게 당연하지요.

부모님이 먼저 책을 즐겨 읽지 않으면서 아이에게만 책을 읽으라고 강요할 수는 없습니다. 가족 모두가 자연스럽게 책을 읽는 가정에서 자란 어린이의 읽기 동기는 높을 수밖에 없어요. 일과 중에 모두가 책 읽는 시간을 만드는 것도 좋은 전략이에요. 매일이 힘들다면 주말 오전이나 오후, 거실이나 서재에서 가족 모두가 각자 편한 자세로 책 읽는 시간을 가져 보면 어떨까요? 그런 분위기를 경험하며 자란 아이는 책은 당연히 읽는 것이라 생각한다지요.

셋째,
서점과 도서관을 다시 제대로 활용한다

가끔씩이라도 서점에 가서 아이 책과 부모님 책을 각각 골라 보세요. 다 구입하지 않더라도 책을 둘러보는 시간이 책에 대한 관심을 높여 줍니다. 빈손으로 오는 것보다는 한 권씩이라도 사 들고 오는 게 의미 있어요. 온라인 서점에서 주문하더라도 손으로 직접 만지고 실물로 본 책은 느낌이 남다릅니다. 그렇게 모은 한 권 한 권은 아이에게도 의미가 커요. 이렇게 책 나들이가 잦아질수록 아이의 책 고르는 눈도 성장하고요.

서점이 참고서나 문제집만 사는 곳이 되면 삶에서 중요한 공간 하나를 잃어버리는 것과 같다고 생각해요. 맛있는 음식 대신 영양제만 먹고 살기는 싫잖아요. 진짜로 읽고 싶은 책을 발견해 내 것으로 만드는 멋진 일이 이루어지는 곳이 바로 서점입니다.

한편, 책을 무료로 집에 데려올 수 있는 도서관이야말로 보물창고지요. 일단 학교도서관을 자주 활용해 보세요. 엄마도 어른용 책을 빌릴 수 있으니 틈틈이 방문해 보세요. 아이랑 학교도서관에서 만나기로 약속을 정해도 좋을 것 같아요. 그밖에도 자주 갈 만한 가까운 도서관을 뚫어(?) 두세요. 한 달에 단 한 번이라도 주기적으로 가면 좋아요.

고학년 아이랑은 도서관 데이트도 참 좋지요. 도서관에 가서 책을 읽고, 빌리고, 영화도 보고, 점심도 먹고 오세요. 바퀴 달린 카트를 가져가서 가족 수대로 대출 제한 범위까지 빌려 오면 부자가 된 느낌이 들 거예요. 고학년 아이들은 도서관에 발걸음하는 경우가 드문 게 사실이지만, 꾸준히 계속 다니는 아이들은 읽기 동기와 학문적 호기심 수준이 유의하게 높답니다.

여행을 가서도 도서관 한 군데쯤은 들러 보세요. 저는 아이랑 제주도에 일주일간 머물면서 도서관 투어를 한 적이 있어요. 도민이 아니라서 빌릴 수는 없었지만, 자리에 퍼질러 앉아서 책을 쌓아 놓고 몇 시간씩 읽은 게 추억이 되었어요. 현지의 느낌을 전해 주는 책들을 골라 읽으면 더 좋겠지요.

고학년이면 디지털 리터러시도 어느 정도 성장했을 거예요. 도서관 홈페이지를 방문해서 회원 가입을 하고, 전자책을 빌려 읽으면 좋아요. PC나 모바일 기기로 검색 기능도 익혀 보고, 도서관에서 제공하는 각종 프로그램과 정보에 가까워질 수 있어요. 신간이나 외서 등 도서관에 없는 책은 구매를 신청할 수도 있어요. 이런 경우, 도서관에 새 책이 도착하면 알림이 와서 가장 먼저 받아 볼 수도 있답니다.

넷째,
책 읽기 강요는 금물

아이들이 부모님에게 가장 자주 듣는 잔소리가 "숙제 다 했니? 공부해라"와 함께 "책 좀 읽어" 아닐까요? 잔소리로 듣고 하는 행동은 몸에 배지 않아요. 스스로 좋아서 하는 행동이 진짜 자기 것입니다. 좀 치워 볼까 하는데 청소하란 말 들으면 하기 딱 싫어지잖아요.

"책 읽으면 뭐 사 줄게, 뭐 해 줄게" 하는 회유도 좋지 않습니다. 교육학적으로 보상은 강화하고자 하는 그 행동 자체여야 효과가 있다고 해요. "책 읽으면 게임하게 해 줄게/TV 봐도 돼/피자 사 줄게"가 아니라 "네가 원하는 책 더 사 줄게/방해 안 받고 책 읽을 시간 만들어 줄게"가 되어야 한다는 것이죠. 전자처럼 달콤하기만 다른 한 보상이 결합되면 아이들에게 '책은 보상을 위해 꾸역꾸역 참고 읽어야 하는 힘들고 귀찮은 것'이라고 인식되어 버려요. 물론 후자처럼 설득할 일이 없으면 가장 좋습니다. 아이 스스로 책 읽기를 즐겁게 여기는 상황이 된다면 말이죠.

칭찬은 좋습니다. 책을 스스로 읽었을 때, 읽기에 집중할 때, 책에 관심을 가질 때, 책에서 원하는 정보를 찾아냈을 때, 아낌없이 진심을 담아 칭찬해 주세요. 이런 칭찬을 많이 들은 아이는 '난 책을 잘 읽는 아이, 책을 좋아하는 사람'이라고 스스로 지각하게 돼요. 커 가면서도 이런 생각이 유지될 가능성이 높지요.

마지막으로,
고학년 자녀에게도 책을 읽어 준다

영유아 때도 아이가 어리고 글을 잘 못 읽어서 읽어 준 게 아니고 부모라서 읽어 준 거잖아요. 책을 소리 내어 읽어 주는 것은 아이의 집중력과 이해력 발달에 효과가 있을 뿐 아니라, 자녀와 부모 모두에게 정서적인 만족감을 줍니다.

다 큰 아이에게 책을 왜 읽어 주느냐고, 어색하다고 할 수 있지만 일단 한번 해 보세요. 아이가 무척 좋아할 거예요. 다만 어릴 때보다는 수준 높은 책이어야 하겠지요. 특히 자기 전에 마음이 느슨해졌을 때, 판타지 동화 같은 흥미로운 이야기책을 읽어 주면 아이는 그 시간을 은근히 기다리게 될 거예요.

하루에 단 10분이라도 좋으니 엄마 목소리, 아빠 목소리로 책을 '듣는' 시간을 선물해 주세요. 무엇보다도, 이 시간은 평생 기억에 남을 만큼 따뜻하고 소중해서 책에 대한 이미지도 좋게 남을 거예요. TV를 보거나 스마트폰을 만지다가 잠드는 것과는 수면의 질도 비교가 안 되겠지요.

초등학교 도서관 이용하기

도서관을 단 한 번만 방문해도 아이들의 문해력에 영향을 미친다는 연구 결과가 있어요. 학교도서관은 학교 안의 큰 교실이자 보기 드문 문화공간으로서, 학생들이 읽기를 좋아하고 즐길 수 있는 환경과 기회를 제공하고자 노력하고 있습니다.

고학년 시기는 특히 독서를 통해 다양한 분야의 배경 지식을 쌓는 것이 매우 중요해요. 또 자신의 꿈이나 진로, 교과와 연계된 지식을 확장할 필요도 있고요. 하지만 여러 가지 이유로 학년이 올라갈수록 도서관 이용률과 독서량이 떨어지는 경향을 보여 안타깝습니다.

요즘 학교도서관은 예전처럼 엄숙하거나 조용한 곳, 독서나 공부만 하는 공간이 아니에요. 학교도서관의 이모저모를 소개해 드릴게요.

만남의 장소이자 안전한 공간

친구들과 만나 노는 장소로 학교도서관을 이용할 수 있도록 도와주세요. 소파와 매트를 깔아 놓은 바닥이 있고, 겨울이면 따뜻한 온돌이 있어 아이들이 편히 쉬어 갈 수 있어요. 편한 자세로 앉거나 뒹굴면서 책을 보기도 하고 친구들과 소곤거리며 즐겁게 이야기를 나눌 수도 있지요. 단체 생활을 해야 하는 학교라는 공간에서 유일하게 편안하고 자유로운 곳입니다.

중학년 이상은 특히 학교도서관 활용을 권장합니다. 3학년 이상부터는 현실적으로 돌봄교실의 대상이 되기 어렵고, 방과 후에 학원을 전전하는 경우가 많죠. 하교 후 학원 가기 전까지 집에 오갈 상황이 못 된다면 학교도서관을 거점으로 움직이면 어떨까요? 교내 방과 후 프로그램이나 도서관 프로그램에 참여하고 책도 보고 학교 숙제도 할 수 있어서 좋을 뿐 아니라 아이도 덜 힘들고, 안전하며, 틈새를 이용해 책 읽는 시간도 확보할 수 있어요. 사정에 따라 다르지만, 학교도서관은 보통 4시 30분까지 운영합니다. 학교도서관을 부모와 자녀의 만남의 장소로 활용해 보는 것도 추천합니다.

정보 문해력을 키우는 공간

학생들은 학교도서관에서 도서관 교육과 교과 수업에 참여하기도 하고, 개별적으로 책을 찾으며 공부하거나 책을 빌려 가기도 하고, 숙제를 할 수도 있어요. 필요한 책을 찾고 컴퓨터로 정보를 검색해서 문서 작성도 하고 출력해서 발표 자료까지 만들 수 있지요. 사서 선생님께 필요한 관련 자료를 미리 요청할 수도 있고요. 이러한 도서관 연계 활동은 능동적으로 지식을 구성해 나가는 것을 배우는 과정이에요. 부모님도 자녀들이 도서관에 있는 다양한 자료를 최대한 잘 활용할 수 있도록 독려해 주세요. 정보 문해력도 쑥쑥 성장할 거예요.

5학년 교육 과정에는 다양한 미디어에 대한 이해와 올바른 미디어 이용 방법인 정보 윤리에 관한 내용이 나와요. 5~6학년을 위한 도서관 교육에서는 다양한 매체를 활용해 연구하는 방법과 저작권 등을 배우게 됩니다. 연구 문제의 정의부터 정보 활용 과정과 결과물을 평가하는 과정을 적용해 보기도 해요. 책 읽기를 밑바탕으로 한 이 활동은 아이들의 독서력, 탐구력, 정보 자주성을 키우는 데 큰 도움이 됩니다. 초등학생들은 보고서나 논문 등을 써 본 경험이 거의 없어서 주제 선정에서부터 자료 탐색 방법을 알지 못하는 경우가 많아요. 학교도서관은 브레인스토밍, 주제 선정, 자료 탐색 방법 등을 연습하기 좋은 장소예요. 학교도서관에서 자료 조사 습관부터 길러 볼 수 있도록 도와 주세요.

알찬 독서 활동을 위한 독서교육종합지원시스템

독서교육종합지원시스템이란, 학교의 독서 교육과 학생들의 다양한 독후 활동을 온라인상으로 지원하기 위해 교육부에서 개발한 시스템이에요. 책을 검색해 클릭하면 독서 퀴즈, 독서 토론, 감상문 쓰기 등의 다양한 독후 활동이 가능하고, 읽은 책을 체계적으로 기록할 수 있어요. 개인 독후 활동을 관리해 포트폴리오, 문집 만들기도 가능하고요. 학교도서관 업무지원시스템(DLS)과도 연계되므로 도서 검색, 도서 예약도 할 수 있죠.

입시의 주요 평가 잣대로 독서 이력이 떠오르다 보니, 마음이 다급해진 분들은 단기간에 많은 책을 읽히고 독서이력 포트폴리오를 완성시켜 주겠다는 사교육 기관의 달콤한 광고에 현혹되기 쉽지요. 하지만 공교육 안에서도 책을 활용한 알찬 학습이 가능해요. 학교도서관과 이 시스템을 적극 활용해 보세요. 초등학교에서는 현재 활발히 활용되고 있지는 않지만, 중·고등학교에서는 독서 이력으로 활용하기도 합니다. 무엇보다 요즘같이 코로나19 감염증 사태로 인해 온라인, 집콕 독서를 해야 할 경우 다양한 온라인 콘텐츠를 무료로 이용할 수 있어서 좋아요.

학교도서관의 다양한 행사 참여

학교도서관에서는 대규모 독서 축제와 가족이 함께 참여할 수 있는 독서 캠프를 비롯해 책의 날 행사, 원화 전시회, 작가와의 만남, 책 사진전, 북 큐레이션, 도서 교환전 등과 같이 책과 관련된 여러 가지 행사가 월별 또는 시기별로 1년 내내 열려요. 아이가 이런 행사에 자주 참여하도록 독려해 주세요. 이를 통해 도서관을 좋아하게 되고, 책 읽기는 의미 있는 활동이라고 생각하게 될 거예요. 사서 선생님들은 행사 참여를 위해 빌린 한 권의 책이 아이의 인생을 바꿀 수도 있다고 기대하고, 믿고 있어요. 그래서 언제나 고심하며 감동과 재미, 유익을 적절히 배합하여 프로그램을 만든답니다.

독서 관련 대회에 참가하는 것도 추천해요. 대회 참가를 준비하는 동안 아이는 부쩍 성장하기 마련입니다. 독서 대회에 참가해서 상이나 칭찬을 받게 되면 자신감이 자라나 책 읽기에 더 큰 관심을 갖게 되고 책을 더욱 효율적으로 읽게 되는 장점이 있어요. 친구들이나 주변의 의미 있는 사람에게 인정을 받게 된다는 점도 무시할 수 없습니다. 중요한 독서 대회를 놓치지 않으려면 도서관에 자주 드나들어야겠죠. 사서 선생님의 도움을 받아 대회의 일정이나 규모를 파악하고 아이의 특성 등을 고려해서 준비하면 좋은 결과를 얻을 수 있을 거예요.

하지만 가장 중요한 건 아이의 의지랍니다. 참가 전에 반드시 아이의 의사를 물어봐 주세요. 부모의 강요로 참여해서 결과까지 좋지 않으면 책 읽기에 대해 부정적인 감정을 형성할 수도 있어요. 아무리 어린아이라 하더라도 자신이 동의한 것과 그렇지 않은 것에 대해서는 태도가 다르기 마련입니다. 그리고 대회에 참가하는 과정을 즐기게 하는 것이 중요해요. 부모가 너무 결과에 집착하는 모습을 보이면 오히려 역효과가 날 수 있어요.

주 1회 규칙적인 방문

학교도서관은 최고의 체험 학습 장소이기도 합니다. 학교도서관에는 단행본, 잡지, 신문 등 인쇄 매체 읽기 자료 외에도 DVD, 전자책 등 멀티미디어 자료가 많아 흥미로운 교육을 할 수도 있어요. 도서관의 풍부한 읽기 환경은 더 많은 독서를 하게 하고, 즐거운 독서는 학생들의 읽기 성적에 긍정적인 영향을 미칩니다. 그러므로 학교도서관은 아이들의 읽기 동기를 길러 줄 수 있는 최적의 공간이라 할 수 있어요.

일주일에 하루 정도 요일을 정해 놓고 규칙적으로 방문하는 것도 좋아요. 오전 시간에는 학급별 도서관 활용 수업이 있는 경우가 많으니 방과 후 시간을 이용하면 좋습니다. 학교도서관에 새 책이 들어오는 날을 방문하는 날로 삼는 것도 좋겠지요. 새 책이 들어오면 평소에 책을 별로 좋아하지 않았던 아이들까지 서로 책을 보려고 도서관은 북새통입니다. 새 책은 아이들에게 읽기 흥미와 의욕을 불러일으키는 마중물인가 봅니다. 아이가 스스로 도서관에서 책을 빌려 오면 칭찬을 아끼지 말아 주세요. 부모님의 이런 관심과 정적 강화는 지속적인 책 읽기를 불러올 거예요.

학교도서관에서는 해마다 책을 구입하기 전에 도서관 모든 이용자를 대상으로 희망 도서 신청을 받아요. 이왕이면 부모님과 아이가 읽을 책을 아이와 함께 신청해 보세요. 내가 필요로 하는 책이 새 책으로 들어와 누구보다 먼저 맞이할 수 있는 것도 기쁨이랍니다.

친구들과 함께 하는 독서 모임을 위한 공간

아이들은 다른 사람이 책 읽는 모습을 보면 더 많이 읽는답니다. 그래서 교사나 부모님 역시 즐겁게 책을 읽는 모습을 보여야 해요. 아이들은 특히 또래의 영향을 많이 받지요. 게다가 고학년이 될수록 또래와의 협동 학습을 좋아해요. 협동 학습은 친구들이 협력자이자 경쟁자가 되어 읽기 동기를 유발하고 질 높은 독서 문화를 형성해 갈 수 있다는 장점이 있어요. 이 시기의 아이들은 혼자 하면 재미를 느끼지 못할 일도 친구와 함께라면 즐거워한답니다. 어른 없이 아이끼리 모임을 할 때, 더 내밀한 이야기를 나누며 깊게 소통하기도 하지요.

요즘은 학생 자율 동아리나 학부모, 교사들의 독서 동아리 모임을 지향하는 분위기예요. 학교도서관은 독서동아리 모임 장소이자 동아리 모임에 필요한 자원을 지원해 줄 수 있는 공간이에요. 5학년쯤부터는 학교도서관에서 친구들과 함께 하는 독서 모임을 더욱 권하고 싶어요. 이 무렵의 아이들은 자기중심적 사고를 벗어나 옳고 그름을 따지기 좋아하고, 생각이 깊어지고 스스로 판단하기를 좋아합니다. 하지만 아직 사고가 미성숙하기 때문에 다양한 사고의 관점을 간접 경험할 수 있도록 도와주어야 해요. 다른 사람들과의 대화를 통해 사고력을 높이고, 토론을 통해 나와 다른 생각을 배우면 좋지요. 이 시기쯤이면 주변의 도움 없이도 스스로 읽을 책을 선택하고 또 끝까지 읽어 내기도 해요. 나름대로의 독서 습관이 자리 잡힌 상태이기도 하고요. 스스로 고치기 힘든 독서 습관이 있다면 함께 읽기가 효과적입니다.

학교도서관 사서와 친분 쌓기

"선생님, 뭐 재미있는 책 없어요?" 아이들에게서 가장 많이 듣는 질문 중 하나예요. "뭐가 재미있을까? 같이 한번 찾아볼까?" 서가를 돌며 간단한 책 소개와 함께 한두 권의 책을 골라 주면 "우와! 선생님은 여기 있는 책을 다 읽으셨어요?"라고 묻지요. 사실 초등학교 도서관에 근무하는 사서 선생님들이 아이들 책을 읽을 시간은 그리 많지 않아요. 그런데도 책을 손에서 놓지 못하고 서평이라도 틈틈이 읽는 까닭은 아이들과 대화하기 위해서예요. 책을 매개로 한 대화만큼 값진 것이 어디 있을까요?

방앗간을 찾는 참새처럼, 꿀단지를 모셔 둔 꿀벌처럼 학교도서관에 매일 들르는 단골손님들이 있어요. 물론 대부분 책이 좋아서 방문하지만, 그중에는 사서 선생님이 좋아서 방문하는 아이들도 꽤 있지요. 아이가 도서관에 자주 다니길 바란다면 학교도서관 사서 선생님과 친분을 쌓게 하는 것도 좋은 방법이에요.

학교도서관의 또 다른 인적 자원으로는 학생 도서부가 있어요. 학생 도서부는 학교도서관의 주 이용자이자 운영의 주체로, 사서 선생님의 동반자예요. 학교도서관을 함께 꾸려 갈 학생 도서부는 보통 매년 3월쯤 뽑아요. 4학년 이상의 자녀에게는 도서부 활동을 권해 보세요. 도서관과 책에 대한 관심과 흥미가 높아질 수 있어요. 도서 대출 및 반납, 서가 정리 등 일상적인 기본 활동부터 도서관 홍보, 독서 방송, 저학년 학생 책 읽어 주기, 독서 행사 지원, 독서 동아리 등 다양한 활동을 하다 보면 자녀가 자신의 적성과 끼를 계발할 수도 있고요. 또한 건전한 선후배 관계 형성 및 또래 문화를 체험하고, 책과 도서관에 대한 긍정적 인식과 지속적 이용은 상급 학교에 진학해서까지도 이어질 수 있고요. 더 나아가 평생 독자로서의 기틀을 다질 수 있습니다.

　　부모님께서 학부모 총회, 공개수업, 학부모 상담 등으로 학교를 방문하게 된다면 학교도서관도 들러 보세요. 사서 선생님과 인사도 나누고 자녀의 독서 상담도 해 보세요. 부모가 자녀에게 쏟는 관심만큼 사서 선생님도 아이에게 더 관심을 갖고 지켜볼 거예요. 학교도서관 사서 선생님은 가정 또는 교실 환경에서 볼 수 없는 아이의 재능을 발견해 낼 수도 있고 아이의 마음을 읽어 낼 수도 있어요.

학부모 대상 독서 연수나 도서관 봉사 활동 참여

　　학교도서관에서는 학부모 교육과 학교 교육 참여를 위해 다양한 연수 프로그램을 운영하기도 해요. 부모 독서 프로그램을 통해 자녀 독서 지도를 위한 역량을 개발하고 자기 계발도 할 수 있어요. 교육 활동(예: 책 읽어 주기, 전래 놀이, 보드게임 지도 등)이 적성에 맞는다면 학교도서관이 경력 개발에 디딤돌 역할을 하기도 해요. 자연스럽게 마음 맞는 학부모들의 모임이 생기기도 하고, 아이들 책동아리 구성의 구심점이 될 수도 있겠지요.

　　한편, 사서 선생님이 혼자서 다 해내기에는 학교도서관의 일은 아주 많습니다. 학교도서관은 첨단 시설과 풍부한 장서 등 물리적 환경도 중요하지만, 도서관 서비스와 정서적 지원을 해 줄 인적 자원도 중요해요. 학부모님들이 적극적으로 도서관 봉사 활동에 참여해 주실 때 학교도서관은 훨씬 더 활성화될 수 있답니다. 전문적인 지식이 없어도 도서관에서 다양한 경험들을 쌓아 나갈 수 있어요. 책 골라 주기, 책 읽어 주기, 도서관 이용 지도하기, 책 대출 반납, 책 보수, 도서 정리, 장서 점검 등 할 수 있는 영역은 다양합니다. 직장이 있더라도 약간의 시간만 낼 수 있다면 할 수 있는 일은 얼마든지 있어요. 학부모의 학교 봉사와 자녀의 학교생활 적응과 학업 성취 간에는 상관관계가 있답니다.

어휘 지도하기

5~6학년생을 위한 어휘 지도가 더 어린아이들에 비해 어려울 수 있어요. 아이들이 어떤 단어를 알고 모르는지 파악하기 어려운 데다 책에 등장하는 단어의 수가 월등히 많기 때문이지요. 어른이 정의하기 어려운 단어도 많이 포함되어 있고요. 그렇지만, 책동아리의 힘을 믿어 보세요!

어휘는 언어의 실제 활용을 좌우하는 가장 중요한 소재예요. 어휘력이 부족하면 언어 능력이 낮다고도 볼 수 있습니다. 어휘력은 눈에 안 보이게 아주 조금씩 쌓여 나간답니다. 잘 안 보인다고 무시하다가는 나중에 큰코다칠 수 있으니 꾸준히 신경 써야 해요.

아동의 어휘력 발달에는 세 가지 열쇠가 있어요. 첫째, 영유아기에 어른의 풍부한 말을 얼마나 많이 들었는지, 둘째, 자라는 내내 책을 얼마나 잘 읽었는지, 셋째, 부모와 교사로부터 어휘 지도를 어떻게 받았는지가 중요합니다. 이미 지난 시간은 어쩔 수 없다고 쳐도 책동아리로 둘째와 셋째 요소는 잡을 수가 있다는 점, 매력적이지요?

모든 단어를 알 필요는 없다

책동아리 모임을 통해 아이들의 어휘력을 탄탄하게 다져 줄 수 있어요. 일단 책을 꾸준히 읽을 기회를 마련해 주는 것 자체가 중요한 시작입니다. 자라면서 책을 충분히 읽지 않으면 어휘력 성장 곡선은 허물어지고 말아요.

책에 나온 모든 단어를 알 필요는 없습니다. 아이가 이미 다 아는 단어만 나오는 책은 오히려 너무 쉬워서 읽기 동기를 자극하지 못해요. 그래서 영미권에서는 책마다 그 책의 어휘 수준을 중점적으로 고려하여 아동과 청소년 독자가 자신의 읽기 수준에 맞게 책을 고를 수 있도록 돕는 '렉사일 지수(Lexile measure)'를 사용하기도 합니다.

책에서 모르는 단어가 나올 때마다 멈춰서 어른에게 의미를 물어 보게 하거나 사전을 찾을 필요도 없습니다. 일단 맥락을 통해 단어의 의미를 추측하는 것이 독자에게 아주 유익한 행동입니다. 방해받지 않는 유창한 읽기를 위해서도 중요하고요(글을 빠르고 정확하게, 막힘없이 읽는 능력인 읽기 유창성이 확보되어야 이해력도 함께 성장합니다). 아이들은 영아 때부터 이런 방식으로 수많은 언어 데이터를 처리하고 의미를 유추하다가 갈수록 한 단어에 정확한 의미를 부여하게 된답니다. 이렇게 뛰어난 인간의 언어 처리 능력이 계속 작동하려면 수준 높은 단어를 지속적으로 접할 필요가 있고, 이를 위해선 무엇보다 독서가 최선이겠지요.

책동아리 모임 때마다 두세 개 정도의 단어에는 특별히 집중을 할 수 있는 계기가 마련되면 좋아요. 그 책에서 핵심이 되는 단어도 좋고, 아이들이 자연스럽게 의미를 묻는 단어도 좋습니다. 한 명당 한 단어씩 알고 싶은 단어를 찾아보라고 해도 좋고요. 그리고 바로 사전적 의미를 찾아 알려 주기보다는 그 단어가 무슨 뜻일지, 어떤 때에 쓰이는 단어일지 생각해 보고 이야기 나누는 것을 추천합니다. 이를 통해 아이들에게 현재 형성된 의미가 대략적으로 어떠한지 파악할 수 있고, 아이들 간의 대화를 통해 점점 더 실제적 의미에 가까워질 수 있어요.

사전 활용법

그리고 나서 사전적 정의를 함께 찾아봅니다. 이때 종이 사전을 사용하면 사전이라는 도구에 친숙해지게 할 수 있으니 모일 때마다 한 권 갖다 두고 시작하면 좋겠지요. 가나다순, 모음 순서에 익숙해지는 것도 사고를 조직화하는 데에 도움이 됩니다. 온라인 사전을 활용하는 것도 나쁘지는 않아요. 태블릿 PC나 스마트폰으로 금방 찾을 수 있습니다.

이때 정의를 천천히 읽어 들려주고, 그 의미를 풀어서 말해 주면 됩니다. 찾은 의미를 곱씹으며 책에서 읽은 부분에서 그 의미가 잘 살아나고 있는지 되돌아가 보면 의미가 더 잘 기억됩니다. 그리고 무엇보다 주목해야 하는 것은 사전이 제시하는 예문이에요. 예문을 읽으면 그 단어가 어떤 맥락에서, 어떤 단어들과 어울려 활용되는지를 알 수 있고, 기억에도 더 오래 남지요. 아이들과 함께 예문을 읽고, 예문처럼 한 문장씩 그 단어를 넣어 짧은 문장을 완성하도록 하면 더 좋습니다. 아이마다 두세 개씩 서로 다른 단어로 작업하게 한 후에 스마트폰으로 사진을 찍어 공유하면 금방 열 개 내외의 새 단어 목록이 만들어지니, 이것도 책동아리의 힘입니다.

한자어와 친해지기

고학년은 한자로 구성된 단어도 많이 접해야 합니다. 우리말 단어의 절반 이상은 한자어라서 이에 대한 학습을 포기할 수는 없습니다. 4학년 정도부터는 한자 공부도 조금씩 시작하는 것을 추천합니다. 힘들지 않고 재미있게 해야 질리지 않아요. 아이가 좋아한다면 급수 시험에도 도전할 수 있겠지만, 필수는 아닙니다. 마음에 드는 책으로 기본 글자 정도를 익히고 한자어에 관심을 갖는 정도면 된다고 생각합니다.

학년이 올라갈수록 교과서를 비롯해 많은 텍스트에서 한자어의 비중이 높아지지요. 특히 학습 도구어들은 대체적으로 한자어입니다. 이와 관련해, 따분하다고만 느낄 수 있는 교과서 읽기는 의외로 참 중요합니다. 시험 때문에 중학교 2학년이 되어서야 갑자기 교과서를 읽고 외우며 공부하는 것은 어색하고 힘들 거예요. 초등학생 때부터 교과서를 성실하게 보는 연습을 강조해 주세요. 그러면 읽기 이해력이 늘어나고 한자를 배워야 할 필요성도 스스로 느끼게 될 거예요.

따라서 책동아리 시간에도 한자어를 구성하는 글자를 짚어 주면 좋아요. 일상에서 한자어를 자연스럽게 다뤄 주면 굳이 한자 학습지나 문제집까지 활용하지 않아도 배우는 게 많더라고요. 어렵다 싶은 한자어가 나왔을 때, 그 중 하나의 글자에 집중하여 뜻을 강조하고, 우리가 사용하는 어떤 단어에 이 글자가 들어갈지 돌아가며 말해 보게 하면 효과적입니다. 예를 들면 '신체(身體)'라는 단어에 쓰인 몸 신(身), 몸 체(體) 자가 또 어떤 단어에 쓰일까 생각해 보는 것이지요. 의미를 담은 글자인 한자는 한번 익히면 전파력이 커서 어휘력 성장을 가속할 수 있어요.

관용어와 속담, 제대로 짚어 보기

5~6학년 때는 어렴풋이 알 만한 표현이지만, 정확히는 알기 어려운 관용어나 속담도 제대로 짚을 필요가 있어요. 관용어와 속담은 일상 언어에도 쓰이지만, 특히 책에서 자주 나오기 때문에 뜻을 정확히 모른다면 맥락을 이해하기 어려워집니다. 이 두 가지는 우리말, 우리 문화를 아우르는 표현이라 한국어 사용자로서의 능력을 보여 주는 부분이기도 해요.

속담은 보통 초등학교에 들어간 직후에 각종 책으로 가르치기 시작하지만, 정작 교과서에 나오는 건 6학년 1학기랍니다. 저학년 때는 멋모르고 외웠거나 뜻을 잘 안다고 생각하고 대충 넘어가기 쉬워요. 고학년 때 읽는 책에서 속담이나 관용적 표현이 나온다면 주의해서 짚고 넘어가면 좋습니다. "이건 무슨 뜻일까?", "왜 이런 말을 쓰게 되었을까?", "다른 표현으로 바꾸면 어떻게 쓸 수 있을까?"와 같은 질문이 도움이 됩니다.

낯선 언어로 키우는 '상위언어능력'

아이들이 모를 만한 단어를 아이 앞에서 일부러 안 쓰는 부모님도 계시지요. 하지만 아이들은 맥락 속에서 새로운 단어를 접하며 의미를 유추하고, 반복적 경험을 통해 확고하게 자기 단어로 만들기 때문에, 새롭고 어려운 단어도 많이 만나야 해요. 어휘력이 부족해 책을 못 읽는다고 불평할 수도 있지만, 책을 읽는 것은 어휘력을 늘리는 최고의 방법입니다. 또한 책동아리에서 책의 주제나 내용과 관련된 단어를 풍부하게 사용해 주세요. 그 단어가 무슨 뜻이냐고 아이가 물으면 더 잘된 거죠. 설명해 주고 같이 생각할 수 있는 기회가 저절로 만들어진 것이니까요.

이처럼 어휘력이 중요하지만, 책동아리에서 단어만 공부할 수는 없습니다. 한 번 모일 때 두세 개씩 강조하면 충분해요. 이런 경험을 통해 아이들은 단어를 추상적으로 생각하는 연습을 하게 되고, 새로 만나는 단어는 찾아보면 좋겠다는 마음가짐을 갖게 되거든요.

언어를 사고의 대상으로 여기는 것을 '상위언어(meta-language)'라고 합니다. 예를 들면, 단어가 어떻게 만들어지는지, 즉, 단일어, 합성어, 파생어가 무엇인지 알고, 주격 조사를 언제 어떻게 구분해 쓰는지 알아서 표현까지 할 수 있는 것을 말하지요. 아동기부터 상위언어 인식 또는 능력이 발달하면 전반적인 언어 능력이 우수해지고, 국어, 문학, 한문, 외국어 등 관련 과목에 큰 도움을 준답니다. 더 무서운 건 언어 능력이 우수하면 전 과목의 학업 성취도가 높아진다는 것이지요.

논술의 밑바탕을 다지는 글쓰기

초등학생의 글쓰기에까지 '논술'이란 말을 쓰기는 다소 거부감이 들지만, 5~6학년이 되면 최소한 글의 목적을 염두에 두고 글쓰기를 해야겠지요. 중심 문장과 뒷받침 문장으로 이루어진 한 문단 쓰기에 초점을 맞췄던 중학년 단계에서 벗어나 최소 두세 문단으로 이루어진 글을 쓰는 연습을 할 필요가 있습니다.

여러 문단으로 이루어진 완결된 글을 잘 쓰기 위해서는 계획이 중요합니다. 우리가 말을 할 때도 전달력을 높여 상대방에게 효율적으로 표현하려면 무엇을 어떤 순서로 말할 것인지 미리 생각해야 하잖아요? 글도 급한 마음에 생각이 흐르는 대로 쓰다가는 불필요한 사족만 늘어나고 논리성과 유기성이 떨어지거든요. 그래서 각 문단에서 무엇을 쓸 것인지 미리 정해 두어야 해요.

글의 개요를 짜는 데 도움이 되는 질문

개요는 말 그대로 글의 요점만 계획하는 것을 말합니다. 초등학생들에게 '개요부터 짜 보렴'이라고 주문하면 바로 잘할까요? 그건 욕심입니다. 개요 짜기 연습에도 책을 읽고 글을 쓰기 위한 딱 맞는 질문을 해 주는 게 도움이 됩니다. 각 질문에 대한 아이의 대답이 각 문단의 중심 생각이 되는 거죠.

특히 서론-본론-결론으로 형식을 갖춘 글을 써 보게 할 때도 그렇게 하면 좋아요. 예를 들어 주장하는 글을 쓴다면, 전반적으로 무엇을 말하려고 하는지(서론), 그 생각(주장)을 뒷받침하는 예시나 근거는 무엇인지, 반론으로 가능한 주장에 대해 어떻게 반박할 수 있는지(본론), 정리하여 최종적으로 내세울 본인의 주장이 무엇인지, 그 주장에 따라 무엇이 달라질 수 있는지 등(결론)을 질문하면 좋습니다. 활동지에 이 질문들에 대한 답변을 간단히 기록하는 것 자체가 개요 짜기가 될 수 있답니다.

독서 감상문을 쓰기 위해서라면 이 책을 읽기 전에 기대한 것은 무엇인지, 이야기의 줄거리가 어떻게 되는지, 이 책을 읽고 새롭게 알게 된 점이나 느낀 점, 친구들에게 추천하고 싶은 이유를 물어도 좋습니다. 각 질문에 대해 한 문단씩 구성하면 되니까요. 가장 일반적인 독서 기록문이 되겠지요. 특히 가운데 줄거리 부분에서 개요의 도움을 크게 받을 수 있어요. 책의 내용을 기승전결로 나누어 각각 짧은 문장이나 키워드 정도로만 적어 두면 중요하지 않은 내용은 배제하고 깔끔한 줄거리를 완성할 수 있답니다.

그럼 설명문이라면 어떨까요? 역시 처음-가운데-끝의 3단계 개요가 적절해요. 첫 부분에서는 읽은 책과 연결해 무엇을 설명할 것인지 간단히 소개합니다. 설명할 대상의 필요성이나 중요성을 언급해도 좋습니다. 이 설명문의 목적이나 동기를 추가해도 괜찮고요. 가운데 부분은 본격적으로 대상을 설명해야 하는데, 시간적 흐름(예: 로봇의 과거-현재-미래의 순서로 한 문단씩)이나 공간적 배치(예: 고궁의 여러 공간, 악기의 각 부분 등에 대해 한 문단씩)에 따라 구성할 수도 있으니 역시 질문을 적절하게 해 주면 아이가 개요를 짜기 쉬워요. 마지막 부분에서는 가운데 부분에서 설명한 내용을 정리해 주는 게 필요하겠죠. 즉, 내용을 간추려 정리합니다. 덧붙여, 설명문이지만 그에 대한 내 생각도 쓰는 게 독후 활동으로 좋겠어요.

개요를 간단히 정리해 볼 수 있는 도식

더 간단히 개요를 짤 때는 도식을 이용하면 좋아요. 서론-본론-결론의 세 문단으로 쓰는 것이 가장 기본이니, 활동지에 2×3=6칸의 표를 만들어 왼쪽에 질문을 써넣고, 오른쪽을 빈칸으로 두면 됩니다. 각자 생각을 해서 대답을 간략하게 쓰게 하는 거죠. 개요이니, 서술식의 완결된 문장이 아니라 개조식(글을 쓸 때에 글 앞에 번호를 붙여 가며 중요한 요점이나 단어를 나열하는 방식)이어도 괜찮아요. 동그라미나 점 같은 글머리기호를 활용하게 해 주세요.

이렇게 뼈대가 만들어졌으면 이 개요에 따라 한 문단씩 글을 써 나가면 됩니다. 즉, 살을 붙이는 거죠. 이렇게 해 보면 개요를 바탕으로 글을 쓰는 게 그리 어렵지 않음을 알게 되어 글쓰기에 자신감이 생길 거예요. 마치 마법처럼 그럴싸한 글이 완성되니까요.

개요의 활용도를 높여 훈련을 더 하고 싶다면 책, 신문에 실린 글이나 친구의 글을 보고 거꾸로 개요를 뽑아내는 방법을 추천합니다. 대부분의 잘 쓴 글이 전부 탄탄한 뼈대를 가지고 있다는 것을 알게 될 거예요.

논설문 쓰기 개요		
서론	무엇을 말하고 싶은가요? (생각/주장)	
본론	그 생각(주장)을 뒷받침하는 예시나 근거는 무엇인가요? 반론으로 가능한 주장에 대해 어떻게 반박할 수 있나요?	
결론	최종적으로 내세울 주장은 무엇인가요? 그 주장에 따라 무엇이 달라질 수 있나요?	

독서 감상문 쓰기 개요		
서론	이 책을 읽기 전에 기대한 것은 무엇인가요?	
본론	이 책의 줄거리는 무엇인가요?	
결론	이 책을 읽고 새롭게 알게 된 점이나 느낀 점은 무엇인가요? 친구들에게 추천하고 싶은 이유는 무엇인가요?	

설명문 쓰기 개요		
서론	무엇에 대해 설명하려고 하나요? 왜 이것에 대해 설명하려고 하나요?	
본론	설명하려는 대상은 어떤 구조로 생겼나요? 설명하려는 대상은 시간에 따라 어떻게 바뀌었나요?	
결론	최종적으로 하고 싶은 말은 무엇인가요? 이 대상에 대한 나의 생각은 무엇인가요?	

적재적소 연결어 활용하기

5~6학년은 독후 활동을 할 때도 한 문단보다는 두세 문단 이상의 글을 쓰는 게 일반적입니다. 이때는 문단과 문단을 잘 연결해 논리적 흐름을 만드는 게 중요합니다.

문단은 하나의 중심 생각을 다루는 덩어리이니, 각 문단은 각각 구별되는 생각을 담고 있어야 하겠지요. 그러므로 문단을 풀어 나가기 전에 각 문단에서 무슨 내용을 쓸 것인지부터 머릿속으로 정리해야 합니다. 이것을 도와주려면 역시 적절한 질문이 필요해요. 각 문단에서 무엇을 써야 할지를 각각 질문으로 주시면 아이들이 감을 잡기 쉽습니다.

둘째, 셋째 문단을 시작할 때 가장 적합한 연결어를 쓰면 문단 간의 유기성이 좋아져 글이 탄탄해집니다. 서로 관련이 없는 문단들을 늘어놓는다고 글이 되는 것은 아니니까요. 또한 새로운 문단을 연결어로 시작하면 이전 문단과의 관계를 이해하고 다음 문단의 내용을 유추할 수 있어 읽을 때 큰 도움이 되지요.

앞 문단과 반대되는 내용으로 전환을 할 때는 '그러나', '그렇지만', '하지만', '그럼에도 불구하고', '이와는 반대로' 등을 쓰면 되지요. 반대까지는 아니어도 상당히 구별되는 내용을 다시 시작할 때 '한편'이나 '그런데'를 쓰기도 해요. 앞 문단과 비슷하게 내용을 덧붙일 때는 '또한', '게다가', '더욱이' 등을 써서 문단을 시작할 수 있습니다. '예를 들면'으로 시작하며 예시를 드는 문단을 쓸 수도 있겠죠. 앞 문단의 내용을 이어받아 결론을 낼 때는 '그러므로', '따라서', '그래서' 또는 '결과적으로', '결론적으로', '요약하면' 등을 쓰면 됩니다.

아이들이 처음부터 이런 표현을 사용해 글을 쓰기는 어려워요. 그러니 독후 활동에서 쓴 글에 간단한 첨삭을 해서 지도해 주면 하나씩 익혀 나갈 수 있습니다. 각자의 글 버릇에 따라 늘 같은 표현만 쓰기 쉬운데, 친구들의 글을 읽어 보며 다양한 문체를 접할 수도 있고요. 아이들이 쓴 글을 놓고 어떤 연결어를 쓰면 두 문단이 가장 잘 연결될지 퀴즈를 내는 것도 재미있겠어요.

원고지 쓰기와 첨삭 지도하기

저는 아이들이 4학년이 되었을 때부터 200자 원고지를 활용하기 시작했어요. 조금 이르다 싶은 감은 있었지만, 다른 아이들은 논술 학원도 다닌다는데 책동아리 모임의 수준을 조금은 강화할 단계가 되었다는 생각이 들었거든요. 그래서 비문학 읽기와 함께 새로운 시도로 원고지 쓰기를 시작했습니다. 어차피 생각을 쓸 종이는 필요하니, 이왕이면 '쓴다'는 느낌이 더 강하게 드는 전통적인 용지를 사용해서 아이들이 글쓰기의 매력을 느끼는 동시에 원고지도 별게 아니라는 생각을 하길 바랐어요.

형식의 중요성과
글 쓰는 재미를 맛볼 수 있는 원고지 쓰기

제가 사립대학에서 9년간 논술고사 채점을 해 보니 원고지 쓰는 것도 중요하더라고요. 문제마다 써야 할 분량을 지키는 것이나 맞춤법, 원고지 사용 수준은 형식 점수로 평가되는데, '형식'이 F등급이면 '내용'도 자동적으로 F등급으로 처리되는 게 충격이었어요. 학원에서 논술고사 대비를 많이 했다는 학생들이 원고지 쓰기 자체에 숙달되지 않은 게 안타까웠습니다.

4학년생들에게 처음 원고지를 쓰게 했을 때는 꽤나 낯설어했지만, 의외로 금세 적응해서 매번 마지막 활동으로 200자 원고지 한 장 정도를 쉽게 완성했답니다. 5~6학년들은 더 잘할 거예요. 처음엔 '원고지 사용법'에 대한 참고 도서를 활용해서 규칙을 같이 살펴보았어요. 부모님들은 오래전에 배운 것이라 기억이 가물가물할 테니 제가 뒤에서 핵심을 요약해서 보여드릴게요. 아이들과 함께 익혀 보세요.

아이들은 제목의 글자 수를 헤아려 좌우 균형을 맞추는 걸 재미있어 했어요. 구두점이나 숫자 쓰기, 교정 부호 활용하기에도 흥미를 보였고요. 한국인의 고민, 띄어쓰기는 역시나 가장 어려운 부분이지요. 띄어쓰기에 대한 큰 원칙은 초반에만 일러 주고 종종 반복해서 알려 주세요. 단어는 띄어 쓰는 게 원칙이고, 조사는 예외라고요. 의존 명사는 아주 골치 아픈 녀석이니 좀 천천히 다루어도 괜찮습니다.

문장을 써 나가며 "여기 띄어 써요, 붙여 써요?" 하고 자주 질문하는 아이도 있어요. 그럴 때 간단한 것은 바로 일러 주었지만, 그 부분에 너무 매달리지 않도록 지도해 주세요. 아직은 이런 부분에서 좀 틀리더라도 생각을 글로 유창하게 나타내는 게 더 중요하니까요.

몇 년간 꾸준히 쓰니 원고지 쓰기는 친숙한 방식이 되어서 중학생이 된 지금도 모임에서 책 읽고 기록을 남길 때는 200자 원고지 두 장 정도로만 글을 씁니다. 학교 과제도 대부분 컴퓨터 문서 작성으로 많이 하다 보니 손으로 종이에 글을 쓰는 일은 많지 않지요. 원고지에 쓰면 '내가 글을 쓰고 있다'라는 느낌을 더 강하게 받게 됩니다.

첨삭 지도 시 유의점

아이들의 글쓰기까지 맡게 되니 책임감이 점점 더 느껴졌어요. 원고지를 사용한 후부터는 더욱요. 그래서 가볍게 첨삭도 해 주었습니다. 초록이나 파란색 사인펜(전통적인 빨간색은 정서적으로 아이들의 글에 부정적인 반응 자국을 남기는 것 같아서요)을 사용했어요.

틀린 맞춤법도 고쳐 주긴 했지만, 가장 중점적으로 보고 피드백을 해 준 부분은 논리적 연결이었습니다. 주제와 질문에 맞는 내용을 썼는지, 앞부분을 잘 이어받아 다음 문장을 썼는지, 문단이 여러 개라면 연결어를 적절히 사용했는지, 각 문단의 관계는 유기적인지…… 만약 그렇지 않은 부분이 보이면 의견을 적어 주었어요. 즉석에서 첨삭한 원고지를 돌려주며 그 부분을 설명해 주었고요. "이렇게 쓴다면 더 좋을 것 같은데?"라고 말해 주었지요.

아주 가끔(한 학기에 한 번 정도) 활동이 많거나 이야기가 길어져 모임이 한 시간으로 부족한 날은 글쓰기를 숙제로 내 준 적도 있어요. 아예 작심하고 신문 기사 같은 추가 텍스트를 준비해서 들려 보내기도 했습니다. 그럴 땐 숙제로 글을 써서 다음번 모임에 가져오도록 했고, 아이들이 다른 활동을 하고 있을 때 첨삭을 해 줬어요. 생각보다 얼마 안 걸립니다.

그리고 첨삭 지도를 마친 원고지를 아이들끼리 서로 돌려 읽게 했어요. 혼자 하지 않고 친구들과 함께 하면 바로 이런 점이 좋습니다. 같은 주제에 대해서도 생각이, 특히 글로 얼마나 다르게 표현되는지를 직접 목격할 수 있거든요. 부모가 고쳐 주거나 의견을 준 내용을 서로 확인할 수 있으니 몇 배로 도움이 된답니다.

원고지 쓰는 법

200자 원고지를 기준으로, 책동아리 모임에서 사용할 수 있는 내용을 중심으로 요약했습니다. 고학년쯤 되어도 낯설고 어려울 수 있으니 기본만 알려 주세요. 책동아리에서 가볍게 한 장 써 볼 때 활용하면 되므로, 글의 종류나 부제, 소속, 이름 쓰기 등은 생략했습니다.

🖊 **제목은 두 번째 줄 중심에 놓이게 합니다.**
한 줄이 20칸이므로 {20-(띄어쓰기를 포함한 제목의 글자 수)/2로 계산하면 제목을 쓸 때 몇 칸을 띄고 시작해야 하는지 알 수 있어요.

🖊 **한 칸에 한 글자씩이 원칙입니다.**

🖊 **본문을 시작할 때 제목 줄에서 한 줄을 띄고 씁니다.**

🖊 **본문의 첫째 칸은 비우고 시작합니다. '들여쓰기'라고 해요.**
문단을 바꿀 때도 한 칸을 비우고 들여 씁니다.

🖊 **대화체를 쓸 때도 한 칸 들여 씁니다.**
대화가 다음 줄로 넘어갈 때도 제일 왼쪽 한 칸은 비워 둡니다.

🖊 **문단을 시작할 때가 아니면 첫 칸을 비우지 않습니다.**
줄의 마지막에 한 단어가 끝나고 다음 줄에 새로운 단어가 시작해도 띄어쓰기를 위해 칸을 남길 필요가 없습니다. 윗줄의 글자 오른쪽 끝 여백에 띄움표(∨)를 해도 되지만, 의미가 잘 통한다면 안 써도 됩니다. 아이들이 어려워하는 부분이에요.

🖊 **숫자는 한 칸에 하나씩 쓰는 게 원칙이나, 두 자 이상의 아라비아 숫자는 한 칸에 두 자씩 씁니다.**

🖊 **알파벳 대문자는 한 칸에 한 글자, 소문자일 경우는 한 칸에 두 글자씩 씁니다.**

✏️ **문장 부호는 한 칸에 한 부호씩 쓰는 게 원칙입니다.**

가운뎃점, 느낌표, 물음표 등은 칸의 가운데에 쓰면 됩니다. 예외도 있습니다. 말줄임표(……)는 한 칸에 점 세 개씩을 찍어 두 칸에 걸쳐 씁니다. 또한 한 칸에 두 개의 부호를 쓸 수도 있어요. 대화가 끝날 때 온점과 따옴표는 한 칸에 함께 쓰기도 합니다(.").

✏️ **온점(.)과 반점(,)은 한 칸을 따로 차지하지 않아요.**

그래서 다음 글자를 부호의 바로 다음 칸에 쓰면 됩니다. 아이들이 자주 헷갈려 해요. 온점과 반점은 한 칸을 넷으로 나눴을 때 왼쪽 아랫부분에 찍습니다. 큰따옴표와 작은따옴표는 글자에 가까운 쪽 윗부분에 씁니다.

✏️ **한 줄의 끝 칸에서 문장이 끝났을 때는 온점을 글자 칸 안에 함께 찍거나 오른쪽 여백에 찍어요.**

아래의 새로운 줄에 문장 부호를 넣지 않습니다. 따옴표, 느낌표, 물음표, 말줄임표, 괄호 등도 마찬가지예요.

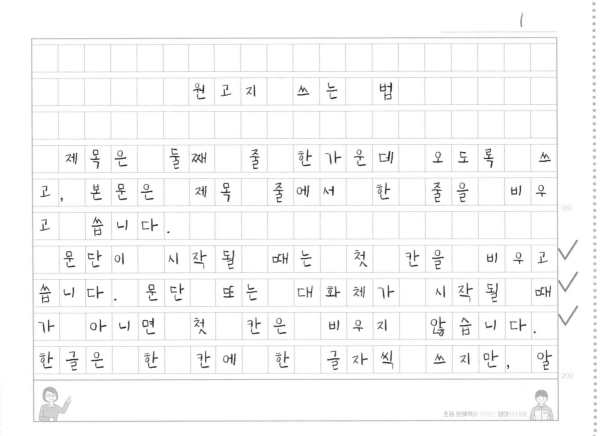

				원	고	지		쓰	는		법								
	제	목	은		둘	째		줄		한	가	운	데		오	도	록		쓰
고	,	본	문	은		제	목		줄	에	서		한		줄	을		비	우
고		씁	니	다	.														
	문	단	이		시	작	될		때	는		첫		칸	을		비	우	고
씁	니	다	.		문	단		또	는		대	화	체	가		시	작	될	때
가		아	니	면		첫		칸	은		비	우	지		않	습	니	다	.
한	글	은		한		칸	에		한		글	자	씩		쓰	지	만	,	알

초등 문해력을 키우는 엄마의 비밀

아이들이 원고지에 좀 익숙해졌다면 원고를 고치는 교정 부호도 배울 수 있어요. 연필로 쓰면서 바로 지우고 다시 쓰기도 하지만, 글을 다 쓴 뒤에 실수를 발견하거나 더 좋은 생각이 떠오르기도 하니까요. 다음 부호를 이용해 직접 교정을 할 수 있습니다.

- 빠진 말을 표시하는 끼움표(⌣)
- 잘못 띄운 것을 붙이는 붙임표(⌢)
- 낱말 사이를 띄우는 띄움표(∨)
- 줄바꿈표(⌐)
- 글자나 단어의 앞 뒤 순서를 바꾸는 순서바꿈표 (∽)
- 글자를 앞으로 내미는 앞으로 밀어냄표(⌐)
- 글자를 뒤로 당겨 칸을 비우는 뒤로 당겨들임표(⌐)
- 틀린 글자를 바르게 고칠 때 쓰는 글자바꿈표(/ 고치기 \ )
- 필요 없는 글자를 없애는 말 빼냄표(♂) 등이 있습니다.

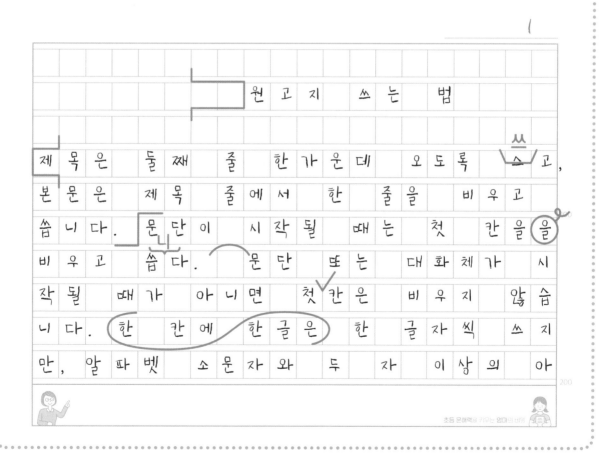

초등학생 대상 전국 규모 독후감·글짓기 대회

초등학생 시절에 전국 규모의 글짓기 대회에 참여해 보는 것도 잊지 못할 경험이 될 거예요. 독후감 대회를 필두로 다양한 글짓기 대회가 있습니다. 이러한 정보를 부모님이 알고 있으면 아이에게 대회 참여를 제안할 수도 있겠죠. 단, 수상만을 목적으로 삼거나 아이의 의사와는 다르게 억지로 참여시키는 것은 역효과를 낳게 되니 주의해 주세요.

♛ 공모전 홍보 및 대행 안내 사이트

놀랍게도 다양하고 많은 공모전이 열리고 있답니다. 아래의 사이트에서 '필터' 기능을 활용해 아이가 관심을 가질 만한 공모전을 찾아보세요. 참여 대상을 확인하는 것을 잊지 마세요!

- 올콘 www.all-con.co.kr
- 콘테스트 코리아 www.contestkorea.com
- 씽굿 www.thinkcontest.com

♛ 독후감 대회

정부, 지자체, 공공기관

대회명	주최	참고
해양경찰청 어린이 독후감 경진대회	해양경찰청	www.kcg.go.kr
이충무공 난중일기 독후감 및 유적답사기 공모전	문화재청 현충사관리소	hcs.cha.go.kr
장애 아동, 청소년 독후감대회	국립장애인도서관	nld.go.kr
국립세종도서관 온라인 독후감 대회	국립세종도서관	sejong.nl.go.kr

※ 시, 군 지자체 주관 전국 규모 독후감 대회: 익산, 아산, 김해, 구미, 공주, 포천, 양주, 창원, 동해시

법인

대회명	주최	참고
극지해양 도서 독후감 공모전	(사)극지해양미래포럼	www.pof21.com
이주홍 어린이 독후감 쓰기 대회	(사)이주홍문학재단	leejuhong.com
전국 훈민정음 독후감 공모대회	(사)훈민정음기념사업회	www.hoonminjeongeum.kr
아동청소년 가족사랑 독서감상문대회	(사)국민독서문화진흥회, 경기도 시흥시	readingnet.or.kr
전국 청소년 독서감상문 발표대회		
대통령상타기 전국 고전읽기 백일장대회		
이순신 독후감 공모전	(사)부산여해재단	www.bsyeohae.com
협성독서왕 독후감 공모전	(재)협성문화재단	hscf.co.kr
대한민국 독서대회(독서토론, 논술대회)	(사)전국독서새물결모임	www.readingkorea.org/contest/contest_info.php
대통령기 국민독서경진대회	(사)새마을문고중앙회	www.saemaul.or.kr

인터넷 서점, 출판사, 신문사 등

대회명	주최	참고
세종대왕 정신계승 전국민 독후감대회	세종대왕정신계승범국민위원회, 사)한국민족예술인총연합회	barunmal.org
소통과 평화의 플랫폼 한민족 이산문학 독후감 대회	문화체육관광부, 한국문학번역원	diasporabook.or.kr
청소년 과학기술도서 독후감대회	한국공학한림원, 주니어김영사	www.naek.or.kr
인공지능인문학 추천도서 독후감 경연대회	중앙대학교 인문콘텐츠연구소	aihumanities.org
YES24 어린이 독후감대회	YES24, 소년한국일보	blog.yes24.com/kidsreview/

🏅 백일장, 글짓기, 편지글 쓰기 대회

정부, 지자체, 공공기관

대회명	주최	참고
전국 청소년 저작권 글짓기 대회	문화체육관광부	www.copyright.or.kr
새얼 전국학생 학부모 백일장	인천광역시교육청, 새얼문화재단	www.saeul.org
기후변화 온라인 백일장	청주기상지청, 국립충주기상과학관	science.kma.go.kr/science/
호국문예백일장/그림그리기 대회	국립서울현충원	www.snmb.mil.kr/
청소년 릴레이 글쓰기 〈너 쓰고, 나 쓰고〉	국립어린이청소년도서관	www.nlcy.go.kr blog.naver.com/bbooker
아동, 청소년 치유농업 글짓기 공모전	농촌진흥청, 국립원예특작과학원	www.nihhs.go.kr
대한민국 편지쓰기 공모전	우정사업본부	www.lettercontest.kr
전국 초등학생 국토사랑 글짓기대회	국토연구원, EBS	www.krihs.re.kr

법인, 학회, 협회 등

대회명	주최	참고
'고맙습니다, 선생님' 감사편지쓰기 공모전	초록우산어린이재단, 교육부	www.thanksletter.com
전국 초중학생 발명글짓기, 만화 공모전	한국발명진흥회	www.kipa.org
나라(독도)사랑 글짓기 국제대회	(사)나라[독도]살리기 국민운동본부, (재)독도재단	www.mkoreadokdo.com
희망편지쓰기대회	굿네이버스	hope.gni.kr
Thank you to Family-가족에게 감사메시지 공모전	(사)H2O품앗이운동본부	www.theh2o.org
아름다운 편지쓰기 공모전	아름다운교육신문	www.helloedunews.com

※ 주최 측에 의해 대회가 취소되거나 상세 내용이 변경될 수 있으니 주최 측 공식 홈페이지 등을 통해 공모 요강을 반드시 확인 바랍니다.

'책 읽는 엄마'
엄마들의 책동아리

녹색 어머니 교통 지도, 급식 검수, 수업 준비물 제작 등 아이들을 위해 학교에서 다양한 봉사활동을 하고 계실 거예요. 저는 아이가 1~3학년 때 초등학교 도서관에서 '책 읽어 주는 엄마' 봉사활동을 했어요. 그런데 이 모임이 '책 읽는 엄마' 모임으로 바뀌기도 했답니다. 아이들에게만 책을 읽어 줄 게 아니라, 우리도 좀 즐겨 보자는 생각에서 시작되었죠.

한 달에 한 번, 학교 앞 카페에서 만나 차 한 잔 마시면서 지난달에 정해서 읽은 책에 대해 이야기를 나누었어요. 소설, 시집, 아동문학, 평론집……. 아이들 키우는 얘기에서 살짝 벗어나 엄마가 아닌 내가 되는 비밀 서클을 만든 것 같았어요. 책 읽는 엄마 모임도 꼭 한번 해 보시라고 권하고 싶어요.

저는 아이가 중학생이 된 후로 '엄마들의 책동아리'에 가입했어요. 미리 정한 책을 읽고 한 달에 한 번 모이고 있습니다(팬데믹 때문에 온라인으로 할 때가 더 많았지만요). 자연 과학 전문서, 셰익스피어의 희곡 등 수준 높은 책들을 읽느라 저도 힘들 때가 종종 있어요.

엄마들의 책동아리는 책을 매개로 한 대화 외에도 아이들에 대한 정보나 고민도 공유할 수 있어요. 초등 고학년쯤 되면 아이들이 사춘기에 접어들기 시작하고, 이로 인해 엄마가 외롭고 힘들어질 수 있는데 같은 단계를 지나고 있는 엄마들끼리 서로 위안이 되어 준답니다.

아이들이 책동아리로 묶였다면 그 부모님들끼리도 이런 모임을 만들어 보세요. 아이들이 책동아리에서 읽을 책을 읽고 모여도 좋고, 여기에 어른용 책을 하나씩 추가한다면 독서 생활이 풍부해집니다. 너무 딱딱하고 고상한 책보다는 역시나 재미있는 책, 모두가 읽고 싶다고 동의한 책으로 정해 보세요. 한 권의 책에 대해 각자 얼마나 다양한 생각을 할 수 있는지 몸소 느끼게 될 거예요.

아이 책을 아이와 함께 읽다 보면 아동문학이 얼마나 멋진지 새삼 깨닫게 될 거예요. 집집마다 책을 매개로 한 대화도 풍성해집니다. 부모님께서 책 읽는 모습을 아이에게 자주 보이면 아이의 읽기 동기 역시 자연스럽게 높아져요. 책동아리를 통해 가족 구성원 모두가 행복해지는 경험을 맛보시길 바랍니다.

왜 엄마표
책동아리인가?

문해력이 훗날 아이의 사회경제적 지위에 영향을 미친다는 연구 결과를 보고 서둘러 독서 논술 학원을 알아보셨나요? 독서 논술 학원에 보내기만 하면 정말 내 아이의 문해력이 쑥쑥 길러질까요? 다른 교육은 몰라도 독서 교육만큼은 엄마표로 해 보시라고 권하고 싶습니다. 사교육에 비해 훨씬 다양한 장점이 있거든요.

아이들이 이미 고학년이라 해도 책동아리를 시작하는 게 좋아요. 늦었다고 생각할 때가 가장 빠를 때니까요. 지속적이고 꾸준한 독서 지도를 위해서는 아이와 단둘이 하는 독서 활동보다는 친구들과 '약속'처럼 정하고 하는 책동아리가 더욱 효과적입니다. 잘 아시다시피 독서는 생각을 깊게 해 줍니다. 혼자 하는 독서도 좋지만, 주변의 친구들과 함께 읽고 이야기를 나누면 생각은 깊어질 뿐 아니라 넓어지기까지 합니다. 혼자 가면 빨리 가지만 함께 가면 멀리 갈 수 있다지요. 함께 문해력을 키워 나가는 건 어떨까요?

독서 사교육,
꼭
해야 할까?

과연 독서까지 사교육에 매달려야 할까요? 제가 아이 키우며 경향을 살펴보니 이 영역에서도 아이가 3~4학년에 접어들 무렵부터 엄마들이 바빠지더군요. 독서 논술을 위해 학원에 보낸다, 팀을 짜서 전문가에게 맡긴다 하면서요. 저도 아이가 딱 이 시기일 때 독서 논술 팀에 들어오라는 연락을 여러 차례 받았습니다. 제가 직접 지도한다는 말씀을 드리며 거절해야 해서 죄송했지요.

학원에서는 초등학생에게 독서 논술을 어떻게 지도하나 조사해 보았어요. 학원에서 밝힌 도서 목록도 보고, 사용한다는 교재도 살펴보았습니다. 결론은, '내가 한번 해 보자!'라는 용기였답니다.

재미있는 책부터 읽는다

제가 보기에는 이른바 '필독 도서' 목록이 너무 어렵고 따분하게 느껴졌어요. 특히 3~4학년 때까지는 독서에 재미를 느껴 읽기 동기를 탄탄하게 갖추어야 할 때로, 꼭 읽어야만 한다는 책들이 흥미롭지 않으면 오히려 동기를 떨어뜨릴 우려가 있거든요. 그래서 저는 일단 아이들이 좋아할 만한 재미있는 책을 같이 읽고 싶었습니다. 4학년 때 읽기 자료를 확대해 보기로 하고요.

아이를 자발적인 독자로 키우는 독서

사교육 시장에서는 책을 요약해 아이들에게 떠먹여 주는 전략을 쓰는 것 같았어요. 선행 학습처럼 일찌감치 많은 책들을 읽히고 떼는 것에 집중하면서요. 시간에 쫓기며 다이제스트로 책의 줄거리와 주제, 교훈 등을 훑어보는 게 과연 독서일까요? 시도 읽는 사람에 따라 다르게 읽히는 게 맞지, '이 시어는 무엇을 상징한다, 외워라' 하고 배우는 것이 얼마나 무의미한지 다들 아시죠?

저는 아이 자신이 책을 읽고 스스로 느끼고 정리하는 게 중요하다고 믿어요. 어른은 옆에서 필요한 도움만 주고요. 자녀에게 물고기를 잡아 주는 것보다 잡는 방법을 가르쳐 주는 게 부모가 해야 할 역할이고, 훨씬 효과적이니까요.

책마다 지닌, 책의 지문을 활용하자

독서 논술 교재에서는 독후 활동이 너무 천편일률적인 점이 눈에 띄었어요. 일단 무슨 책인지에 상관없이 활동지가 똑같이 생기고, 같은 질문이 계속 반복되더군요. 그렇게 되면 책 읽기가 지루하고 재미없어져요. 아이들이 '이 책 읽으면 또 느낀 점 말해야 해', '주인공한테 편지 쓰기 지겨워', '아무것도 안 하고 그냥 읽고만 끝내고 싶어' 이런 생각을 할 수 있어요.

'논술'이라는 표현도 사실 거리감이 좀 느껴지지 않나요? 저는 사립대학에서 가르칠 때 9년간 입시 논술 채점을 해 봤지만 어린아이들의 독서에까지 논술이라는 단어를 붙여 공부로 만드는 게 안타까워요. 초등학생들에게 대학 입시 준비를 시키는 것같이 삭막한 느낌이 들어서요.

물론 우리나라 아이들에게 문해력 교육은 더 강화되어야 한다고 생각합니다. 학교에서 경험하는 읽기, 쓰기 교육만으로는 부족하거든요. 그래서 저는 문해력을 강화하는 독서 활동을 기획하고 싶었어요. 특히 책마다 다른 방식으로요. '책에서 지문 찾기'를 신조로 해 보자고 다짐했습니다. 독해 문제를 풀기 위한 '주어진 내용의 글'인 지문(地文)이 아니고 '사람마다 다른 손가락무늬'인 지문(指紋)이요. 저는 각각의 책은 고유한 힘을 갖고 있다고 믿어요. 내용이 다른 것은 당연하고, 아이들의 사고력과 문해력에 도움이 될 수 있는 포인트도 제각각이거든요. 독서 지도에서 그런 점을 찾아낼 수 있다면 매번 다르고, 매번 재미있는 활동을 할 수 있겠다고 생각했어요.

독서 지도만은 엄마표로

아이들 공부 지도하기 힘들지요? 정보 구하랴, 학원 보내랴, 그룹 만들어 체험학습이나 과외 시키랴……. 각종 '엄마표' 학습이 유행인 요즘은 유아기 때부터 엄마들의 마음이 더 분주할 겁니다. 책임감까지 더해져서요. 하지만 내 아이를 직접 가르친다는 건 쉬운 일이 아니에요. 진도 짜고 교재 고르는 것도 어렵고, 아이가 이해를 못 하거나 하기 싫어하거나 속도를 못 따라오면 화도 나지요.

하지만 독서 지도는 좀 달라요. 엄마랑 아이랑 얼굴 붉히며 씨름하지 않아도 되거든요. 왜 그런가 생각해 봤더니, 책을 읽고 이야기 나누는 건 다른 학습과 좀 다른 것 같아요. 질문하고 대답하는 과정에서도 명확한 정답이 있는 게 아니기 때문에 마음 편하고요.

특히 내 아이만 지도하는 게 아니라 아이 친구들까지 같이 모이면 그냥 다 사랑스러워 보여요. '이 또래 아이들은 다 이렇구나'라는 생각을 자주 하게 되어서 편안한 육아 마인드로 돌아가기 좋지요. 아마 독서 지도 역시 내 아이만 앉혀 놓고 단둘이 하다 보면 엄마는 마음 급해져서 소리 높이고, 아이는 엄마랑 책을 놓고 얘기하는 게 어색하다고 도망가기 바쁠 거예요.

책동아리, 자신 있게 시작하자

그래서 독서 지도만은 엄마표로, 그리고 책동아리의 형태로 해 볼 것을 강력 추천합니다. 내 아이만 챙기는 게 아니라서 근사한 '재능 기부'가 될 수 있어요. 물론 여기서 '엄마'는 대명사로 쓴 거고 아빠가 해 줘도 최고이니 용기 있고 자녀 사랑하는 아버님들, 힘내 주시길 바랍니다.

저는 책동아리를 시작할 때도, 격주로 아이들을 만날 준비를 할 때도, 6년이 지나서도 계속 설렜어요. 학원이나 전문가에게 보내지 않아도 아이들과 함께 즐겁게 책을 읽으며 모두가 조금씩 발전하고 있다는 생각이 들 거예요. 인간은 누구나 그런 발전이 중요해요.

사교육이 반드시 성과를 보장하는 것은 아니지요. 오히려 아이의 진을 빼고 동기를 갉아먹을 수도 있습니다. 부모는 비싼 학원비를 지출하며 안심을 할지라도, 이에 시달린 아이의 눈에서는 이미 총기와 호기심이 사라진 경우를 정말 자주 목격합니다. 그러니 불안한 마음이나 팔랑귀는 버려 두고, 흔들리지 않는 엄마로 살아 보아요!

책동아리의 장점:
아이랑 대화하며 함께 크는 엄마

저 또한 바쁜 엄마로서 아이한테 해 주는 게 많지 않아 늘 아쉽고 반성도 하게 됩니다. 아이를 낳아 지금까지 키우면서 정말 잘한 게 뭐였나 돌아보면 오래 기다리던 아이를 임신했을 때 인생 최고로 행복하게 지내며 태교에 신경 쓴 것과 함께, 바로 초등학교 6년 내내 책동아리를 이어 온 것이에요. 이 책을 정리하며 절실하게 느꼈습니다. 어떤 점이 좋았는지 말씀드릴게요.

최소한의 독서를 보장한다

아이는 부모의 축소판이 아닙니다. 하지만 우리는 자식이 나를 닮았을 거라고 착각을 많이 하지요. 제가 제일 이상했던 부분은 '얘는 왜 나처럼 책을 좋아하지 않을까?'였어요. 아이가 모든 면에서 아빠나 엄마를 꼭 닮는 것은 아니라고 한 담임선생님이 말씀하셨던 게 기억나네요(하지만 책 읽기 싫어하는 것은 아무래도 아빠를 닮은 것 같긴 해요).

제 아이는 영유아 때 그림책을 아주 좋아했답니다. 그림책을 연구하며 소장 도서도 꽤 많은 저는 열과 성을 다해 그림책 육아를 실천했지요. 아이는 초등학교에 들어가서도 책을 많이 읽는 편이긴 했어요. 하지만 학년이 올라갈수록 스스로 읽는 양이 초라해지기 시작했어요. 제가 워낙 잔소리하기를 싫어해서 "책 읽으렴"이라는 말을 잘 안 하지만 속으로는 참 아쉬운 부분입니다.

많은 아이들이 이와 비슷한 경향을 보이긴 해요. 읽기 동기의 발달 경향을 살펴보면, 초등학교 이후 학년이 올라갈수록 읽기 동기가 낮아집니다. 사교육 받느라 바쁘고, 여유 시간은 게임이나 동영상 시청이 우위를 차지하니 어쩔 수 없다고 포기하기에는 가슴 아픈 현실이지요.

그런데 책동아리를 하면 적어도 주(또는 격주) 한 권의 좋은 책을 공들여서 읽게 됩니다. 엄마가 먼저 읽고 챙기는 데 안 읽을 수는 없고, 그 내용으로 친구들과 독서 활동을 하니 다른 책보다 더 꼼꼼하게 읽게 돼요. 이렇게 읽은 목록을 무시할 수 없더라고요. 책동아리를 하지 않았으면 절대로 안 읽고 지나갔을 책이 꽤 됩니다. 고학년이 될수록 자산이 되지요. 물론 책동아리에서 읽은 책은 그야말로 꼭 필요한 최소량입니다. 지도적 읽기(guided reading)를 위한 독서니까요. 아이들이 그 이상을 읽을 수 있게 계속 격려해 주세요. 아이 혼자서 읽는 책도 아주 중요합니다.

아이의 문해력과 사고력 발달이 보인다

이 책을 준비하면서 6년간 쌓인 활동지를 다시 들춰 보다가 여러 번 놀랐어요. 어쩌면 이렇게 컸지 싶을 만큼 아이의 문해력과 사고력의 발달이 여실히 보여서요. 아이가 했던 말, 글로 남긴 표현에 새록새록 과거의 순간들도 기억났고요. 아무래도 저의 기억이 잘 남아 있을 6학년부터 1학년의 순서로 거슬러 올라갔더니, 학년별로 보인 아이의 변화가 더 크게 느껴지더라고요. 책동아리를 하지 않았으면 아이 친구들을 가끔 마주치더라도 겉모습의 성장만 보였을 텐데, 이렇게 속속들이 내면의 성장을 들여다볼 수 있으니 얼마나 의미 있는 일인지요.

거기에 더해 독서 모임을 꾸준히 하면 아이들의 문해력과 사고력이 확실히 탄력 넘치는 성장을 보입니다. 읽기 동기가 줄어들기 쉬운 초등학생 시절에 수준을 점점 높여 가며 좋은 책들을 읽고, 학교 공부와 별도로 쓰기 경험을 갖게 되니 당연한 것이겠죠. 특히 이야기를 나누고 질문에 답하려면 깊이 있게 생각해야 하니 생각하는 힘도 자연스레 길러지고요.

문해력은 읽고 쓰기뿐 아니라 의사소통을 포함한 넓은 영역을 포괄합니다. 개인의 문해력 수준은 진로뿐 아니라 사회경제적 지위까지 좌우한다고 봐도 과언이 아닐 만큼 중요합니다. 사회와 국가적 수준에서도 문해력 발달은 핵심적인 교육 목표입니다. 집안의 기둥에 눈금을 그어가며 아이의 키가 커 가는 것을 지켜보듯이, 책동아리를 통해 아이의 독서 이력과 글쓰기에 나타나는 성장을 관찰해 보세요. 양육의 기쁨을 느낄 수 있을 거예요.

쳇바퀴 돌 듯 사교육에 길들기 시작하면 아이들의 눈빛이 흐려지고 기본적인 스트레스 수준이 높아지는 걸 관찰하게 돼요. '이 아이도 벌써 지쳤구나' 하는 생각이 듭니다. 질문을 해도 귀찮아만 하지요. "질문하지 말고, 빨리 그냥 답을 말해 주세요. 쇼처럼 문제 푸는 과정만 보여 주세요"라고 말하는 것 같아요.

하지만 스스로 생각하고 스스로 문제를 해결하는 것은 인간에게 절대적으로 중요한 능력입니다. 평생 끊임없이 발달하며 굳건하게 살기 위해서는 이름 있는 대학에 가는 것보다 사고력과 문제해결력을 갖추는 게 훨씬 가치 있어요. 이 모든 건 문해력에 달려 있습니다. 그러니 아이들이 좋은 책을 읽을 시간, 다양한 글을 써 볼 기회, 질문을 듣고 생각을 정리해 나만의 답을 말해 보는 경험을 충분히 제공해 주세요.

노력하는 모습과 성실성을 모델링할 수 있다

우리는 아이를 사랑한다는 이유로 "공부해라, 책 읽어라, 운동해라" 등의 잔소리를 하게 됩니다. 이런 말이 합당한 이유나 설명 없이 전달되면 그야말로 잔소리에 그치게 돼요. 하지만 부모의 행동 그 자체로 보여 주면 전달력이 크지요. 부모가 공부하고, 책 읽고, 운동하면 아이들은 따라 하게 되어 있어요.

엄마가 딸이나 아들을 위한 책을 읽고, 독서 활동 자료를 만들고, 친구들과의 모임을 위해 청소를 하고, 간식을 준비하고, 목소리가 떨릴 만큼 열정적으로 모임을 리드하는 모습은 그 자체로 살아 있는 교육이 됩니다. 무엇보다도 노력과 열정의 의미를 전달하는 일이 될 거예요.

제 아이도 '엄마가 나를 위해 이 일을 해 준다는 생각'을 하긴 하는 것 같더라고요(비록 단 한 번도 고맙다거나 하는 말을 들은 적은 없지만요!). 독서량은 엄청나게 줄었지만, 모임에서 읽기로 한 책만은 진지하게 읽어 주고 친구들과의 모임에도 책임감을 갖고 임하는 모습에서 알 수 있었어요. 그런 부분도 책동아리가 아이랑 엄마를 연결해 주기에 가능하다고 느꼈어요.

또 저는 무엇이든 시작하면 꾸준하게 해야 한다는 것을 강조해요. 아이에게만 강요하고 말로만 그러면 안 되겠죠. 약속처럼 철저히 지키는 책동아리 모임을 통해 이런 태도를 보여 주고 키워 줄 수 있어요. 춘계, 추계 학술대회가 있는 날도 참여 가족들에게 미리 양해를 구해 모임을 좀 일찍 가진 뒤 학회장으로 출발하곤 했었지요.

가정의 분위기라는 게 있긴 있나 봐요. 부모의 가치관은 자녀에게 자연스럽게 스며든답니다. 저희 아이도 뭐든 시작하면 지치지 않고 꾸준히 해요. 피아노, 야구, 축구 모두 초등학교 입학 전부터 중학생인 지금까지 줄곧 하고 있거든요. 그러니 여러분도 저처럼 책동아리를 꾸준히 해 보세요.

읽고 준비하고 이끌며 엄마도 성장한다

6년간의 책동아리 자료들을 보며 또 하나 느낀 것이 있어요. 저 자신도 그 시간 동안 많이 성장했다는 것이었죠. 아이들이 1학년 때는 그야말로 마음 하나로만 시작했다는 것이 보여 부끄러울 만큼…….

아동문학을 읽고, 질문거리와 활동지를 만들고, 아이들을 직접 만나 반응을 접하고……. 그러면서 다음번 모임에선 그 전보다 조금 더 나아지게 돼요. 아무래도 책임감이 생기니 이것저것 아이들의 독서에 관심을 갖게 됩니다. 어떤 신간이 나왔나, 도서관에서는 어떤 책을 추천하나, 요즘 아이들은 교과서에서 무엇을 배우나, 독서 논술 학원에서는 무엇으로 가르치나 등등요.

양육효능감(부모 노릇을 잘하고 있다는 신념이에요)도 긍정적인 영향을 받는 것 같아요. 모임이 잘 진행될 때는 대학 강의 이상으로 희열을 느끼고요. 무엇보다 내가 아이들과 이 일을 꾸준히 하고 있다는 사실이 주는 만족감과 기쁨이 상당히 크답니다. 시작을 하지 않으면 성장도 할 수 없으니 일단 시작하세요. 처음에는 잘 못해도 괜찮아요.

책을 매개로 아이와 대화할 수 있다

아동문학을 공부하고, 그림책 수집가인 저는 아들이 3학년일 때까지는 아이가 읽는 책은 저도 다 읽었어요. 집은 책으로 가득 차 도서관이나 다름없었지요. 한 권 한 권 정성스럽게 골라 둔 단행본들이 작가별로, 장르별로 정리되어 있었답니다. 왠지 아이가 읽는 책을 엄마가 모른다는 것이 용납이 안 되고 아쉬웠던 것 같아요.

아이가 고학년이 되면서 제가 모르는 책도 읽고, 특정 책에 대한 선호도 생기다 보니 자연스럽게 독서 분리가 일어나더군요. 책뿐 아니라 생활 습관이나 행동에서도 점점 개성을 찾아가며 성장하는 게 당연하지요. 이제 엄마보다는 친구를 찾고, 혼자만의 시간을 원하고……. 특히 남아는 성별이 다른 엄마가 이해하기 어려운 특징이 많잖아요.

첫 아이의 사춘기가 찾아올 때, 부모는 당황하기 쉽습니다. 어떻게 나한테 이러나 싶어 배신감도 들고, 이제 어떻게 키우나 하는 불안감에도 휩싸이지요. 잔소리도 잘 안 먹히고, 도대체 무슨 생각을 하며 지내는 건지 알 수 없고요. 그런데 책동아리를 함께 하면서 이런 과정이 부드럽게 흘러간다고 느꼈어요. 부모-자녀 관계에 책이 다리를 놓아 주는 느낌이랄까요. 일단 적어도 한 달에 2~4권의 책을 둘이 함께 읽는 거잖아요. 그 공통 분모를 무시할 수 없습니다. 하나의 이야기, 한 작가, 책에 대해 나눈 이야기와 남긴 글을 공유하며 서로 간에 교집합이 생겨요. 아이가 커 갈수록 함께 할 일이 점점 줄어드는데 이야기할 거리가 생긴다는 건 참 기쁜 일입니다.

'요즘 아이들'에 대한 감을 유지할 수 있다

아이들은 어찌나 빨리 크는지요. 아이의 어린 시절 사진을 보며 시간을 붙잡고 싶은 마음이 들 때가 참 많습니다. 책동아리를 통해 아이의 친구들을 계속 만날 수 있다는 것도 장점이에요. 학교 일은 집에 와서 절대로 얘기 안 하는 아이인데 친구들을 통해 이런저런 학교 얘기도 듣고, 아이들의 신조어나 최신 유행 패션도 알게 되고, 눈부신 속도로 매일 달라지는 아이들의 관심사도 눈치챌 수 있으니 아이 키우며 참 좋은 방법이다 싶어요.

지속적으로 교류하며 정을 쌓을 수 있는 친구가 생긴다

책동아리를 통해 만난 가족들은 보물 같아요. 서로 같은 마음으로 같은 곳을 바라보는 친구가 생긴 것 같지요. 아이들은 아이들대로 수년간 정기적으로 보면서 안정적인 친구를 갖게 돼요. 요즘은 아이들이 집에 모여서 놀 일이 적고 학원이 아니면 만날 일도 없는데 책동아리를 통해 모이게 해 주는 건 선물이 될 수 있어요.

엄마들도 친구가 생기는 건 마찬가지랍니다. 엄마가 되고 아이가 어린이집, 유치원, 학교에 가면서 아이 친구 엄마가 내 친구가 되지요. 하지만 주로 그 해에만 가깝게 지내다 시간이 조금 지나면 흐지부지되기 쉬운 관계입니다. 그런데 책동아리를 꾸준히 하면 아이 친구 엄마를 넘어 정말 내 친구 같다는 느낌이 들기 시작해요. 경조사를 함께 하고, 안부를 묻고, 서로의 편안함과 행복을 빌어 주는……. 지역 사회는 부동산, 자녀의 학교, 상점으로만 의미가 있는 게 아니지요. 사람, 즉, 이웃이 먼저입니다.

6년간 책동아리를 할 수 있었던 비결

제가 아이들과 해 온 책동아리 얘기를 들은 지인들은 "좋은 아이디어인데?"와 함께 "어떻게 그렇게 오랫동안 할 수가 있어?"라는 반응을 많이 보입니다. 저도 아이도 성격상 꾸준한 편이긴 하지만, 격려를 위한 감탄이라기보다는 비결을 묻는 질문으로 들렸어요. 어떻게 하면 지치지 않고 꾸준하게 책동아리를 할 수 있을까요?

책동아리 회원이 곧 원동력

곰곰이 생각해 보니 저와 아이의 꾸준한 성격보다는 다른 곳에 비결이 있는 것 같더라고요. 바로 '회원들'입니다. 회원이라고 하니 거창하게 들리지만, 책동아리를 구성하는 아이들을 말하는 거예요. 이 아이들이 없었다면 결코 오래는 하지 못했을 것이라는 생각이 들었어요. 내 아이만 챙기는 방식이었다면 몇 번, 길어야 한 학기, 1년 정도 아니었을까요?

'아이의 친구들이 온다!'는 생각은 꽤 대단한 자극이 됩니다. 늘어지고 싶은 주말 오후에 함께 읽을 책을 붙들게 되고, 읽고 생각해 낸 활동 아이디어가 사라질까 서둘러 활동지를 만들게 되니까요.

독서 지도가 아무리 '공부를 가르치는' 방식이 아니라고 해도 부모가 직접 지도할 때 자녀는 반발심을 갖기 쉽습니다. 책을 사이에 두고 하는 문해 활동이고, 언어적 상호작용도 일상 대화와는 차이가 있으니까요. 저도 제 아이 한 명만을 대상으로 책에 대한 이런저런 질문을 하고, 첨삭해 줄 테니 글을 써 보라고 하는 건 상상이 잘 안 되네요.

반대로, 친구들과 함께 하는 모임에서 뭔가 다른 아이의 눈빛과 태도를 보면 엄마로서 얼마나 힘이 나는지요. 우리 집에 친구들이 왔고, 우리 엄마가 이런 준비를 했다는 사실에 조금은 의기양양해지고, 열심히 참여해야 한다는 책임감도 느끼는 것 같았어요.

그런데 그런 눈빛이 여러 개입니다. '우리는 모였다'가 느껴지거든요. 그건 바로 '멤버십'이라고 생각해요. 학원과는 많이 다른 분위기지만, 그냥 놀기 위해 모인 것과는 확연히 다르지요. 일단 같은 책을 읽고 모였거든요. '나는 회원이다, 지금 뭔가 의미 있는 일을 하고 있다'라는 마음이 모인 책동아리, 어른에게도 책임감과 기쁨이 되어 시작한 이상, 지속하게 만드는 원동력이 됩니다.

부담 없고 여유 있는 일정

그리고 비결이 또 하나 있어요. 제가 바쁜 편이고, 매주 모이면 아이들도 부담스러울 수 있다는 핑계로 격주로 모였습니다. 이렇게 여유 있는 주기로 모이니 서로가 부담감이 덜 하고, 아이들 만날 날이 많이 기다려집니다.

일하시면서 바쁜 부모님이라면 처음에 너무 빡빡하지 않게 일정을 짜 보세요. 여러 어머니가 돌아가며 진행한다면 부담은 더 줄어들겠지요.

책동아리가 한두 번의 쇼가 되지 않으려면 많은 사람들이 합심해야 해요. 부디 많은 분들이 꾸준하게 책동아리 모임을 지속하게 되길 바랍니다.

엄마표 책동아리,
무엇을 어떻게 할까?

아이의 문해력을 위해 엄마표 책동아리를 한번 시작해 보고 싶어지셨나요? 제가 했던 방식을 공유해 드릴게요.

적정 인원수를 비롯한 멤버 구성부터 함께 읽을 책 목록을 작성하고 활동에 사용할 활동지 만드는 법과 실제 활동에서 엄마의 역할까지 세세하게 알려드려요. 차근차근 따라만 해도 한 학기가, 1년이 쓱 지나가 있을 거예요. 그리고 아이들의 문해력도 쑥쑥 자라나 있을 겁니다.

책동아리 꾸리기:
누구랑 할까?

책동아리는 구성원이 정말 중요해요. 일단 아이와 잘 맞는 친구들이 모여야 하고, 엄마들끼리도 잘 통해야 하지요. 어떤 친구랑 함께 책동아리를 꾸리면 좋을까요? 성비는? 인원수는? 초기 구성에 대해 궁금한 점을 알려드릴게요.

적합한 책동아리 멤버 구성

이미 아이가 5~6학년이 되었으니 책동아리를 시작하기에 늦었다고 생각하시나요? 절대로 그렇지 않습니다. 일단 시작하는 게 중요해요.

고학년이라면 친구 관계가 무엇보다 중요해진 시기라, 책동아리를 꾸릴 때도 아이의 의사가 먼저 중요합니다. 부모끼리 아는 사이만으로는 상호작용이 활발한 성공적인 모임을 보장하기 힘듭니다. 같이 책 읽고 이야기 나누고 싶은 친구에 대해 물어 주세요. 아이의 추천을 적극적으로 받아들여 모임을 구성하면 좋습니다.

아이 친구 중에서 이런 친구들을 눈여겨 살펴보세요. 서로 즐겁게 놀 수 있고, 둥글둥글하게 잘 어울리는 아이들이요. 책 읽기가 아무래도 정적인 활동이다 보니, 만나면 늘 격하게 노는 친구랑은 좀 안 맞을 수 있어요.

성비도 중요한데 저는 동성끼리 모이기보다는 반반 섞는 걸 추천해요. 여아 둘, 남아 둘 이런 식으로요. 일단 남자아이들끼리 진지한 의견을 나누는 모습은 상상이 잘 안 가잖아요. 성별에 따라 독서와 문해력의 성향이 많이 다르기 때문에 그런 차이를 어릴 때부터 서로 경험하고 존중하며 장점을 관찰해서 나눌 필요가 있습니다.

인원도 지나치게 많으면 고르게 지도해 주기 어려울 수 있어요. 어른이 동시에 여러 명의 아이들을 케어하는 데에도 한계가 있으니까요. 저는 네 명 정도가 적정한 것 같습니다. 토론을 할 때도 있다 보니 홀수보다는 짝수가 좋다고 생각해요.

가족들의 합심이 중요

그다음엔 아이 친구 엄마들한테 취지를 설명해서 의기투합을 해야 합니다. 한 집에서만 모인다고 해도 리더 엄마 혼자 해 나가는 게 아니니까요. 일단 시작하면 꾸준함이 참 중요하다 보니 모든 엄마들의 진심과 노력도 계속 필요하답니다. 가족마다 돌아가며 바쁜 일이 생기기도 하고, 학원도 아닌 독서 모임이라 소홀해지기도 쉽다 보니 모두가 책동아리 자체를 중요하게 여겨야 오래갈 수 있거든요. 제가 아이들과 초등학교 6년 동안 책으로 만날 수 있었던 것도 모든 가족의 합심 덕분이었어요. 그러니 여러분도 궁합이 잘 맞는 아이들, 엄마들을 꼭 만나게 되길 바랍니다.

엄마(또는 아빠) 한 사람이 여러 아이들의 독서 지도를 떠맡는 게 부담스러울 수 있어요. 복수의, 또는 모든 어머니가 돌아가면서 지도하는 것도 좋다고 봅니다. 방식을 통일할 필요도 없고요. 그러니 부담 갖지 마시고 일단 시작해 보세요!

이렇게 모여 꾸준히 책 모임을 갖다 보면 일종의 '케미'가 생겨납니다. 저는 아이들이 중학교 3학년이 된 지금도 격주로 만나며 책동아리를 계속 하고 있어요. 서로 말을 안 해도(사춘기 이후 아이들의 말수가 줄었습니다) 속을 다 아는 친구랄까요? 이제는 이런 모임 어디 가서 못 구한다고 생각해요. 여러분도 꼭 만나게 될 거예요.

책 고르기:
어떤 책을 읽자고 할까?

책동아리에서 읽을 책은 어떤 게 좋을까요? 아이에게 어떤 책을 읽히면 좋을지 고민하는 분들이 정말 많아요. 앞에서도 여러 번 말한 것처럼 '필독 도서'나 '권장 도서'에 얽매여 책 목록을 구성하지 마세요. 아이들의 읽기 동기를 꺾지 않고 모두가 지치지 않고 지속적으로 해 나가려면 무엇보다 재미있는 책이어야 합니다.

제가 어떠한 방법으로 책 목록을 구성했는지 힌트를 드릴게요.

최소 한 학기 단위로 목록을 정한다

적어도 학기 단위로 책 목록을 미리 정해 두는 것이 좋아요. 책을 구매하든 도서관에서 빌리든 몇 주 후에 읽을 책은 준비되어 있어야 하니까요. 책 제목, 글·그림 작가·옮긴이, 출판사, 출판연도 등의 서지 사항과 책 표지(인터넷 서점에서 캡처해서 작은 사이즈로)를 표에 담아 목록을 만드세요.

모일 날짜를 각 가족들과 논의해서 정한 뒤, 날짜별로 책을 배정해 둡니다. 한 학기라 하더라도 아이들의 발달은 무시 못 해요. 그러니 텍스트의 양과 주제의 깊이 등을 고려해 난이도를 따져 쉽고 부담 없는 것부터 수준 높은 것까지 순차적으로 배열하는 것이 좋아요.

또는 계절이나 특별한 날을 고려해서 책을 배정하는 것도 좋은 방법이에요. 봄에 어울리는 책, 가을에 딱인 책이 따로 있으니까요. 예를 들어, 소년들이 사막에서 종일 삽질을 하는 내용이 담긴 《구덩이》는 읽기만 해도 목말라지는 책이에요. 그래서 저는 여름방학을 앞둔 학기 마지막 날에 배정했지요.

각 가정이나 아동이 함께 선정한다

도서 목록을 작성할 때는 마치 영양사가 영양소의 균형을 고려해 식단을 짜듯이, 책의 장르나 주제, 국내 창작서와 번역서 등을 골고루 고를 필요가 있어요. 엄마 한 명의 식성대로 한쪽에 치우친 책을 고르면 그 영향은 여러 아이들에게 강력하게 미치게 되겠죠. 어린이는 독서 측면에서도 하얀 도화지 같아서, 아직 어떤 책을 좋아하는지 알기 어렵고 취향을 단정할 수 없어요. 다양한 책을 읽어 보아야 읽기 경험이 쌓이고 책에 대한 취향도 생겨납니다. 다양한 책을 만날 기회를 주는 건 어른들의 몫이에요.

읽을 책 목록은 리더 엄마가 혼자 정해도 되지만, 각 가정에서 원하는 책들을 모아서 정해도 좋아요. 그리고 매 학기 적어도 한 권씩은 참여하는 아동이 스스로 골라 보는 것도 추천합니다. 서점이나 도서관에 직접 가서 친구들과 함께 읽고 싶은 책을 고르는 거지요. 이렇게 자신이 추천한 책을 함께 읽을 때는 활동에 주인의식도 생기고 더 몰입해서 참여하게 될 거예요.

온라인 서점, 블로그, 도서관 등의 각종 정보를 활용하자

아이들이 읽을 책을 고를 때는 여러 출처의 정보를 활용할 수 있어요. 일단 다니는 학교에서 제공하는 추천 도서 목록을 참고할 수 있지만, 그건 굳이 책동아리에서 다룰 필요는 없어 보입니다. 이미 아이들 모두에게 주어진 목록이니 각자 흥미에 따라 스스로 선택해서 읽을 기회를 만드는 것이 더 좋지요. 권장 도서의 함정이 뭔지 아시죠? 읽으라고 하니 읽기 싫어지는 면이 있고, 숙제같이 느껴지기도 하니까요. 사실 아이들 눈높이에서 선택되지 않은 책은 읽기 동기를 떨어뜨리는 경우가 많아요.

도서관이나 도서협회, 그 밖의 공신력 있는 기관에서 제공하는 추천 도서 목록도 참고할 수 있습니다. 아이들 눈높이에 맞는 양질의 책을 출판하는 회사들의 모임(예: 한국어린이출판협의회)에서 추천하는 단행본들도 안심하고 찾아보세요.

온라인 서점도 좋은 정보원이 됩니다. 여기에서는 학년별로 적절한 책을 추려 볼 수 있다는 것이 장점이에요. 물론 스테디셀러, 베스트셀러 순위도 무시 못 하죠. 다른 아이들은 어떤 책을 읽고 있나, 어떤 책이 오랫동안 사랑받고 있나에 대한 정보에는 관심을 기울일 수밖에 없어요. 어린이책은 미리 보기 기능을 통해서 어느 정도 책의 질에 대한 감을 잡을 수 있어요. 소비자들의 짧은 서평도 살펴보세요. 부모님들뿐 아니라, 아이들의 소감도 볼 수 있어서 생생한 목소리를 접할 수 있지요.

블로그, 카페, 개별 출판사나 작가의 홈페이지에서도 좋은 책에 대한 정보를 얻을 수 있어요. 온라인 서점보다 더 길고 전문적인 서평도 많답니다. 책을 고르는 엄마가 전부 읽어 본 책이 아니기 때문에 이런 정보는 많이 얻을 수록 결정에 도움이 될 거예요.

신간 소식은 신문, 잡지, 뉴스레터 등을 통해 접할 수 있어요. 짤막한 소식을 보고 특별히 눈길이 가는 주제, 작가, 내용의 책이라면 바로 검색을 해서 더 알아본 후에 책동아리에서 읽을지 여부를 결정해 보세요.

예전처럼 오프라인 서점에 자주 방문하지 않는 세태가 안타깝습니다. 책이 가득한 공간에서 오감을 만족시키며 읽고 싶은 책을 고르는 경험은 단순하지 않아요. 직접 손으로 책장을 넘겨 보며 고르는 맛은 스크린 속의 미리 보기와는 차원이 다르지요. 그러니 서점 나들이를 자주 해 보세요. 아이와 함께 가는 것이 최선이지요. 물론 도서관도 비슷한 기능을 해요. 대출이 무료라서 더 좋기도 하고요.

하나 더, 혹시 부모님이 어릴 때 읽었던 책 중에 잊지 못할 책이 있나요? 그런 책이 지금도 서점이나 도서관에 여전히 남아 있다면 아마도 고전 또는 그에 준하는 책이겠지요. 이렇게 세대를 넘어 이어질 수 있는 책도 책동아리용 도서로 아주 좋아요. 그러니 어릴 적 기억을 되살려 보세요.

저학년 및 고학년용 도서 선정 포인트

초등학교 저학년생과 고학년생들을 위한 책동아리용 도서 선정의 포인트는 조금 다를 수 있어요. 제 생각에는 저학년 때는 일단 재미있는 이야기책이 우선시됩니다. 그림책 수준을 벗어나 글 텍스트의 양이 많아지는 무렵에 읽는 재미를 느껴야 독서와 친한 아이가 되거든요. 특히 요즘에는 TV뿐 아니라 유튜브 동영상이나 각종 게임과 경쟁해야 하는 책의 운명이 다소 암담해요. 아이들의 눈높이에서 비교해 보면 이런 경쟁 상대에 비해 책이 주는 자극이 훨씬 잔잔한 건 사실이라서 여유 시간이 생겼을 때 아이가 먼저 책을 펼치기를 기대하는 것이 점점 어려워지고 있어요. 그렇기 때문에 저학년 때 책 읽기의 재미를 확실하게 느껴야 독서라는 세계의 문턱을 넘을 수가 있답니다. 물론 저학년 때도 정보책을 다양하게 보는 것은 좋아요. 다만 책동아리에서 함께 읽고 나눌 책으로 이야기책을 제가 우선시한 것뿐이에요.

고학년이라면 읽기 경험도 쌓였을 테고, 다른 교과와의 연결도 생각하지 않을 수 없지요. 게다가 '논술' 학원에 다니는 친구들도 많다 보니, 사고력과 쓰기 능력을 키우는 활동도 반드시 필요하고요. 그래서 비문학이라고 불리는 논픽션 책들도 반반 섞어서 선정했습니다(사실 '비문학'이라는 표현에는 어폐가 있어요. 논픽션도 문학의 범주에 들어가거든요). 격주로 진행하면서 한 번은 문학, 한 번은 비문학 이렇게요. 역사, 인물, 사회, 문화, 과학, 예술, 환경, 철학 등등 다양한 내용이 골고루 포함되게 신경을 썼어요. 하지만 고학년용 도서 역시 '아이들이 재미있어 할까?'의 기준을 중요시해서 골라야 합니다. 마치 '쇼는 계속 되어야 한다'처럼 '책동아리는 재미있어야 한다'를 전제로 삼아 주세요.

엄마가 먼저 읽기:
이 책의 포인트는 뭘까?

책동아리를 진행하기 위해서는 우선 엄마가 먼저 책을 읽어야 합니다(이 책에서 아무리 활동지를 다 만들어 드렸어도 책은 꼭 읽으셔야 해요!). 학기 초에 책들을 고르기 위해 훑어보며 읽을 수도 있고, 어떤 이유로든 이미 읽어 본 책도 있을 수 있어요. 하지만 보통은 모임 1~2주일 전에 제대로 정독하는 게 일반적이에요.

저는 격주로 주말에 모임을 열었기 때문에 한 주는 책을 읽고, 한 주는 활동 자료를 준비하며 보냈어요. 매주 모인다면 엄마가 좀 더 부지런해야겠지요. 어린이책이기 때문에 한 권을 읽는 데는 1~3시간 정도면 돼요. 다만 바쁜 일과 중에 책을 틈틈이 펼쳐야 할 때도 있고, 활동 계획을 위해 생각할 시간도 필요하니 여유롭게 준비하는 게 좋겠지요.

즐겁게 책을 읽는다

일단 부모가 책을 즐겁게 읽는 게 아주 중요해요. 일, 의무, 숙제로 생각하지 마시고 어린 시절로의 회귀, 일상 탈출, 스트레스 해소, 아이들을 위한 봉사라고 생각하면 힘들지 않을 거예요.

특히 부모가 책 읽는 모습을 아이가 보는 것은 말로 설명할 수 없는 긍정적 효과가 있답니다. 책 좀 읽으라는 잔소리보다 부모가 독서하는 모습을 보여 주는 모델링이 더 효과적인 데다, 아이가 보기에 자신을 위해 어린이책을 읽는 부모의 모습이 얼마나 신선하고 강력하게 각인되겠어요. 저는 아이가 어릴 때, 일부러 아이 보는 앞에서 어린이책을 읽으면서 혼자 낄낄대기도 하고 "이 책 진짜 재밌다!" 하고 말을 건네기도 했어요. '도대체 어떤 책이길래 엄마가 그럴까?' 하는 마음이 들도록 '낚은' 거지요. 꽤나 효과적인 방법이랍니다.

어른의 시선에서 아이의 입장을 고려하여 읽는다

어른의 눈으로 읽지만 아이의 마음으로 읽는 것도 필요합니다. 시간을 아끼기 위해 속독으로 훑어보며 줄거리만 파악한다든지, 어린이책이라 단순하고 문체도 유치하다고 생각하는 것은 좋지 않은 마음가짐입니다. 아이들이 그 책을 읽을 때 어떨지를 생각하면서 읽어야 해요. 어떤 호흡으로 읽게 될지, 무엇을 궁금해할지, 어떤 부분을 이해하기 어려워할지……. 즉, 아동용 책의 '이중독자구조'를 의식하고, 어른의 눈과 아이의 눈을 동시에 가동해야 한다는 뜻입니다.

읽으면서 표시를 하거나 메모를 남길 필요가 있어요. 금방 읽으니 다 기억 날 것 같아도, 뒤표지까지 덮고 나면 그렇지 않답니다. 생각은 풍선처럼 날아가 버리니까요. 읽으면서 뭔가 쿵 하고 느껴지는 것이나 활동을 위한 아이디어가 떠오를 때마다 기록을 하면 며칠 후에 활동 자료를 만들 때 큰 도움이 되더라고요. 접착식 메모지 아시죠? 이걸 책 뒤표지에 붙여 놓고 읽다가 기록할 일이 생기면 바로 적어 두면 좋아요. 쪽수를 먼저 적고, 알아볼 수 있게 질문이나 활동 내용을 간략히 적어 두면 됩니다.

책의 지문을 찾는다

제가 앞에서 책마다 지문(指紋)이 있어서 개성이 전부 다르다고 말씀드렸죠? 읽고 있는 책에서 어떤 점이 가장 돋보이는지를 찾아보세요. 책동아리 모임에서 그 책 한 권을 샅샅이 분석할 수는 없어요. 시간도 부족하지만, 그렇게 하면 모두가 지쳐요. 매번 비슷한 방식, 같은 이야기가 반복될 가능성이 높으니까요.

꼭 짚어야 하는 내용상의 흐름이나 아이들의 이해, 글쓰기에 도움이 될 질문들 몇 개씩은 포함할 수 있겠지만, 각 책에서 가장 중요한 포인트 한 가지에 집중하는 게 좋은 방법이라고 생각합니다.

활동지 만들기:
어떤 질문을 할까?

활동지는 독서 활동의 흔적이 되어 쌓이기 때문에 스크랩해 두고 다시 볼 수도 있어 좋아요. 저는 이번에 이 책을 준비하면서 6년 동안 쌓인 아이의 독서 활동지들을 꼼꼼히 보았는데 수도 없이 뭉클했습니다. 추억 가득한 사진첩을 보는 것 이상이었어요. 아이의 기발한 생각, 삐뚤빼뚤하고 큼직한 글씨, 한 학기 또는 일 년이 지나가면서 눈에 보이는 발전……. 틀리게 쓴 글자마저 소중하고 사랑스럽게 느껴졌습니다.

활동지를 만드는 일이 책 읽기보다 어려운 건 사실이지만, 보람 있는 창조의 시간이기도 해요. 아이에게 먹이고 싶은 영양가 높은 음식처럼, 독서 활동 자료도 각종 재료로 만들어 낼 수 있는 창작물이랍니다. 이제부터 솜씨 좋은 독서 요리사가 되어 보세요!

_____

_____

_____

참고 자료를 활용한다

엄마가 먼저 책을 즐겁고 재미있게 읽었어도 '이번엔 모여서 뭘 하지?' 하고 생각해 보면 막막한 마음이 들 거예요. 그럴 때 일단 참고 자료들을 활용할 수 있어요. 어떤 자료가 있는지 찾는 데는 인터넷이 최고지요. 책 제목으로 검색을 해 보면 예상보다 많은 자료를 찾을 수 있어요. 제가 특히 좋아한 자료는 작가의 홈페이지나 인터뷰 기사예요. 그 책의 집필에 어떤 배경, 어떤 의도가 있었는지 알 수 있어서 좋고, 아이들이 추가로 읽을 텍스트가 되기도 하거든요.

독자 개인의 블로그나 인터넷 서점에서 서평도 찾을 수 있어요. 다른 사람들은 어떻게 읽었는지 살펴보는 것도 도움이 됩니다. 단, 내 생각이 어떤지 정리도 안 되었는데 남의 생각부터 읽다가는 그대로 흡수되어 버리는 수가 있어요. '아, 저게 정답이구나' 하고요. 하지만, 책을 읽은 소감에 정답이 어디 있겠어요. 그러니 다른 사람의 생각은 존중하되 복사할 필요는 없습니다.

추가 읽기 자료를 제공한다

책을 읽다가 아이들에게 소개하고 싶은, 또는 아이들이 모를 텐데 중요한 개념이나 어휘가 있다면 정의를 찾아보는 것도 필요해요. 너무 어렵게 설명된 자료라면 이해하기 쉽게 수정해 주세요. 뒤의 활동지에서 그 예를 찾을 수 있을 텐데, 예를 들면, 문학에서 '시점'이나 '액자식 구성'이 무엇인지, 독후 활동으로서의 '토론'이 무엇이며 어떻게 하는 것인지, '노블레스 오블리주'는 어떤 개념인지와 같은 내용을 정리해서 간단하게 읽을거리로 제공하는 거예요. 이런 내용은 활동지에 글상자로 넣고 모임 첫머리에 아이들과 함께 읽은 후 관련된 활동으로 들어가면 좋습니다.

그밖에 신문이나 잡지에서도 귀한 자료를 건질 수 있어요. 저는 기사를 읽다가 문해 활동으로 엮기 좋은 자료는 신문 활용 교육을 위해 스크랩해 두었어요. 관련된 활동을 할 때 추가 텍스트로 활용하면 좋습니다.

나만의 독서 활동지 만들기

나만의 독서 활동지를 만들 때는 A4 용지로 출력할 수 있게 활동지 형식을 구성해 두고 한글 프로그램이나 마이크로소프트 워드 등 워드 프로세서로 활동 내용을 작성하면 됩니다. 쓰기를 할 수 있는 공간을 충분히 제공했을 때, 저학년은 1~2쪽, 고학년은 3~4쪽 분량이 적절해요. 저는 양면 출력으로 종이를 절약하는 동시에 아이들에게 분량이 부담 없어 보이게 했어요.

제가 학년별로 20회씩 120개의 활동지는 제공해 드릴 테니 그대로 사용해도 됩니다. 또 그 방식과 내용을 참고해서 나만의 독서 활동지를 만들어 보세요.

책동아리 이끌기:
모여서
뭘 할까?

책동아리의 가장 중요한 목적은 모여서 책에 대해 이야기 나누는 것이겠지요. 하지만 그 전에 준비도 필요해요. 무엇을 어떻게 준비하면 좋을지, 모임 시간이나 전체 구성은 어떻게 하면 좋을지 알려드릴게요.

아이들이 모이기 전에 준비할 것들

일단 집 청소! 힘들다고 생각 말고 책동아리 모임 덕분에 우리 집이 깨끗해진다고 여기면 어떨까요? 모이는 공간이 깨끗해야 마음도 안정되고 독서 활동에 집중할 수 있어요. 아이들을 산만하게 만들기 쉬운 놀잇감 등도 일단은 눈에 안 보이는 곳에 치워 주세요.

간식도 필수겠지요. 다행히 여러 가족의 아이들이 모이다 보니 간식은 끊이지 않을 거예요. 서로 부담 없으려면 한 번에 한 집씩 돌아가며 간식을 담당하는 것도 방법일 것 같아요. 그렇지 않으면 어떤 날은 무슨 잔치 같답니다. 마치 먹으려고 모인 것처럼요. 간단한 음료 정도로도 충분해요. 저는 처음 시작할 때 어린이 손님들을 위한 음료 메뉴판을 만들어 코팅해 사용했어요. 과일 주스 몇 가지나 우유 또는 생수와 과일청으로 만들 수 있는 음료 등이 적절해요. 메뉴판은 처음 몇 번 잘 사용하고 어딘가로 사라졌지만, 손님 대접은 좋은 생각 같아요. 아이들의 선택권은 언제나 소중하니까요. 보통 계절 과일이나 쿠키, 구운 계란, 작은 크기의 빵 등이 인기 간식이었답니다. 간식이 많은 날은 아이들이 집에 돌아갈 때 조금씩 싸 주세요. 책 나눔을 통해 마음도 뿌듯해지고 가방도 불룩해지니 일석이조지요.

한 시간 정도 집중해서 진행

가장 중요한 책 모임은 집중해서 한 시간 정도만 진행했어요. 자주 보는 친구들인데도 항상 모이자마자는 좀 어색한 기운이 있어요. 그런 분위기를 바꾸기 위해 워밍업이 좀 필요합니다. 그동안 지낸 이야기나 읽고 온 책에 대한 인상 같은 걸로 대화를 주고받으면 좋아요.

본격적으로 책에 대한 대화를 나누고 추가 읽기나 쓰기 활동을 진행하려면 활동지가 있는 것이 좋아요. 처음 시작했던 1학년 초반에는 아무 자료도 없이 책만 가지고 대화만 나눴는데, 활동지가 필요하다는 걸 절실히 느끼게 되어 그다음부터는 활동지 제작에 관심을 많이 기울였어요.

이 활동지라는 뼈대만 있으면 진행은 그리 어렵지 않아요. 아이들도 뭘 해야 하는지 금방 알게 되어 집중하기 좋고요. 다만, 아이들이 활동지에 답을 쓰며 활동을 금방 마치려고 하는 태도를 갖지 않도록 주의해야 해요. 쓰기는 이야기를 나누고 생각을 정리해서 최종적으로 하는 것이니까요. 서로 충분히 대화해서 생각을 더 다듬을수록 발전된 내용을 쉽게 쓸 수 있습니다.

책 모임만큼 중요한 놀이 시간

책 모임을 한다고 공부(?)만 하다 돌아가야 한다는 생각은 버려 주세요. 아이들이 함께 놀 수 있는 기회가 생겼는데 그냥 보내기는 아깝잖아요. 요즘 아이들은 친구들과 모여 노는 경험이 너무나 부족합니다. 학년이 올라갈수록 심해져요. 다들 학원 다니고 미세먼지 피하느라(이제 코로나19까지!) 모여서 놀 기회가 적으니 스트레스를 풀 수도 없고, 사회성도 제대로 발달하기 힘들어 심각한 문제예요.

아이들이 잘 크려면 놀이가 참 중요해요. 책 모임은 한 시간 이내로 끝내고 적어도 30분은 꼭 온 마음으로 놀게 해 주세요. 저는 각종 보드게임을 준비해 두었고요, 아이들은 공 같은 간단한 놀잇감으로도 온갖 놀이를 만들어 내서 놀아요. 날씨 좋은 날에는 가끔 놀이터나 공원에도 나갔어요. 이렇게 주기적으로 만나서 노는 친구들이 있으면 든든해요. 서로를 잘 이해하고 점차 말 없이도 통하는 사이가 되거든요.

한 학기에 한 번씩은 엄마들까지 모두 모여 동네에서 밥도 먹고 파티 비슷하게 아이들이 그동안 열심히 참여한 것을 축하해 주었답니다. 이런 마디가 하나씩 모여 아이들은 대나무처럼 쑥쑥 크더라고요. 몸도, 마음도, 문해력도요.

책동아리 리더 엄마의 역할:
어떻게 진행할까?

책동아리 모임을 진행하는 MC, 사회자로서 엄마는 어떠한 역할을 해야 할까요? 소위 명MC라고 불리는 사람들의 모습을 한번 떠올려 보세요. 왜 그들이 명MC라고 불리는지도 생각해 보시고요. 그들은 전체적인 흐름을 통제하지만 마이크는 항상 패널들에게 주고 있지 않나요? 질문을 던진 뒤 답을 경청하고, 전체 분위기를 끌어올리거나 전환시키고, 사람들을 격려합니다.

책동아리에서 리더 엄마의 역할도 이와 같아요. 질문, 촉진, 격려로 아이들을 이끌고 뒤에서 조용히 뒷받침해 주면 됩니다. 구체적인 방법을 하나씩 함께 짚어 볼까요?

좋은 질문을 준비한다

요즘 아이들은 스스로 질문하기 싫어하는 것 같아요. 어려서부터 동영상 시청에 익숙하고 학원 수업과 인터넷 강의도 일찍 접하다 보니 앉아서 시청(?)하며 수동적으로 받아들이는 것에 길들여졌나 봐요. 질문을 해도 단답식으로 하기 일쑤입니다. 남과 다른 대답을 하는 것을 두려워하고, 틀릴까 봐 겁을 먹어요. 이런 점은 활발한 독서 모임을 통해 개선할 수 있어요. 어릴 때부터 충분히 연습할 수 있거든요. 무엇보다 개인마다 생각이 다를 수 있음을 느껴야 하는데, 그러기에는 독서를 중심으로 하는 이야기 나누기가 최고로 좋은 기회입니다.

그렇다고 시작하자마자 아이들이 앞다투어 뭔가 말을 하는 것은 기대할 수 없어요. 그래서 질문이 필요합니다. 우문(愚問)말고 현문(賢問)이어야 하지요. 그럼 어떤 질문이 좋은 질문일까요? 단답식의 대답만 가능한 수렴적, 폐쇄적 질문 말고, 어떤 대답이든 가능하고 생각이 꼬리에 꼬리를 물 수 있는 확산적, 개방적 질문이 좋아요. 아이들의 이해를 파악하기 위해 시험 문제 같은 질문을 일삼는 것은 피해야 합니다. 한두 번이야 필요할 수도 있지만, 이런 질문이 반복되면 아이들은 움츠러들게 돼요. 책을 읽고 모여서 친구 엄마에게 검사를 받거나 시험을 본다는 느낌이 들거든요. 모든 책을 암기하듯 정독해야만 한다고 여기게 되지요.

반면에, 육하원칙은 '언제, 어디서, 누가, 무엇을, 어떻게, 왜'를 다루지요. 소위 Wh-question에 해당하는 질문입니다. 이 중에서도 '어떻게'와 '왜'가 가장 풍부한 대답을 이끌어내요. 엄마가 미리 책을 읽으면서 아이들이 생각해 보면 좋을 만한 포인트를 찾아내고 미리 질문을 만들어 두세요. 즉석에서도 가능하지만 푹 익힌 질문이 강력한 법입니다. 이런 질문을 활동지에 담아내면 진행하기 편리해요.

아이의 생각에 불꽃을 붙이는 엄마

아이들이 맥락을 파악하고 생각을 확장하려면 지금 무슨 이야기를 하고 있는지에 초점을 맞추어야 하는데, 그럴 때 진행자의 말을 잘 듣는 게 도움이 되지요. 어떤 개념을 소개했을 때 이해를 잘 못하는 것 같거나 질문에 뭐라고 대답할지 모르고 멍할 때(아주 자주 있는 상황입니다), 당황하지 말고 부연 설명을 하거나 예시를 들어 주어야 해요. "예를 들면 이런 거야"로 시작하는 말은 아이들의 이해를 강화해 줍니다.

주변의 일상에서 일어나는 일이나 엄마 때 옛날이야기도 가끔은 괜찮아요. 잔소리 타임이 아닌 독서 모임을 통해 세대 간의 이야기가 나오는 것은 나쁘지 않습니다. 특히 책의 시대적 배경과 관련된 실제 이야기라면 아낄 이유가 없죠.

또, 진행하는 엄마 자신의 감상이나 생각을 들려주는 것도 큰 도움이 됩니다. 성인과 아동 간의 수준 차이가 명확한, 거창한 정답만 떠먹여 주는 건 금물이지만, 어느 정도 멍석을 깔아 줘야 마당놀이가 신나게 진행되더라고요. "이 부분을 읽어 보니 나는 이런 생각이 들더라"와 같은 말이라면 충분히 마중물 역할을 합니다. 책동아리를 이끌면서 아이들의 생각에 불꽃을 붙이는 건 엄마의 몫이라고 생각하게 되었어요.

칭찬은 고래도 춤추게 한다

독서도 하고 배우는 것도 있는 책동아리지만, 딱딱한 의미의 공부나 숙제는 아니니 아이들이 언제나 즐겁게 모이는 시간이 되어야 해요. 그래야 꾸준하게 모이고 힘들지 않게 해 나갈 수 있습니다. 함께 읽기로 한 책을 다 읽고 모인 것만으로도 칭찬받을 만해요. 처음부터 끝까지 즐겁게 읽기만 하면 됩니다. 모임에 가서 잘하라고 한 권을 여러 번 반복해서 읽게 할 필요까지는 없어요. 자발성을 잃는 순간, 독서가 괴로움이 될 수 있습니다.

그러니 모였을 때 칭찬부터 해 주세요. 그리고 대화를 이어나가는 내내 아이가 스스로 먼저 말을 하거나 친구에게 도움을 주거나 질문에 대답했을 때, 그런 행동 자체에 대해서도 칭찬을 해 주세요. "굉장히 창의적인 생각을 했네!", "딱 맞는 어휘를 써서 표현했구나!", "아주 순발력 넘치는 대답이었어!"처럼 구체적인 행동을 언급하면서요.

칭찬을 받은 아이는 뿌듯해지고 참여 동기가 더욱 강화됩니다. 다른 아이들에게도 자극과 모델링이 되고요. 독서 모임에서는 정해진 정답이 없기 때문에 아이들의 발화가 대부분 가치 있고 귀해요. '이런 말을 해도 괜찮을까?' 하고 살짝 걱정하면서 한 말에 기대 이상의 칭찬을 들었을 때, 아이들의 눈빛이 반짝 빛난답니다. 그걸 보는 엄마에게도 감동적인 순간이에요.

때로는 상장이나 먹거리, 기념품 같은 보상도 필요해요. 저는 낭독 대회, 사전 찾기 대회, 토론 대회를 열어 봤어요. 이런 특별한 이벤트를 마련해서 대회를 열고 상장을 줄 수 있습니다. 저학년들에게 특히 환영받는 행사지요. 아이들 수대로 개성 있는 상 이름을 정하면 좋아요. 골고루 못 받으면 속상할 수 있으니까요.

그 나이대 아이들이 좋아하는 간식도 돌아가며 준비해 주세요. 한 학기에 한 번씩은 같이 모여 식사해도 좋아요.

옛날 서당에서 했다는 책씻이처럼 그동안 책 잘 읽고 잘 자랐다는 상입니다. 아이스크림 매장에서 했던 디저트 파티도 기억에 남네요.

아이들에게 주도권 넘기기

책동아리에서는 학년이 올라갈수록 아이들의 비중이 커져야 해요. 말 그대로 '동아리'잖아요. 아이들이 회원이고 주체입니다. 엄마는 조직하고, 자료를 준비하고, 진행을 돕는 존재라고 생각하시면 돼요.

저학년 때라면 엄마의 진행이 주가 되겠지만, 고학년이 될수록 점점 아이들이 말하고 묻고 대답하는 비율이 높아지는 게 좋습니다. 엄마가 조금씩 빠지는 거죠. 그런데 엄마가 빠지기 위해서는 기술이 필요합니다. 그야말로 슬쩍 빠지기 위해 아이들의 대화를 촉진해 주어야 해요. 처음에는 일단 아이들이 입을 많이 여는 게 중요하니 적절한 질문이 도움이 됩니다. 어떤 질문은 구성원 모두에게 묻지 마시고, '콕' 찍어 지명을 해서 물어보는 것도 좋아요. 아이들이 집중하며 어느 정도의 긴장을 하는 것도 필요하니까요(대학 수업에서도 마찬가지랍니다).

그다음이 좀 어려운 부분인데, 아이의 발화에 어른이 바로바로 응답해 주는 방식이 굳어지지 않게 해야 해요. 어른은 질문하고, 한 아이가 대답하고, 그에 대해 다시 어른이 평가해 주는 식이면 여러 아이들이 섞일 수 있는 여지가 줄어들기 때문입니다. 방식이 이렇게 굳어지면 아이가 먼저 질문을 하거나 생각을 표현하지 않게 돼요. 한 아이에서 다른 아이로 발화가 이어지는 순간을 기다렸다가 격려해 주세요. 어떤 활동은 다양한 의견이 우르르 나올 수 있게 짜 보고, 특히 토론을 집어넣으면 좋아요. 개인별로, 또는 팀별로 찬성과 반대로 나누어 의견을 개진하다 보면 활발한 표현이 이루어질 거예요. 진행자 어른은 필요할 때만 중재하면 됩니다.

한편, 팬데믹으로 온 인류가 어려움을 겪는 요즘, 불가피하게 온라인으로 책동아리 모임을 하고 있어요. 아이들은 이미 학교나 학원을 통한 온라인 수업에 익숙해져서 별문제 없이 진행이 되더군요. 이럴 때 아이들이 좀 더 주도적이 될 수 있게 신경 써야 해요. 소집단이니 학교 수업과는 달리 개인 오디오를 꺼 두지 않고 언제든 말할 수 있게 규칙을 정하세요.

아이들이 중학생이 된 후에는 단톡방도 만들었어요. 온라인 모임 후, 각자 쓴 글을 사진이나 파일로 올려서 공유하기도 하고, 다음번 읽을 책에 대한 안내나 과제도 전달하니 편하더라고요. 초등 고학년 정도면 적용할 수 있겠네요.

Chapter 2

초등 문해력을 키우는 엄마표 책동아리 활동

독서 활동지와 원고 노트 활용법

Chapter 2에는 학년마다 총 20회의 책동아리 활동을 할 수 있는 독서 활동지를 수록했어요.
회차별로 활동 도서를 소개하는 페이지와 활동을 지도하는 방법,
그리고 아이가 실제로 활용하는 독서 활동지로 구성되어 있어요.
특별 부록 원고 노트도 꼭 함께 사용하세요!

활동 도서 소개 페이지

책동아리에서 함께 읽을 메인 도서를 소개합니다.

간단한 서지 정보와 함께 이 책에
담긴 주제를 해시태그로 보여 줘요.

생명 윤리 논쟁

#생명 윤리 #인권 #입장 차이
#토론과 논쟁

글 장성익
그림 박종호
출간 2021년(개정판)
펴낸 곳 풀빛
갈래 비문학(사회, 과학)

이 책을 소개합니다

과학 기술의 발달로 인간을 포함한 모든 생명을 인위적으로 조작하고, 변형하고, 이용할 수 있게 되면서 생명에 대한 가치관이 흔들리고 있지요. 그래서 우리는 인간의 존엄성과 인권, 자연과 생명의 가치를 지키기 위해 노력해야 해요. 이 책은 토론과 논쟁을 통해 이러한 문제들에 접근하여 생명 윤리를 이해할 수 있게 해 줍니다.

이 책에는 요즘 논란이 되는 유전자 변형 먹거리(GMO), 생명 복제, 줄기세포, 장기 이식, 안락사, 동물 실험 등 생명 윤리에 관한 논쟁이 담겨 있어요. GMO가 식량 위기의 대안일지 아니면 생태계와 인간의 건강을 파괴할 것인지, 동물 복제로 인한 문제는 없는지, 나아가 인간 복제까지 실현되면 '나'라는 존재를 어떻게 설명할 수 있는지, 뇌 기능이 멈춘 뇌사자의 장기를 이식할 경우, 뇌사를 진짜 죽음으로 인정할 수 있는지, 회복 불가능한 환자의 생명을 연

장하는 치료를 중단하는 것이 과연 옳은 선택인지, 동물 실험이 효과가 있는지, 대안은 없는지 깊이 있게 고민해 볼 수 있어요. 아이들은 인간의 존엄성, 생명과 자연의 가치, 삶과 죽음의 의미를 진지하게 생각해 볼 기회가 될 거예요.

도서 선정 이유

생명 공학을 비롯한 과학 기술의 눈부신 발전으로 우리의 생활은 풍요롭고 편리해졌지만, 예전에는 고민할 필요가 없던 새로운 문제들이 많이 발생하고 있어요. 특히 우리 몸과 건강에 직접 연관된 의학과 생명 과학 분야에서 사회적으로나 윤리적으로 심각한 문제가 발생해 새로운 토론거리를 다양하게 만들어 내고 있지요.

토론과 논쟁은 혼자서 고민하며 답을 찾는 것보다 생각을 더 깊고 풍부하게 만들어 줘요. 특히 나와 다른 입장을 만났을 때 내 의견만 주장하기보다 생각의 차이를 이해해서 내 생각이 부족한 부분을 채우고 다른 입장을 설득하는 힘을 얻게 됩니다.

실제 토론을 보듯이 쉽게 읽으면서 주제에 흥미를 돋우고 재미있게 접근할 수 있어요. '함께 정리해 보기' 코너에서는 논쟁이 되는 문제가 무엇이고 찬성·반대 입장에서 각각 어떻게 생각하고 있는지를 다시 한번 정리해 주어서 이해를 돕고요. 특히 안락사 문제나 최근에 대두되고 있는 동물 학대 문제까지 살펴볼 수 있어서 다양한 주제 선정이 마음에 들어요. 토론 기술뿐 아니라 아이들의 생명 윤리 의식을 키우는 데 큰 도움이 될 거예요.

함께 읽으면 좋은 책

비슷한 주제

○ 생명의 릴레이 | 가마다 미노루 글, 안도 도시히코 그림, 오근영 옮김, 양철북, 2013
○ 세상에 대하여 우리가 더 잘 알아야 할 교양 13: 동물실험, 왜 논란이 될까? | 페이션스 코스터 글, 김기철 옮김, 한진수 감수, 내인생의책, 2012
○ 세상에 대하여 우리가 더 잘 알아야 할 교양 21: 안락사, 허용해야 할까? | 케이 스티어만 글, 장희재 옮김, 곽복규 감수, 내인생의책, 2013
○ 세상에 대하여 우리가 더 잘 알아야 할 교양 22: 줄기세포, 꿈의 치료법일까? | 피트 무어 글, 김좌준 옮김, 김동욱·황동연 감수, 내인생의책, 2013
○ 개 재판 | 이상권 글, 유설화 그림, 웅진주니어, 2018
○ 녹색 인간 | 신양진 글, 국민지 그림, 별숲, 2020
○ GMO: 유전자 조작 식품은 안전할까? | 김훈기 글, 서영 그림, 풀빛, 2017
○ 유전자 조작 반려동물 뭉치 | 김해수 글, 김현진 그림, 책과콩나무, 2019

이 책을 소개합니다

줄거리 등을 엿볼 수 있습니다.

도서 선정 이유

책동아리 도서로 이 책을 선정한 이유를 알려드려요.

함께 읽으면 좋은 책

활동 도서의 주제와 비슷한 주제가 담긴 책들과 활동 도서의 글 또는 그림 작가가 쓴 다른 책들을 소개했어요. 아이가 이 책의 주제를 마음에 들어 하거나 작가를 마음에 들어 한다면 곁들여 읽을 수 있도록 도와주세요.

지도 방법뿐 아니라 왜 이러한 질문을 했는지, 질문에 담긴 의도를 설명합니다. 이 책에서 소개한 활동도서 외의 책으로 책동아리 모임을 할 때, 이 내용들을 참고로 나만의 독서 활동지를 만들어 보세요.

2 문해력을 높이는 엄마의 질문

독서 활동지를 활용해 지도하는 방법을 알려드려요.

문해력을 키우는 엄마의 질문

1. 토론 자세 준비하기

이 책에서 또래 친구들이 토론하는 모습을 보면, 토론의 기본자세에 대해 알 수 있어요. 토론자와 중재자(사회)에게 요구되는 자세는 각각 어떠한지 말해 보세요. '~해야 한다' 또는 '~하지 말아야 한다'의 형태로 적어 보세요.

토론자	중재자
남의 의견을 존중해야 한다. 발언권을 얻어 말해야 한다. 은연중에 말해야 한다. 의견 차이가 있어도 상대에게 나쁜 감정을 갖지 않아야 한다. 감정을 누그러뜨리고 말해야 한다.	자기 의견을 강하게 제시하지 않아야 한다. 모두에게 공정해야 한다. 분위기를 조정하는 역할을 해야 한다. 각 팀의 의견을 주의 깊게 들어야 한다. 주제에서 벗어난 이야기를 하지 말아야 한다.

이렇게 활용해 보세요

'역지사지 생생 토론 대회' 시리즈를 포함해 토론 관련 책을 볼 때는 주제와 내용 중심으로만 읽기 쉬워요. 찬성, 반대 중 어느 쪽 편을 들어야 할까? 각각 어떤 근거를 들어 주장해야 할까? 같은 부분이지요.

하지만 초등학생이 처음 토론을 접할 때는 토론이 무엇인지, 토론을 왜 하는지, 토론이란 어떤 자세로 해야 하는지, 토론의 기본적 규칙은 무엇인지 아는 것이 더 중요해요. 그런 부분을 누군가 일목요연하게 알려 주는 것보다 이런 책을 읽고 친구들과 함께 찾아 나가면 더 효과적이겠지요.

2. 메타인지를 활용해 주제 정리하기

이 책에 소개된 생명 윤리 관련 주제에 대해 얼마나 알고 있었나요? 책을 읽고 나서는 머릿속에 얼마나 남아 있나요? 1~5점으로 스스로의 지식을 평가해 봅시다. (1 전혀 모른다~~5 잘 안다)

이렇게 활용해 보세요

다양한 주제를 다루는 토론에 대한 책을 읽으면서도 정보를 꽤 얻을 수 있어요.(물론 각 주제에 대한 유익적인 정보책을 읽는다면 지식의 깊이가 더 깊어지겠지만요.) 메타인지(상위인지)란 인지에 대한 인지, 즉, 내가 무엇을 얼마나 알고 모르는지에 대한 감각을 말해요. 학습과 학업 성취에 직결되는 중요한 부분이죠. 책을 읽을 때 내가 얼마나 잘 알고 있던 내용인지, 읽으면서 얼마나 더 알게 되었는지 느낄 수 있어야 하므로 이렇게 연습을 해 봅니다.

3. 토론의 특성 파악하기

- **토론의 결론은 보통 어떻게 나나요?**
  어느 한 편만의 승리가 아니라, 누가 '이겼다'고 판정하기 어렵다.

- **토론은 왜 할까요?**
  서로의 의견을 듣고 무엇이 더 옳은지 비교해 보기 위해서

- **토론을 통해 무엇을 얻을 수 있나요?**
  어떤 주제에 대한 전문적인 지식, 공감 능력, 경청하는 자세, 논리적 사고 능력, 자기 주도 학습 능력, 말을 잘하는 기술 등을 얻게 된다.

이렇게 활용해 보세요

앞의 '토론 자세 준비하기'와 통하는 부분이에요. 토론에 대한 이 책(혹은 시리즈)을 읽고 나서 '아하, 그런 거구나!' 하고 알게 되는 측면을 묻는 거지요. 이 질문에 대한 생각을 통해 토론이라는 행위의 ◀

4. 토론왕 뽑기

1장 〈유전자 변형 누구인가요? 찬성팀이

아이들이 대답할 법한 답은 이렇게 주황색의 손글씨 서체로 표기했어요. 대부분의 질문에는 확실한 정답이 없습니다. 허용할 수 있는 범위 내에서 모두 답으로 인정해 주세요. 명확한 정답이 있는 경우에는 주황색의 고딕 서체로 표기되어 있습니다.

---

3 독서 활동지와 원고 노트

아이들이 활용하는 독서 활동지입니다.
질문에 대해 곰곰이 생각해 보고 답을 쓸 수 있도록 지도해 주세요.

1. 토론 자세 준비하기

이 책에서 또래 친구들이 토론하는 모습을 보면, 토론의 기본자세에 대해 알 수 있어요. 토론자와 중재자에게 요구되는 자세는 각각 어떠한지 말해 보세요. '해야 한다' 또는 '하지 말아야 한다'의 형태로 적어 보세요.

토론자	중재자

3. 토론의 특성 파악하기

토론의 결론은 보통 어떻게 나나요?

토론은 왜 할까요?

2. 메타

이 책에 소개
있나요? 1~5점

원고 노트 하단에는 아이가 쓴 글에 대한 짧은 코멘트를 해 주세요. 저는 별 다른 말 없이 영어로 'good!' 'great!'로 나누어 적어 주었어요. 이 정도로도 충분합니다.

5학년을 위한
책동아리 활동

5학년쯤 되면 독서 스타일이 굳어 있기 쉬워요. 편식 독서를 하고 있다면 다시 다양한 분야의 책을 골고루 읽을 수 있도록 유도해야 합니다. 자신의 독서를 기록하는 습관을 통해 독서 이력을 확인할 수 있어요. 줄 쳐진 공책에다 날짜와 제목을 적고 옆에 한줄 감상 정도만 남겨도 괜찮아요. 편식 독서가 확인되었다고 억지로 필독 도서, 권장 도서를 잔뜩 던져 주지는 마시고 스스로 상황을 인식한 후에 그중에서 읽고 싶은 책을 고르도록 해 주세요.

고학년 때는 비판적 책 읽기가 가능해요. 책의 주제, 작가의 견해, 글의 구성과 문장의 수준 등에 대한 비평도 할 수 있습니다. 사회 문제를 다룬 문학과 비문학을 주제별로 읽으면 좋고, 토론용 주제를 자세히 다룬 책을 활용해 친구들과 실제 토론을 해 볼 수 있어요.

초등학교 5학년 문해력 성장을 위한
책동아리 도서 목록

SCHOOL BUS

START

함께 한
날짜를 적어 보세요♡

GOAL

브로커의 시간

#기억 #용기 #모험

글 서연아
그림 류한창
출간 2016년
펴낸 곳 바람의아이들
갈래 한국문학(판타지 동화)

 이 책을 소개합니다

《브로커의 시간》은 출간 전부터 한국 안데르센 상 대상을 수상하며 '한국 동화에서 보기 어려운 독창적인 소재를 놀라운 솜씨로 그려 냈다'는 호평을 받은 작품이에요. 기억을 사고 판다는 독특한 설정, 작품 전체의 으스스한 분위기, 독특한 캐릭터들이 특징입니다. 밤공기 속으로 빠져나온 기억들을 수집하여 지하 세계의 인간들에게 판매하는 비밀스러운 브로커에 대한 긴장감 넘치는 이야기입니다.

슈퍼집 형제인 주홍이와 노홍이에게 브로커 아저씨는 평범하면서도 수상한 인물이에요. 백수 같아 보이는데 집세는 내거든요. 아빠의 빌라 건물에 세 들어 사는 아저씨의 사무실에 즐겨 들락거리던 형제는 우연히 서랍 속에서 손가락을 발견하고 브로커 수칙 노트를 보게 되지요. 그뿐 아니라 맨홀 밑에서 올라오는 얼굴 없는 지하 인간까지 목격합니다. 사람들의 기억들을 수집해 지하 세계의 인간들에게 판매한다는 브로커 아저씨를 보고 주홍-노홍 형제는 브로커가 되는 꿈을 키워요. 하지만 좌충우돌 사고가 이어지고 공포증도 발목을 잡지요. 두 형제와 동네 친구 민아, 그리고 브로커 아저씨가 함께 문제를 해결해 나갑니다.

 ## 도서 선정 이유

이야기의 주제와 전개 방식이 독특하고 내용이 흥미진진한 책이라 몰입해서 읽을 수 있어요. 작가의 기발한 상상력을 느끼며 우리도 같이 상상을 펼치기에 좋겠다고 생각했어요. 나는 무엇을 중개하고 싶은지, 팔고 싶은 기억은 무엇인지, 내가 그리는 지하 세계의 생물은 어떻게 생겼을지 등을 상상해 보고 이야기 나누기에 좋아요.

등장인물들은 속마음을 털어놓으며 자신의 약점을 드러내고, 서로 경청하며 위로받기도 해요. 그렇게 공포증도 이겨 나가고요. 이들이 지혜를 모아 해결의 실마리를 찾고 두려움에 맞서 행동하는 모습은 아이들에게 용기를 줄 거예요. 또한 이 책은 기억이 나의 존재와 생활에 어떤 의미인지 새삼 생각해 볼 계기를 줍니다.

 ## 함께 읽으면 좋은 책

비슷한 주제

○ 기억을 파는 향기 가게 | 신은영 글, 김다정 그림, 소원나무, 2019

○ 지하의 아이 지상의 아이 | 김정민 글, 조성흠 그림, 한림출판사, 2019

○ 규칙이 왜 필요할까요? | 서지원 글, 이영림·박선희·권오준 그림, 한림출판사, 2013

○ 4카드 | 정유소영 글, 국민지 그림, 웅진주니어, 2019

○ 어린 여우를 위한 무서운 이야기 | 크리스천 맥케이 하이디커 글, 준이 우 그림, 이원경 옮김, 밝은미래, 2020

같은 작가

○ 귀신 사는 집으로 이사 왔어요 | 서연아 글, 김현영 그림, 한겨레아이들, 2019

○ 야차, 비밀의 문을 열어라! | 서연아 글, 김진희 그림, 책읽는곰, 2017

○ 남달리와 조잘조잘 목도리 | 한수언 글, 류한창 그림, 바람의아이들, 2019

○ 표그가 달린다 | 김영리 글, 류한창 그림, 바람의아이들, 2017

1. 등장인물 파악하기

- 이 책에 등장하는 인물들의 성격적 특징을 간략하게 요약해 봅시다.

인물	성격적 특징
주홍	평범하다, 일하기 싫어하고 놀기를 좋아한다.
노홍	잘난 척을 한다, 뻔뻔하다.
민아	어려운 책을 많이 읽고, 말을 논리적으로 잘한다, 용감하다.
브로커 아저씨	낮에는 친절하고 밤에는 신중하다, 어눌하다.

- '브로커'는 '중개인'이라는 뜻이죠. 이 책에서는 '연결자'라는 표현도 나왔어요. 브로커 아저씨는 무엇을 중개하는 사람인가요?

   사람들의 불필요한 기억을 채집해서 지하 인간들에게 판다. 즉, 기억을 중개하는 사람이다.

┌─────────────────────┐
│ **이렇게 활용해 보세요** │
└─────────────────────┘

   이야기책을 읽었을 때 등장인물에 대한 분석은 줄거리 파악만큼이나 기본적이고 중요합니다. 그래서 활동 맨 처음에 다루면 좋아요.

   여기에서는 '성격적' 특징을 물었으니 그에 집중해서 표현하면 되지요. 위의 예시에서도 꼭 그렇게 해내지는 못했습니다. 행동적 특징이 섞여 있는데, 명확히 분리해 내기는 어려웠을 거예요.

   독특한 인물인 기억 브로커에 대해서도 적절하게 이해하고 말로 표현할 수 있는지 짚어 봅니다.

2. 책의 내용 이해하기

- 바보 기억과 씨앗 기억은 어떻게 다른가요? 예를 들어 설명해 보세요.

바보 기억	씨앗 기억
일상적으로 수없이 반복되는 기억이라 사람들에게 필요가 없다. 매일 밥 먹고 샤워하는 일 같은 기억을 말한다.	의미 있는 한 번의 경험으로 만들어진 기억이라 사람들에게 소중하다. 예를 들면, 어릴 때 가족 여행을 갔던 첫 기억 같은 것이다.

- 맨홀 인간들과 하수구 인간들은 어떻게 다른가요? 각각의 특징을 묘사해 보세요.

맨홀 인간	하수구 인간
발톱 소리를 내면서 걷고, 어두운 것을 좋아한다. 목 위의 부분이 없다.	이끼 냄새가 난다. 꼬리가 있다. 행동이 느리다.

이렇게 활용해 보세요

책의 주제를 파악하거나 세밀한 부분을 비교 평가하기 위한 틀입니다.

첫 번째 질문에서는 대별되는 두 가지 기억의 특징을 비교하는 것이지만, '예를 들어'라고 지시한 부분에 주의를 기울여야 해요. 대부분은 놓쳤을 가능성이 높아요. 어떤 예를 제시할 수 있는지 물어봐 주세요.

두 번째 질문은 이야기의 중심적인 흐름과 관련된 질문은 아니지만 디테일에 주목해 비교하는 활동이에요.

3. 상상하기: 구멍 메우기

노홍, 주홍은 하수구 인간들과 어떻게 브로커 계약을 맺게 되었을까요? 꼬리 공포증은 어떻게 극복한 것일까요? 책에 나타나지 않은 내용을 상상해 보세요.

민아가 노홍이와 주홍이에게 포기하지 말라고 격려하면서 매니저가 되었다. 수많은 꼬리 모형을 가지고 놀면서 공포증도 극복했다.

이렇게 활용해 보세요

이야기가 마무리되는 동안 구체적으로 설명되지 않은 부분에 대해 궁금증이 생기는 게 자연스러워요. 그렇지 않다면 대충 읽었거나 억지로 읽어서 재미가 없었다는 뜻이에요. 꼭 진지하고 그럴

듯하지 않아도 괜찮으니 각자만의 방식으로 이야기의 공란을 메워 봅니다.

4. 나와 연결하기

• 나 자신 또는 가까운 주변 인물이 가지고 있는 공포증이 있나요? 어떻게 하면 극복할 수 있을까요?

홍수법, 단계적 노출법을 사용해서 극복한다. 이것은 자기가 무서워하는 것에 갑자기, 또는 조금씩 단계적으로 노출되어서 그게 별게 아니라는 걸 경험하고 두려움에서 벗어나는 것이다. 그래도 나는 벌레가 싫다.

• 6학년이 되면 기억과 관련된 로이스 로리의 《기억 전달자(The Giver)》라는 책을 읽기로 해요. 《브로커의 시간》을 읽고 다음 질문을 참고로 원고지에 감상문을 써 봅시다.

– 《브로커의 시간》에서 기억을 전달하는 것은 어떤 의미일까요?

– 나에게 기억은 어떤 의미가 있나요?

– 내가 만약 5학년 주홍이나 민아라면 아저씨의 정체를 알게 된 이후 어떤 행동을 했을까요? 나와 이 책에 등장한 아이들을 비교하는 방법을 이용해 보세요.

주홍이는 평범한 5학년이다. 그렇지만 엄청난 모험을 거쳐서 브로커가 된다. 동네 아이들과 같이 검은 목을 잡는 것이 흥미진진했다. 나는 지하 인간을 봐도 신경을 쓰지 않을 것이다. 그런 의미에서 나는 아이들이 매우 대단하고 존경스럽게 느껴진다.

이렇게 활용해 보세요

책을 읽고 내 생활과 연결 지어 보는 것은 정말 의미 있는 독후 활동이에요.

첫 번째 질문을 통해 심리적 문제에 해당하는 공포증까지는 아니더라도 일상적 경험에서 느껴 본 공포 반응을 둘러싸고 이야기 나눌 수 있어요.

감상문 쓰기를 제안하기 전에 내년에 읽으려고 아껴 둔 책이 너무나 소중해서 미리 예고를 했네요. 기억의 '전달'이라는 개념에서 두 책이 연결되니 한 번쯤 기억해 두라고요. 세 가지 작은 질문을 던졌지만, 감상문을 쓰기 위해 이 전부를 고려하지 않아도 괜찮아요. 세 번째 질문에 대답하기 가장 쉬울 거예요.

1. 등장인물 파악하기

- 이 책에 등장하는 인물들의 성격적 특징을 간략하게 요약해 봅시다.

인물	성격적 특징
주홍	
노홍	
민아	
브로커 아저씨	

- '브로커'는 '중개인'이라는 뜻이죠. 이 책에서는 '연결자'라는 표현도 나왔어요. 브로커 아저씨는 무엇을 중개하는 사람인가요?

2. 책의 내용 이해하기

- 바보 기억과 씨앗 기억은 어떻게 다른가요? 예를 들어 설명해 보세요.

바보 기억	씨앗 기억

- 맨홀 인간과 하수구 인간은 어떻게 다른가요? 예를 들어 설명해 보세요.

맨홀 인간	하수구 인간

3. 상상하기: 구멍 메우기

노홍, 주홍은 하수구 인간들과 어떻게 브로커 계약을 맺게 되었을까요? 꼬리 공포증은 어떻게 극복한 것일까요? 책에 나타나지 않은 내용을 상상해 보세요.

4. 나와 연결하기

• 나 자신 또는 가까운 주변 인물이 가지고 있는 공포증이 있나요? 어떻게 하면 극복할 수 있을까요?

• 6학년이 되면 기억과 관련된 로이스 로리의 《기억 전달자(The Giver)》라는 책을 읽기로 해요.《브로커의 시간》을 읽고 다음 질문을 참고로 원고지에 감상문을 써 봅시다.

- 《브로커의 시간》에서 기억을 전달하는 것은 어떤 의미일까요?
- 나에게 기억은 어떤 의미가 있나요?
- 내가 만약 5학년 주홍이나 민아라면 아저씨의 정체를 알게 된 이후 어떤 행동을 했을까요?
  나와 이 책에 등장한 아이들을 비교하는 방법을 이용해 보세요.

삼국유사

#건국 #신화 #삼국시대

글 이현
그림 정승희
감수 한국고전소설학회
출간 2014년
펴낸 곳 웅진주니어
갈래 비문학(역사)

 이 책을 소개합니다

고려 시대 승려 일연이 쓴《삼국유사》는 몽골의 침입으로 나라가 위태롭던 때, 오랫동안 모아 온 역사 자료들을 정리함으로써 우리가 오랜 역사를 자랑하는 민족임을 드러내려 했어요. 김부식의《삼국사기》를 정사라고 한다면, 《삼국유사》는 자칫 후세에 알려지지 않을 뻔했던 많은 이야기를 담아 전해 준 소중한 자료라고 할 수 있지요.

오늘 함께 읽을 책은 원전에 실린 아홉 개의 장 가운데 신비하고 기이한 탄생 신화가 담긴 기이 편을 중심으로 엮었어요. 신라의 마지막 왕자 김일이 할아버지께 들었던 옛이야기를 회상하는 구성이고요. 김일은 '왜 천 년을 이어간 신라가 망하게 되었나'라는 한탄으로 시작해 우리 민족의 역사를 담담하게 전합니다.

하늘 임금의 아들 환웅, 오룡거를 타고 하늘에서 내려온 해모수, 금빛 개구리 모습을 한 금와, 알에서 태어난 주몽 등《삼국유사》에 등장하는 인물들은 신이거나 신의 전지전능함을 이어받은 존재들이에요. 고증이 가능한 선에서 의복의 모양이나 문양, 귀고리나 허리띠 같은 장식품의 디테일을 살린 일러스트도 풍성하답니다.

 ## 도서 선정 이유

딱딱한 역사 공부가 아니라 고전의 즐거움을 오롯이 느낄 수 있도록 재미있게 엮은 책이에요. 동시에 더 많은 정보를 원하는 독자들, 또는 고전에 담긴 의미를 아이들에게 전해 주고자 하는 부모들을 위해 고전 작품 해설을 삽지 형식으로 넣었어요. 한국고전소설학회 회원이자 대학에서 고전을 가르치는 감수 위원들이 직접 해설을 쓰고 더 생각해 볼 만한 점들을 짚어 주어 독자들이 깊이 있는 독후 활동을 할 수 있도록 돕고 있어요.

요즘 아이들의 눈높이에 맞게 동화 형식과 현대의 화법으로 이야기를 새롭게 구성했어요. 길고 장황하게 이어지는 묘사나 서술에서 불필요한 문장은 생략하고, 긴 대화는 두 사람이 짧게 주고받는 대화로 바꾸어서 전체적으로 글의 호흡도 짧게 다듬었고요. 그래서 아이들이 조금 더 쉽고 속도감 있게 읽으면서 재미에 흠뻑 빠질 수 있을 거예요.

함께 읽으면 좋은 책

비슷한 주제

○ **우리 신화** | 김기정 글, 김미정 그림, 한권의책, 2015

○ **처음 나라가 생긴 이야기** | 김해원 글, 정민아 그림, 권오영 감수, 해와나무, 2012

○ **삼국유사: 역사가 된 기이한 이야기** | 김찬곤 글, 오승민 그림, 사계절, 2017

같은 작가

○ **푸른 사자 와니니**(1~3권) | 이현 글, 오윤화 그림, 창비, 2015 · 2019 · 2021

○ **임진년의 봄** | 이현 글, 정승희 그림, 전국초등사회교과모임 감수, 푸른숲주니어, 2015

○ **악당의 무게** | 이현 글, 오윤화 그림, 휴먼어린이, 2014

○ **짜장면 불어요!** | 이현 글, 윤정주 그림, 창비, 2006

○ **나는 비단길로 간다** | 이현 글, 백대승 그림, 전국초등사회교과모임 감수, 푸른숲주니어, 2012

○ **랑랑별 때때롱** | 권정생 글, 정승희 그림, 보리, 2008(반양장 2021)

문해력을 키우는 엄마의 질문

1. 추가 텍스트 읽기: 《삼국유사》와 《삼국사기》

쌍벽을 이루는 한국 고대 사적(史籍) 《삼국사기》와 《삼국유사》를 비교해 봅시다. 다음 글을 읽어 보세요.

이렇게 활용해 보세요

역사서나 고전 등 옛 저서를 바탕으로 어린이들을 위해 쉽게 쓴 책을 다룰 때는 원전에 대해서 소개하는 텍스트를 추가로 준비하여 도움을 줄 수 있어요. 여기에서는 《삼국유사》와 헷갈리기 쉬운 《삼국사기》를 함께 비교하는 자료를 만들었어요. 이런 자료를 구성하기 위해 전문적인 서적들을 참고하면 좋겠지만, 편집까지 쉽게 하기 위해서는 역시 인터넷 자료가 편하니 믿을 만한 자료를 잘 골라 보세요.

여러 가지 자료를 비교해서 빠진 부분을 보충하고 아이들이 읽기 쉽게 고치면 좋아요. 아이들에게 너무 어려운 단어는 쉬운 걸로 대체해도 되지만, 처음 보는 단어를 문맥을 통해 인지할 수 있는 기회이니 다소 어려운 것이 더 좋습니다.

책동아리에서 한 문장(또는 문단)씩 돌아가며 소리 내어 읽어도 좋고, 시간을 정해 주고 집중해서 묵독을 하게 할 수도 있어요. 매번 방법을 조금씩 달리 해 보세요. 바로 대답해 줄 수 없는 질문이 나온다면 같이 해결할 수 있도록 태블릿 PC 등을 준비하는 것도 추천합니다.

2. 역사 워밍업

이 책은 《삼국유사》에서 건국 신화만을 추린 내용을 담고 있어요. 이 책에 등장한 나라를 포함해서 국사에 나오는 우리나라의 이름을 연대기 순으로 적어 보세요.

고조선, 고구려-백제-신라(삼국), 통일 신라, 고려, 조선, 대한민국

이렇게 활용해 보세요

건국 신화를 읽으며 한 나라, 한 시대에 대한 감각을 키울 수 있어요. 학교에서 국사도 배우고 있으니 전체 흐름을 한번 짚고 넘어갑니다.

3. 문학 배경 지식 쌓기: 신화, 전설, 우화, 민담

옛이야기의 종류에 따라 알맞은 내용을 연결해 보세요.

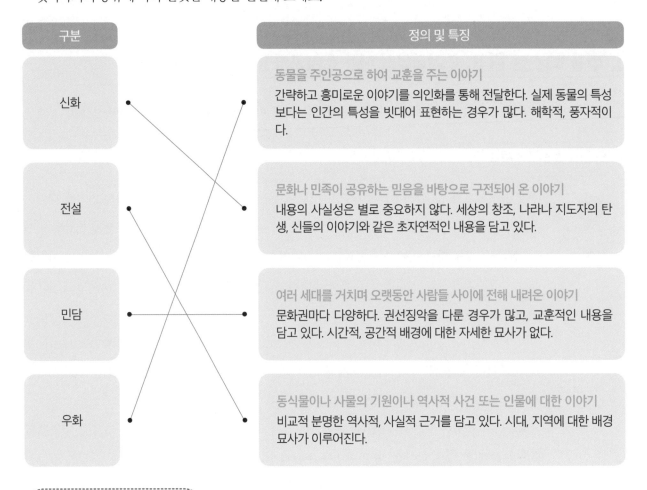

구분	정의 및 특징
신화	동물을 주인공으로 하여 교훈을 주는 이야기 간략하고 흥미로운 이야기를 의인화를 통해 전달한다. 실제 동물의 특성보다는 인간의 특성을 빗대어 표현하는 경우가 많다. 해학적, 풍자적이다.
전설	문화나 민족이 공유하는 믿음을 바탕으로 구전되어 온 이야기 내용의 사실성은 별로 중요하지 않다. 세상의 창조, 나라나 지도자의 탄생, 신들의 이야기와 같은 초자연적인 내용을 담고 있다.
민담	여러 세대를 거치며 오랫동안 사람들 사이에 전해 내려온 이야기 문화권마다 다양하다. 권선징악을 다룬 경우가 많고, 교훈적인 내용을 담고 있다. 시간적, 공간적 배경에 대한 자세한 묘사가 없다.
우화	동식물이나 사물의 기원이나 역사적 사건 또는 인물에 대한 이야기 비교적 분명한 역사적, 사실적 근거를 담고 있다. 시대, 지역에 대한 배경 묘사가 이루어진다.

이렇게 활용해 보세요

옛이야기에도 다양한 종류가 있어요. 크게 신화, 전설, 우화, 민담으로 나눌 수 있습니다. 각각이 무엇을 의미하는지 정의를 통해 구분해 봄으로써 문학적 지식을 쌓을 수 있어요.

정의에서 조금 더 나아가 서로를 가르는 중요한 특징이 무엇인지도 알아봅니다. 이 정보를 잘 소화했는지 살펴보려면 어릴 때 읽었던 옛이야기 그림책 몇 권을 준비해서 각각 어떤 종류에 속하는지 이야기 나눠 보세요.

4. 글 쓰고 제목 짓기

다음 두 질문에 대한 내 생각을 엮어 원고지에 한 문단씩 쓰고, 적절한 제목을 달아 보세요.

• 이 책에서 읽은 건국 신화 중에서 '가장 말도 안 되는 이야기'를 골라 보세요. 친구들과 이야기 나누어 봅시

다. 그 이야기가 어떤 면에서 이상하다고 생각했나요?

- 건국 신화에는 왜 기이한 일이 많이 등장할까요?

〈용의 옆구리에서 나온 아이〉

삼국유사에서 신라의 건국신화에는 박혁거세와 박알영이 나온다. 박혁거세는 알에서 태어났고 박알영은 용의 옆구리에서 태어났다. 인간이 이렇게 태어나는 것은 있을 수 없는 일이다. 하지만 한 나라의 시조이기 때문에 선성한 면이 있어야 하므로 이런 신화가 필요하다.

이렇게 활용해 보세요

《삼국유사》중에서 건국 신화에 집중한 책을 읽었으니, 그 부분에 초점을 두어 마지막 정리 글을 써 봅니다. 여러 편을 읽는 사이, 건국 신화가 지닌 몇 가지 특징이 눈에 띄었을 거예요. 가장 인상적이었던 편을 골라서 제시된 질문에 대답하며 두 문단의 글을 쓰는 거예요.

앞 문단은 개인적인 내용이 될 것이고, 다음 문단은 일반화된 내용이 되어야 하겠지요. 이 글에 어울리는 제목은 글을 쓰면서 생각해 보고 마지막에 정리한 것으로 정하면 됩니다. 처음부터 제목을 정해 두고 글을 쓰지 않아도 괜찮아요. 오히려 글을 다 쓰고 나면 더 잘 맞는 제목이 나오는 경우도 있어요.

1. 추가 텍스트 읽기: 《삼국유사》와 《삼국사기》

쌍벽을 이루는 한국 고대 사적(史籍)《삼국사기》와 《삼국유사》를 비교해 봅시다. 다음 글을 읽어 보세요.

삼국사기 Vs. 삼국유사

《삼국사기》와 《삼국유사》는 고려 시대에 쓰인 삼국시대의 역사책이에요.

《삼국사기》는 김부식이 왕의 명령으로 펴낸 책이에요. 묘청의 반란을 진압한 김부식을 기억하나요? 유학자였던 김부식은 '믿을 수 없는 일은 기록하지 않는다.'라는 생각으로 왕과 정치 이야기를 썼어요. 이 책에는 중국을 최고로 생각하는 당시 유학자들의 생각이 드러나 있어요.

승려 일연이 쓴 《삼국유사》는 《삼국사기》보다 130여 년 늦게 펴낸 책이에요. 이 책에서는 몽골의 오랜 침략에 맞서 민족의 자부심을 되찾고 싶은 마음이 담겨 있어요. 그래서 삼국의 역사뿐 아니라 고조선, 부여, 삼한, 가야 등 여러 나라의 역사를 다루었지요. 또 처음으로 단군 신화를 실어 고조선이 중국과 비슷한 시기에 세워졌다는 역사를 밝혀냈어요. 《삼국유사》에는 불교 이야기, 신화나 전설 같은 신기한 이야기들이 많이 실려 있어요. 우리가 재미있게 보고 들은 '바보 온달과 평강 공주', '에밀레종', '김대성이 불국사와 석굴암을 지은 이야기' 등 모두가 《삼국유사》 속 이야기예요.

※ 출처: 유재광(2013), 《그림으로 보는 한국사 3: 고려 전기부터 고려 후기까지》, 계림북스, p.109.

2. 역사 워밍업

이 책은 《삼국유사》에서 건국 신화만을 추린 내용을 담고 있어요. 이 책에 등장한 나라를 포함해서 국사에 나오는 우리나라의 이름을 연대기 순으로 적어 보세요.

3. 문학 배경 지식 쌓기 [신화, 전설, 우화, 민담]

옛이야기의 종류에 따라 알맞은 내용을 연결해 보세요.

구분			정의 및 특징
신화	•	•	동물을 주인공으로 하여 교훈을 주는 이야기 간략하고 흥미로운 이야기를 의인화를 통해 전달한다. 실제 동물의 특성보다는 인간의 특성을 빗대어 표현하는 경우가 많다. 해학적, 풍자적이다.
전설	•	•	문화나 민족이 공유하는 믿음을 바탕으로 구전되어 온 이야기 내용의 사실성은 별로 중요하지 않다. 세상의 창조, 나라나 지도자의 탄생, 신들의 이야기와 같은 초자연적인 내용을 담고 있다.
민담	•	•	여러 세대를 거치며 오랫동안 사람들 사이에 전해 내려온 이야기 문화권마다 다양하다. 권선징악을 다룬 경우가 많고, 교훈적인 내용을 담고 있다. 시간적, 공간적 배경에 대한 자세한 묘사가 없다.
우화	•	•	동식물이나 사물의 기원이나 역사적 사건 또는 인물에 대한 이야기 비교적 분명한 역사적, 사실적 근거를 담고 있다. 시대, 지역에 대한 배경 묘사가 이루어진다.

4. 글 쓰고 제목 짓기

다음 두 질문에 대한 내 생각을 엮어 원고지에 한 문단씩 쓰고, 적절한 제목을 달아 보세요.

- 이 책에서 읽은 건국 신화 중에서 '가장 말도 안 되는 이야기'를 골라 보세요. 친구들과 이야기 나누어 봅시다. 그 이야기가 어떤 면에서 이상하다고 생각했나요?
- 건국 신화에는 왜 기이한 일이 많이 등장할까요?

경서 친구 경서

#반폭력 #아동 학대

글 정성희
그림 안은진
출간 2016년
펴낸 곳 책읽는곰
갈래 한국문학(사실주의 동화)

 이 책을 소개합니다

'반폭력'이라는 묵직한 주제를 아이들의 관계 속에 자연스럽게 녹여 낸 동화입니다. 오랜 습작기를 거쳐 세상에 나온 저자의 첫 책인 만큼, 속이 꽉 찬 작품이에요. 주먹을 휘둘러야 자신을 지킬 수 있다고 믿으며 싸움으로는 남자애들한테도 뒤지지 않는 싸움꾼 강경서. 그리고 엄마에게 학대받는 아이 서경서. 때리는 경서와 맞는 경서가 함께 폭력에 맞선다는 이야기입니다.

강경서는 걸핏하면 시비를 거는 박진철 패거리와 싸우느라 늘 멍투성이예요. 자신의 폭력은 정당한 응징이라고 생각하면서요. 하지만 전학 온 서경서와 가까워지면서 전처럼 주먹을 휘두를 수가 없어졌어요. 학대를 당하는 서경서의 비밀을 알게 되면서 폭력에 대해 다시 생각하게 되었거든요. 이 책은 두 경서의 이야기를 통해 어떠한 이유에서든 정당한 폭력은 없다는 메시지를 전합니다. 등장인물들이 상당히 실제적으로 묘사되어 있고, 성장하는 모습을 보여 주어 좋아요.

 ## 도서 선정 이유

우리 주변에는 폭력이 만연해 있어요. 가정 폭력, 아동 학대에 대한 뉴스를 빈번하게 접할 수 있고, '학교 폭력'이라는 말도 낯설지 않지요. 이런 주제에 대해 아이들과 평소에 충분히 이야기 나눌 필요가 있겠지요? 하지만 어린이책에서 폭력에 어떻게 맞설 것인가를 다루기는 쉽지 않아요. 이 책은 어린이의 눈높이에서 폭력이라는 주제에 접근하게 해 줍니다.

주제가 묵직함에도 불구하고, 상당히 재미있어요. 속도감 있는 전개와 생생한 인물들의 모습이 페이지를 훅훅 넘기게 만듭니다. 이름이 같은 두 소녀의 이야기는 열린 결말로 끝나지만 희망적이에요. 어른들이 억지로 만든 해피엔딩이 아니라 어린이 스스로가 만들어 낸 작은 시작을 자연스럽게 그리고 있기 때문일 거예요.

함께 읽으면 좋은 책

비슷한 주제

○ **게임의 법칙** | 정설아 글, 한담희 그림, 책고래, 2016

○ **넘어진 교실** | 후쿠다 다카히로 글, 김영인 옮김, 개암나무, 2016

○ **편의점** | 이영아 글, 이소영 그림, 고래뱃속, 2020

○ **오로라 원정대** | 최은영 글, 최민호 그림, 우리교육, 2017

○ **나는 진짜 나일까** | 최유정 글, 푸른책들, 2009

○ **내 친구에게 생긴 일** | 미라 로베 글, 김세은 옮김, 박혜선 그림, 크레용하우스, 2018(개정판)

○ **소나기밥 공주** | 이은정 글, 정문주 그림, 창비, 2009

○ **너는 나의 달콤한 □□** | 이민혜 글, 오정택 그림, 문학동네, 2008

○ **6학년 1반 구덕천** | 허은순 글, 곽정우 그림, 현암사, 2008

○ **내겐 드레스 백 벌이 있어** | 엘레노어 에스테스 글, 루이스 슬로보드킨 그림, 엄혜숙 옮김, 비룡소, 2002

같은 작가

○ **나의 수호천사 나무** | 김혜연 글, 안은진 그림, 비룡소, 2016

○ **그 아이의 비밀 노트** | 임수경 글, 안은진 그림, 한솔수북, 2021

문해력을 키우는 엄마의 질문

1. 인물에게 공감하기

자신의 생각을 친구들과 나누어 봅시다.

• 강경서는 왜 폭력적인 행동을 할까요?

　자기를 둘러싼 삶에 불만이 많아서

• 박진철은 왜 강경서를 괴롭힐까요?

　자신이 더 뛰어나다는 것을 과시하기 위해서

• 내가 강경서라면 박진철에게 어떻게 대응할 것인가요?

　괴롭히지 말라고 강력하게 으름장을 놓는다.

• 서경서 엄마는 왜 딸을 학대할까요?

　본인 마음에 불안이 많아서

• 강경서 엄마는 가출한 남편에 대해 어떤 감정을 가지고 있을까요?

　그리워한다.

이렇게 활용해 보세요

　이 책에 등장하는 인물들도 자신의 행동을 직접 설명하지 않아요. 작가도 마찬가지죠.

　하지만 고학년이 되면 직간접적으로 경험하는 일이 많아지면서 다양한 상황과 그에 따른 감정을 이해하게 됩니다. 이야기책의 텍스트에서도 인물의 감정을 추론할 수 있어요. 괴롭힘, 학대, 이별과 같은 부정적인 사건을 경험하는 인물에게 어떻게 공감하는지, 자신이라면 어떨 것 같은지 이야기를 나눠 봅니다. 특히 괴롭힘의 원인을 그 인물의 상황에서 찾아낼 수 있는지를 통해 사고의 성숙함을 엿볼 수 있어요. 친구들과 이야기를 나누면서 이런 부분이 성장할 수도 있습니다.

2. 인물의 차이 비교하기

이 이야기에 등장하는 두 선생님의 차이를 비교해 보세요. 선생님 개인의 차이와 그로 인해 주인공 경서가 어떻게 다른 행동을 보이는지로 나누어 써 보세요.

담임선생님	보건 선생님
학생들을 차별 대우한다. 거친 언어를 쓴다. 경서 말을 안 믿는다. 경서가 신뢰하지 않는다.	모든 학생들에게 관심이 있다. 학생들에게 친절하다. 경서 말을 믿어 준다. 경서가 믿고 의지한다.

이렇게 활용해 보세요

대비되는 인물이 등장할 때 활용해 보세요. T 차트를 사용했고요. 초점을 명확하게 제시했어요. 한쪽을 채우면서 다른 쪽에 어떤 대응 내용이 채워질지 바로 생각이 떠오를 것이고, 어휘 선택도 좁혀 갈 수 있어요.

3. 주인공의 변화 이해하기

친구 서경서의 상황을 알게 된 강경서는 폭력에 대해 어떤 변화를 보이나요?

전	후
생각 안 하고 바로 주먹이 나갔다.	피해자의 입장을 생각하게 되었다. 본인이 가해자라는 생각을 하게 되었다.

이렇게 활용해 보세요

Before & After 비교 도식이에요. 사건을 경험한 인물의 전후를 한 가지 초점(여기서는 '폭력')에 맞추어 기술하는 활동입니다. 다양한 책에서 활용할 수 있어요.

4. 이야기 결말 상상하기

앞으로 두 경서에게 어떤 일이 벌어질까요?

이 책의 결말을 상상해서 자기 생각을 펼치는 글을 원고지에 써 보세요. 글 안에 '폭력'이라는 단어가 들어가도록 생각을 정리해 보세요.

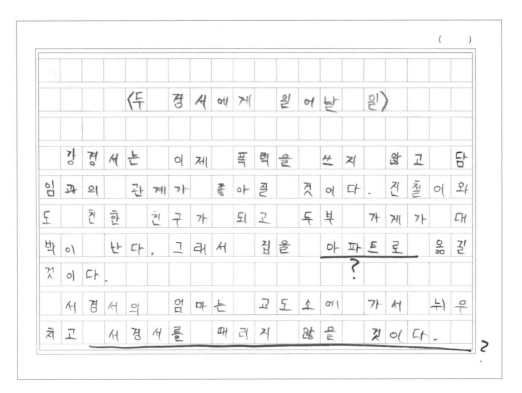

이렇게 활용해 보세요

기승전결을 겪은 등장인물들의 후일담을 예상해 보는 글쓰기 과제입니다. 경서가 두 명이니 비교해서 한 문단씩 쓰면 좋겠지요. 진철, 어머니 등 주변 인물들과의 관계도 등장할 거고요. '폭력'이라는 키워드가 들어가게 하는 게 조건이니 잊지 않았는지 확인해 주세요. 단, 내용과 흐름에 어울리게 써야 하겠지요. 아이가 쓴 글을 보고 부연 설명이 필요한 부분은 짚어 주세요. 무슨 생각으로 쓴 문장인지 말해 보는 것도 작문 실력 향상에 도움이 됩니다.

1. 인물에게 공감하기

자신의 생각을 친구들과 나누어 봅시다.

• 강경서는 왜 폭력적인 행동을 할까요?

• 박진철은 왜 강경서를 괴롭힐까요?

• 내가 강경서라면 박진철에게 어떻게 대응할 것인가요?

• 서경서 엄마는 왜 딸을 학대할까요?

• 강경서 엄마는 가출한 남편에 대해 어떤 감정을 가지고 있을까요?

2. 인물의 차이 비교하기

이 이야기에 등장하는 두 선생님의 차이를 비교해 보세요. 선생님 개인의 차이와 그로 인해 주인공 경서가 어떻게 다른 행동을 보이는지로 나누어 써 보세요.

담임선생님	보건 선생님

3. 주인공의 변화 이해하기

친구 서경서의 상황을 알게 된 강경서는 폭력에 대해 어떤 변화를 보이나요?

전	후

4. 이야기 결말 상상하기

앞으로 두 경서에게 어떤 일이 벌어질까요?

이 책의 결말을 상상해서 자기 생각을 펼치는 글을 원고지에 써 보세요. 글 안에 '폭력'이라는 단어가 들어가도록 생각을 정리해 보세요.

두 얼굴의 에너지, 원자력

#원자력 #에너지 #환경

글 김성호
그림 전진경
출간 2016년
펴낸 곳 길벗스쿨
갈래 비문학(과학, 사회)

이 책을 소개합니다

이 책은 원자력의 개념, 원자력 발전소의 작동 원리 등은 물론, 원자력 발전에 찬성하는 쪽과 반대하는 쪽의 주장을 균형 잡힌 시각으로 다루고 있어요. 양쪽의 주장을 뒷받침하는 근거 또한 풍부하게 제시하고 있어 원자력을 폭넓게 이해할 수 있을 거예요.

원자력 발전소가 탄생한 배경에는 제2차 세계대전이 있었지요. 이 책은 세계대전과 국제 관계에 얽힌 원자력 발전의 역사에 대해 상세하게 알려 줍니다. 또 세계 에너지 역사와 앞으로의 흐름도 짚어 주어, 에너지의 미래에 대해서도 생각하게 합니다.

또한 지금까지 국내외에서 일어난 원전 문제들을 담고 있어요. 역사상 최악의 원전 사고라 불리는 체르노빌 원전 사고와 전 세계를 충격에 빠뜨린 후쿠시마 참사는 물론, 밀양 시민들의 송전탑 반대 이야기, 경북 경주 대본리의 원전 소송 이야기, 경주 방폐장 문제, 감추어졌다가 폭로된 월성과 고리 원자력 발전소 사고, 2013년에 밝혀진 원전 납품 관련 비리 등에 대해서도 상세히 설명합니다. 뉴스를 봐도 어렵기만 했던 문제들을 쉽게 이해할 수 있고, 원자력 문제가 결코 남의 일이 아님을 깨달을 수 있는 기회가 될 거예요.

도서 선정 이유

　방사능 누출의 위험성과 대체 자원에 대한 논의가 꾸준히 이루어지고 있지요. 어린이들을 위해 (어른들을 위해서도) 원자력 발전의 양면성을 알기 쉽게 풀어낸 책을 통해 원자력을 제대로 이해하고 다양한 의견을 나눠 볼 수 있어요. 이를 바탕으로 우리 아이들이 원자력 발전에 대해 스스로 판단해 보고 에너지와 함께 하는 미래를 바르게 설계할 수 있을 거예요.

　독자들이 이해하기 쉽도록 책 곳곳에 각종 그림과 도표, 사진을 적절히 사용했고, 어려운 개념 역시 쉬운 예시와 명쾌한 비유를 통해 무척 쉽고 친절하게 풀어놓았어요.

함께 읽으면 좋은 책

비슷한 주제

○ **과학 논쟁** | 함석진 글, 박종호 그림, 풀빛, 2015

○ **우리 마을에 원자력 발전소가 생긴대요** | 마이클 모퍼고 글, 피터 베일리 그림, 천미나 옮김, 책과콩나무, 2017

○ **슬픈 노벨상** | 정화진 글, 박지윤 그림, 파란자전거, 2019

○ **두 얼굴의 에너지, 원자력** | 김영모 글, 이경국 그림, 미래아이, 2020

○ **핵 구름 속의 아이** | 구드룬 파우제방 글, 유영미 옮김, 하호하호 그림, 꿈꾸는섬, 2022

○ **랄슨 선생님 구하기** | 앤드루 클레먼츠 글, 강유하 옮김, 김지윤 그림, 내인생의책, 2004

○ **내가 진짜 기자야** | 김해우 글, 민경숙 그림, 바람의아이들, 2015

같은 작가

○ **검은 눈물, 석유** | 김성호 글, 이경국 그림, 미래아이, 2009

○ **투표, 종이 한 장의 힘** | 김성호 글, 나오미양 그림, 사계절, 2016

○ **엄마, e스포츠 좀 할게요!** | 김성호 글, 이경석 그림, 사계절, 2021

○ **빈 공장의 기타 소리** | 전진경 글·그림, 창비, 2017

문해력을 키우는 엄마의 질문

1. 자료 찾아 정리하기

원자력 발전소 사고에 대한 정보를 찾아 빈칸을 채워 보세요.

• 쓰리마일 원자력 발전소 사고

언제	어디서	왜	어떻게
1979년 3월 28일에	미국의 쓰리마일 섬에 있는 원자력 발전소에서	냉각 장치가 고장 나서	우라늄 100톤이 담긴 원자로가 녹고 방사성 물질에 오염된 냉각수와 기체가 나왔다.

• 체르노빌 원자력 발전소 사고

언제	어디서	왜	어떻게
1986년 4월 26일 새벽 1시에	우크라이나의 체르노빌 원자력 발전소에서	정전 실험을 하다가	원자로 온도가 무섭게 달아올라서 폭발이 일어났다.

• 후쿠시마 원자력 발전소 사고

언제	어디서	왜	어떻게
2011년 3월 11일 오후 2시 46분에	일본의 후쿠시마 해안에서 120킬로미터 떨어진 곳에서	해일이 일어나서 정전이 되었기 때문에	열을 식히지 못하여 폭발이 일어났다.

이렇게 활용해 보세요

이 책에서 읽은 주요한 원자력 사고들을 다시 떠올려 보면서 '언제-어디서-왜-어떻게'의 틀에 맞게 정보를 정리해 보는 연습이에요. 언제, 어디서는 다소 지엽적인 정보일 수 있지만, 왜, 어떻게는 상대적으로 중요한 정보에 해당해요. 가능하면 네 가지 정보를 조합해 위의 예시처럼 한 문장을 이룰 수 있도록 지도해 주세요. 정보를 간략히 기술하는 연습이 될 거예요.

이를 통해 신문 기사에서 육하원칙에 따라 사건을 기술하는 방식에도 익숙해질 수 있어요.

2. 해당 부분 찾아 요약하기

우리나라의 원자력 발전소 상황은 어떠한가요? 해당 부분을 찾아 요약해 보세요.

총 24기의 원자력 발전소가 있다. 숫자로는 세계 6위이고 밀집도는 세계 1위이다.

이렇게 활용해 보세요

정보책을 읽고 할 수 있는 활동 중에서 간단하지만 효과적인 방법입니다. 읽고 푸는 시험 문제도 결국 정보를 찾아서 정확한 내용을 파악하거나 비교하거나 요약하는 것이니까요.

한 번 읽은 책이니 어디쯤 관련 정보가 있는지 감각이 생기게 돼요. 기억이 잘 안 난다면 목차를 활용하면 됩니다.

3. 토론 자료 준비하기

같은 주제에 대한 서로 다른 의견을 정리하면서 어느 쪽이 더 타당한지 생각해 보세요.

원자력은 깨끗한 에너지일까,	아닐까?
이산화탄소를 내뿜지 않는다.	원자력 발전소를 지을 때 이산화탄소가 나온다.

원자력은 싼 에너지일까,	비싼 에너지일까?
원자력은 다른 발전 방법에 비해 가장 저렴하다.	원자력 발전소를 짓거나 철거할 때 비용이 많이 든다.

사용 후 핵연료를 다시 쓸 수 있을까,	없을까?
우라늄 238을 플루토늄 239로 바꾸면 재사용할 수 있다.	핵무기 생산의 위험성이 있으므로 재처리가 쉽지 않다.

원자력 발전소는 안전할까,	위험할까?
우리나라의 발전소는 다 가압형이므로 안전하다.	사고가 날 확률보다 이미 실제로 일어난 사건이 많다. 핵폐기물의 안전성은 아직 정확하게 모른다.

원자력 발전소에 대한 논의는 세계적으로 현재 진행형입니다. 그만큼 논점이 많다는 것이겠지요. 이 책에서도 다양한 논란을 다루고 있어요. 몇 가지 논점을 질문 형식으로 뽑아 보았어요. 이 내용을 일목요연하게 정리하면서 원자력 발전의 장단점을 완전히 소화할 수 있어요. 글로 읽기만 하는 것과는 완전히 다르답니다.

또 이렇게 해 보면 왜 이 논쟁이 끝나지 않는지 이해하게 될 거예요. 우리 주변의 많은 사안이 끊임없는 토론을 필요로 하고 있다는 사실도 깨닫게 될 거고요.

4. 글의 개요 짜기

마지막 6장의 주제는 '원자력의 미래와 우리의 선택'입니다. 이것을 제목으로 원고지에 글을 써 보세요(숙제).

최근에 신문과 잡지에 실린 추가 자료를 읽어 보세요. 읽으면서 중요하게 여겨지는 문장에는 형광펜으로 줄을 그어 보세요. 모르는 단어나 궁금한 표현은 친구나 어른에게 물어보세요.

아래 질문들에 대한 답을 생각해 보고 글의 개요를 짜 보세요. 이 개요를 바탕으로 글을 완성하면 됩니다.

- 기사의 표제(headline)는 어떤 역할을 하나요?
- '탈원전 정책'이란 무엇인가요?
- 내가 생각하는 원자력 발전의 최대 장점과 단점은 각각 무엇인가요?
- 우리나라의 원자력 발전소는 앞으로 어떻게 될까요?
- 우리나라에 가장 알맞은 신재생 에너지는 무엇이라고 생각하나요?
- 가정에서 우리 가족은 어떤 방법으로 전기를 절약할 수 있을까요?

구성	쓸 내용
서론	탈원전 정책이란... 소개, 정의 원자력 발전의 장점 원자력 발전의 단점
본론	미래) 앞으로 원전은 ... 될 것이다. 선택) 알맞은 신재생 에너지는?
결론	요약, 마무리 가정에서도... 해야 함

문재인 정부는 탈원전 정책을 제시했다. 원자력 발전을 점차 없애겠다는 것이다. 원자력 발전의 최대 장점은 낮은 발전 단가이다. 반면에 폭발 또는 폐기물과 같은 위험성이 큰 단점이다.

원자력 발전의 이점보다는 위험성이 더 크기 때문에 앞으로 원자력 발전소가 줄어들 것이라고 생각한다. 대신에 바이오 에너지 개발에 힘써야 한다. 재생 에너지 중에서도 바이오 에너지가 환경 보호에 큰 도움이 되기 때문이다.

신재생 에너지 개발은 중요하다. 동시에 우리는 전기를 아껴야 한다. 우리 집에서도 안 쓰는 플러그를 빼야 되겠다.

이렇게 활용해 보세요

아주 가끔(1년에 한두 번 정도)은 숙제를 내도 괜찮을 것 같아요. 글을 쓰기 전에 개요를 짜는 연습을 하면 각자 집에서 숙제를 하기 좀 쉬워질 거예요. 다음 모임에서 꼭 아이들이 써 온 글을 읽고 구체적이고 긍정적인 피드백을 주는 걸 잊지 마세요.

보통 마무리 활동으로 글을 쓸 때는 200자 원고지에 두어 문단 정도로 짧게 썼고, 주어진 질문을 바탕으로 쉽게 쓸 수 있었는데, 이번 주제는 좀 심오하다 보니 이참에 개요 짜기를 연습하기로 했어요.

개요 구성하기에 잘 다가갈 수 있도록 제목을 구체적으로 제시했고요. 서론-본론-결론에서 각각 활용할 수 있는 내용을 떠올리기 쉽게 질문들을 만들어 보았어요. 이 질문에 대한 대답을 어디에 넣으면 좋을지 생각하면서 개요를 채워 나갈 수 있답니다.

제시한 기사 외에도 원자력 발전이나 신재생 에너지와 관련된 신문 기사가 풍부하니 검색 및 (필요하다면) 편집해서 다양하게 활용해 보세요.

1. 자료 찾아 정리하기

원자력 발전소 사고에 대한 정보를 찾아 빈칸을 채워 보세요.

- 쓰리마일 원자력 발전소 사고

언제	어디서	왜	어떻게

- 체르노빌 원자력 발전소 사고

언제	어디서	왜	어떻게

- 후쿠시마 원자력 발전소 사고

언제	어디서	왜	어떻게

2. 해당 부분 찾아 요약하기

우리나라의 원자력 발전소 상황은 어떠한가요? 해당 부분을 찾아 요약해 보세요.

3. 토론 자료 준비하기

같은 주제에 대한 서로 다른 의견을 정리하면서 어느 쪽이 더 타당한지 생각해 보세요.

원자력은 깨끗한 에너지일까,

VS

아닐까?

원자력은 싼 에너지일까,

VS

비싼 에너지일까?

사용 후 핵연료를 다시 쓸 수 있을까,

VS

없을까?

원자력 발전소는 안전할까,

VS

위험할까?

4. 글의 개요 짜기

마지막 6장의 주제는 '원자력의 미래와 우리의 선택'입니다. 이것을 제목으로 원고지에 글을 써 보세요(숙제).
최근에 신문과 잡지에 실린 추가 자료를 읽어 보세요. 읽으면서 중요하게 여겨지는 문장에는 형광펜으로 줄을
그어 보세요. 모르는 단어나 궁금한 표현은 친구나 어른에게 물어보세요.
아래 질문들에 대한 답을 생각해 보고 글의 개요를 짜 보세요. 이 개요를 바탕으로 글을 완성하면 됩니다.

- 기사의 표제(headline)는 어떤 역할을 하나요?
- '탈원전 정책'이란 무엇인가요?
- 내가 생각하는 원자력 발전의 최대 장점과 단점은 각각 무엇인가요?
- 우리나라의 원자력 발전소는 앞으로 어떻게 될까요?
- 우리나라에 가장 알맞은 신재생 에너지는 무엇이라고 생각하나요?
- 가정에서 우리 가족은 어떤 방법으로 전기를 절약할 수 있을까요?

구성	쓸 내용
서론	
본론	
결론	

[오늘은] '원자력의 날'을 아시나요?

12월 27일은 '원자력의 날'입니다. 정식 명칭은 '원자력 안전 및 진흥의 날'이죠. 우리나라가 2009년 12월 27일 아랍에미리트(UAE)에 원전을 수출하는 데 성공한 것을 계기로 이듬해 법정기념일로 제정했습니다. 원자력 안전을 고취하고 국내 원자력 분야 종사자들의 사기를 진작하기 위해서입니다.

자원이 거의 없는 우리나라는 전력을 생산하고자 1950년대 원자력법을 발효시키고 원자력연구소를 설립했습니다. 이어 1978년 고리원자력발전소 상업운전을 처음으로 한 이래 지난 7월 현재 4곳(울진, 월성, 고리, 영광)의 원자력발전소에서 원자로 24기를 가동 중인데요. 원자력발전소의 전기생산량이 전체 발전량의 34.8%를 차지하고 있습니다.

원자력 발전에 사용하는 우라늄은 석탄이나 석유에 비해 적은 양으로 막대한 에너지를 낼 수 있습니다. 또한 원자력 발전에 쓰는 우라늄 연료는 원자로에 한 번 넣으면 짧게는 15개월, 길게는 18개월간 교체하지 않아도 된다고 합니다.

하지만 한 번 사용한 우라늄 연료는 방사능 오염 문제 때문에 함부로 버릴 수 없고 수백 년간 보관해야 합니다.

원자력 발전을 더 이상 하지 말자는 '탈원전'과 원전을 계속 가동해야 한다는 '친원전' 간 갈등이 문재인 정부 출범부터 이어져 왔는데요. 내년 대선을 앞두고 갈등이 더욱 첨예화하는 형국입니다. 친원전 쪽에선 원자력 발전의 경우 온실가스 배출이 적고 에너지원 단가가 낮기 때문에 원전 발전이 경쟁력이 있다고 주장합니다. 그러면서 세계적으로 뛰어난 우리나라 원전 경쟁력을 키워야 한다고 말합니다.

그러나 탈원전을 외치는 시민단체 등은 세계적인 탈원전 움직임, 원전의 안전성, 우리나라의 좁은 국토, 인구밀도 등으로 미뤄 원전은 위험하다고 지적합니다. 원전이 에너지원 중에서 단가가 상대적으로 낮은 것은 사실이지만 재생에너지 단가가 시간이 지날수록 급격히 낮아지는 것도 원전 경쟁력 상실로 이어질 것이라고 주장합니다.

ⓒ 연합뉴스 | 유창엽 기자 (2021. 12. 27.)

원자력, 안전하고 깨끗한가…지구촌 원전 둘러싼 논쟁 가열

EU '원자력=친환경 여부' 결정 앞두고 프랑스·독일 대립

지구온난화가 지구촌 미래를 위협하는 최대 난제로 떠오른 가운데 화석연료보다 온실가스 배출이 적은 원자력 발전을 활성화해야 한다는 주장이 힘을 얻으면서 논쟁이 다시 가열되고 있다.

(중략) 프랑스가 원자력 발전을 친환경 에너지로 분류해야 한다는 주장을 이끌고 있다. 프랑스 주장에는 핀란드, 체코, 폴란드, 헝가리, 루마니아, 슬로바키아, 크로아티아, 불가리아, 슬로베니아 등 친(親)원전 국가들이 힘을 보태고 있다. 이들은 원자력을 친환경 에너지로 분류하면 금융 조달이 쉬워져 후쿠시마 원전 참사 이후 쇠락의 길을 걷고 있는 원전 산업이 새로운 발전의 전기를 맞을 것으로 기대하고 있다.

그러나 일찌감치 탈원전을 선언하고 내년 말까지 현재 운용 중인 원전도 모두 폐쇄할 예정인 독일은 오스트리아, 덴마크, 포르투갈, 룩셈부르크 등과 함께 체르노빌과 후쿠시마 원전참사 같은 사고 위험과 핵폐기물 문제 등을 거론하며 원자력의 친환경 에너지 분류에 강하게 반대하고 있다. 이들은 원자력이 친환경 에너지로 분류될 경우 신재생에너지 발전에 투입돼야 할 막대한 재원이 원전 건설로 빠져나감으로써 그린에너지로 전환이 늦어지고 기후변화 대응을 위한 골든타임을 놓치게 될 것이라고 지적하고 있다.

ⓒ 연합뉴스 | 이주영 기자 (2021. 12. 20.)

둘리틀 박사 이야기

원제: The Story of Doctor Dolittle, 1920년

#모험 #생명 사랑 #소통 #동물권

글·그림 휴 로프팅
옮김 장석봉
출간 2017년
펴낸 곳 궁리출판
갈래 외국문학(판타지 동화)

📖 이 책을 소개합니다

동물을 사랑하고 대화까지 할 수 있는 엉뚱한 의사와 동물 친구들의 모험을 그린 고전이에요. 휴 로프팅은 제1차 세계대전에 중위로 참전하던 시절, 전쟁터에서 고통 받으며 목숨을 잃는 동물들을 바라보며 딸과 아들에게 동물과의 따뜻한 교감과 생명 존중에 대해 알려 주고 유쾌하고 긍정적인 소식을 전하고자 직접 그림까지 그려 둘리틀 박사 이야기를 편지로 보냈다고 해요. 아빠의 사랑이 담긴 편지들이 100년이 지나서도 사랑받는 고전이 된 거지요.

원래 사람을 치료하던 의사 존 둘리틀은 동물들과 대화를 나누게 되고 그들을 치료하며 지내기로 결심해요. 아프리카에서 온 제비들로부터 원숭이들이 전염병에 걸려 죽어 간다는 이야기를 전해 듣고 그곳으로 향하게 되지

요. 이 책에서는 앵무새 폴리네시아, 원숭이 치치, 집오리 대브대브, 새끼 돼지 거브거브, 올빼미 투투 등이 둘리틀 박사의 조력자로 나섭니다.

이야기 속에서 둘리틀 박사는 무한 긍정 낙천주의자이기도 해요. 그래서 대책 없는 인물로 보이기도 하지만 예의 바르고, 정 많고, 어떤 위기에서도 침착함을 잃지 않고 동물들과 상의해서 지혜로운 결론을 얻어 냅니다. 유쾌하고 낙천적인 주인공과 개성 뚜렷한 동물들이 함께 펼치는 모험담이 무척 재미있습니다.

 ## 도서 선정 이유

때를 놓치면 평생 놓치고 말 고전 읽기는 책동아리에서 꼭 챙겨야지요. 〈둘리틀 박사의 모험〉 시리즈 중에서 쉽게 접근할 수 있는 첫 번째 책을 골랐어요. 진화생물학자 리처드 도킨스, 침팬지 연구가 제인 구달 등 세계적 과학자들을 비롯해 많은 사람에게 인생의 책으로 기억된 작품이에요. 총 열두 권 중《둘리틀 박사의 바다 여행》은 뉴베리 상을 받기도 했어요.

둘리틀 박사의 가장 큰 매력은 소통 능력입니다. 아이들이 이 책을 통해 소통의 중요성을 깨닫기를 바랍니다. 고전을 읽으며 '지금, 여기'에서 벗어나 보는 것도 의미 있는 경험이라고 생각합니다.

 ## 함께 읽으면 좋은 책

비슷한 주제

○ 제인 구달: 순수한 사랑과 열정으로 인생을 가꿔라 | 이봉 글, 권오현 그림, 살림어린이, 2008

○ 동물도 권리가 있어요 | 동물권행동 카라 구성, 권유경 글, 김소희 그림, 풀빛, 2019

○ 해리엇 | 한윤섭 글, 서영아 그림, 문학동네, 2011

○ 새끼 표범 | 강무홍 글, 오승민 그림, 한울림어린이, 2017

같은 작가

○ 둘리틀 박사의 모험(1~12권) | 휴 로프팅 글·그림, 장석봉·임현정 옮김, 궁리, 2019

○ 둘리틀 박사의 바다 여행 | 휴 로프팅 글, 김선희 옮김, 김무연 그림, 주니어김영사, 2020

참고 사이트
• 카라 동물권 교육 karaedu.org

문해력을 키우는 엄마의 질문

1. 이야기의 흐름 되짚어 보기

- 둘리틀 박사는 어떻게 수의사가 되었나요?

  사람을 치료하는 것만으로는 돈을 못 벌기도 했고 동물을 워낙 좋아해서

- 수의사가 되어 동물들을 치료하던 둘리틀 박사는 왜 다시 가난해졌나요?

  집에 악어가 있어서 더 이상 동물들이 치료 받으러 오지 않았다.

- 둘리틀 박사는 왜 아프리카에 가게 되었나요?

  그곳에 있는 원숭이들이 전염병에 걸려서

- 해적선에 있었던 아이는 삼촌과 어떻게 다시 만나게 되었나요?

  지프가 뛰어난 후각으로 삼촌을 찾아냈다.

> **이렇게 활용해 보세요**

이렇게 유쾌한 이야기책을 읽고 나서는 전반적인 이야기의 흐름을 상기시켜 주는 가벼운 질문들로 시작해 보세요. 발단에 해당하는 배경에 대한 질문도 좋고, 국면의 전환을 가져 온 사건이나 문제의 해결 방법에 대해서 물어보아도 좋아요.

정보책과 달리, 이런 부분은 아이들의 기억에 잘 남아 있을 거라 책을 다시 펼쳐 보지 않고도 앞다투어 대답하기 때문에 독서 모임 워밍업에 적절합니다.

2. 인물 비교하기

주인공 둘리틀 박사와 대립되는 인물들은 어떤 면에서 그와 다른가요? 표 안에 각 인물이 누구인지, 둘리틀 박사와 대립되는 특성은 무엇인지 써 보세요.

| 여동생: 현실적이다. |
| 해적: 남의 물건을 빼앗고 악하다. |

$\longleftrightarrow$ 둘리틀 박사 $\longleftrightarrow$

| 왕: 권위적이고 남을 믿지 못한다. |
| 범포 왕자: 외모를 중요시한다. |

이렇게 활용해 보세요

이 이야기에 등장하는 주요 인물들을 주인공을 기준으로 비교하는 활동이에요. 둘리틀 박사가 워낙 순수한 인물이라 다른 이들과는 차별성이 있어서 생각하기 어렵지는 않을 거예요.

표가 주어졌다고 해서 각자 칸을 채우는 데 집중하기보다는 적절한 어휘를 이용해 함께 이야기 나누는 게 더 중요해요. 그러다 보면 수긍이 가는 포인트나 알맞은 어휘로 수렴이 될 거예요.

책동아리 구성원이 네 명이라면 각자 한 명씩 어떤 인물을 맡을지 정해 봐도 좋겠지요.

3. 시대적 배경과 문화 비교하기

이야기가 시작되기 전 '일러두기'를 읽었나요? 다시 한번 읽어 보세요.

- 이 책은 언제 쓰였나요?

  1920년대

- 아프리카와 범포 왕자에 대한 묘사에서 어떤 느낌을 받았나요?

  아프리카 대륙이 덜 발달하여 그곳의 사람들은 미개하거나 후진적이고, 특히 흑인들은 열등하다는 인식이 깔려 있다. 당시의 백인들 위주의 생각인 것 같다.

- 시대가 바뀌어서 어색한 내용이 있다면 새로운 시대의 독자를 위해 내용을 삭제하거나 바꾸는 것에 대해 어떻게 생각하나요?

  (찬성 / 반대)

- 그 이유는 무엇인가요?

  오래된 책을 통해 그 시대 환경이나 사고방식을 그대로 볼 수 있어서. 지금의 생각과 다르다고 지금 기준으로 내용을 바꾸는 건 안 좋다고 생각한다.

- 우리가 사는 사회는 이 책이 쓰인 시대와 비교하여 무엇이 달라졌나요?

인종 차별이 줄어들었다. 다른 문화권에 대한 지식이 더 늘어났다. 세계화를 거치며 서로 많이 오가서 그런 것 같다. 우리나라도 다문화 사회가 되었다.

이렇게 활용해 보세요

이야기가 시작되기 전이나 후에 특별한 텍스트가 붙어 있는 책이 있어요. 프롤로그, 에필로그뿐 아니라 작가 인터뷰, 옮긴이의 말 같은 글 말이죠.

일러두기도 글의 이해를 돕기 위해 부연 설명을 해 주는 부가적인 텍스트예요. 아이들은 보통 급하게 책장을 넘기기 바쁘지만, 이런 글에도 눈길을 주도록 해 주세요. 이 활동처럼 부가적 글을 실마리로 하는 질문을 해 주면 앞으로는 책을 더 꼼꼼하게 볼 거예요.

이야기를 한 차원 바깥에서 바라보며 더 깊이 이해할 수 있게 해 주는 활동입니다. 고전은 긴 시간을 지나오며 새로운 시대를 만나지요. 새 시대와 사상에 맞게 편집되는 것이 바람직할지에 대한 의견을 물어보세요.

4. 초점 맞춰 글쓰기

〈둘리틀 박사와 동물들〉이라는 제목으로 원고지에 짤막한 글을 써 보세요.

- 이 책을 읽지 않은 친구에게 박사를 소개한다고 생각하면 됩니다.
- 박사는 동물들과 어떤 관계인가요?
- 그 관계를 통해 우리는 무엇을 배울 수 있나요?

이렇게 활용해 보세요

전체적인 줄거리를 모두 담은 감상문은 너무 길어서 아이들이 쓰기 힘들어해요(때로는 써 볼 필요가 있지만요). 그래서 범위를 좁혀 제목을 정해 주고 짧은 글로 독후 기록을 남기게 하면 좋아요. 제목에 맞는 내용이 나올 수 있는 질문을 잘 만들어 주는 게 포인트입니다.

한 문단의 글을 쓰면서도 서술어 양식이 통일되지 않는 친구들이 있어요. 여기에서는 친구들에게 인물을 소개해 보라는 조건이 있으니 대화하듯 반말로 써도 괜찮아요. 처음부터 '-이다'로 썼으면 끝까지 유지하도록 일러 주세요.

1. 이야기의 흐름 되짚어 보기

둘리틀 박사는 어떻게 수의사가 되었나요?

수의사가 되어 동물들을 치료하던 둘리틀 박사는 왜 다시 가난해졌나요?

둘리틀 박사는 왜 아프리카에 가게 되었나요?

해적선에 있었던 아이는 삼촌과 어떻게 다시 만나게 되었나요?

2. 인물 비교하기

주인공 둘리틀 박사와 대립되는 인물들은 어떤 면에서 그와 다른가요? 표 안에 각 인물이 누구인지, 둘리틀 박사와 대립되는 특성은 무엇인지 써 보세요.

| | ↔ | 둘리틀
박사 | ↔ | |

3. 시대적 배경과 문화 비교하기

이야기가 시작되기 전 '일러두기'를 읽었나요? 다시 한번 읽어 보세요.

> 이 책은 언제 쓰였나요?

> 아프리카와 범포 왕자에 대한 묘사에서 어떤 느낌을 받았나요?

> 시대가 바뀌어서 어색한 내용이 있다면 새로운 시대의 독자를 위해 내용을 삭제하거나 바꾸는 것에 대해 어떻게 생각하나요? 그 이유는 무엇인가요? **찬성** **반대**

> 우리가 사는 사회는 이 책이 쓰인 시대와 비교하여 무엇이 달라졌나요?

4. 초점 맞춰 글쓰기

〈둘리틀 박사와 동물들〉이라는 제목으로 짤막한 글을 원고지에 써 보세요.

- 이 책을 읽지 않은 친구에게 박사를 소개한다고 생각하면 됩니다.
- 박사는 동물들과 어떤 관계인가요?
- 그 관계를 통해 우리는 무엇을 배울 수 있나요?

스토의 인권 교실

#다문화 #반편견 #차이 #차별
#인권 #평등

글 신연호
그림 이민혜
출간 2016년
펴낸 곳 시공주니어
갈래 비문학(사회, 역사)

 이 책을 소개합니다

재인이는 사촌 은호를 노예라 부르며 부려 먹어요. 필리핀에서 온 엄마를 둔 수정이에게 글쓰기 대회 대표 자리를 빼앗긴 것도 분하게 여기고요. 그런 수정이 앞에 '수상한 인문학 교실'이라고 쓰인 의문의 비행기가 나타나 재인이를 미국 작가 스토 부인에게 데려다줍니다. 아직 노예 제도가 남아 있던 1850년, 노예 제도의 끔찍함을 직접 목격한 재인이는 자신의 행동을 반성하게 됩니다. 스토 부인과 함께 노예 쥬바가 노예 사냥꾼을 피해 캐나다로 탈출하는 것을 돕기도 하지요.

한편 스토 부인은 재인이의 도움을 받으며 소설을 써 노예 제도에 대해 사람들에게 알리겠다고 결심합니다. 작가 해리엇 비처 스토의 《톰 아저씨의 오두막》은 당시 미국에서 가장 많이 읽힌 소설이 되었고, 많은 사람에게 노예 제도 폐지의 필요성을 일깨워 주었어요.

이 책에는 이야기 속에서 만난 주제를 더욱 깊이 알아보고, 스스로 생각을 정리해 볼 수 있게 해 주는 〈교실지기의 특별 수업〉도 있어요. '인권의 세계사'에서는 인류 역사에서 '인권'이라는 개념이 어떤 과정을 거쳐 발전해 왔는지, 주요 사건 및 여러 인권 선언 등을 통해 알아봅니다. '책 속 정보, 책 속 사건'에서는 작가 스토가 미국의 노예 해방에 끼친 영향, 미국 노예 제도의 배경과 역사를 살펴봅니다. '생각이 자라는 인문학'에서는 제시된 문제를 통해 인권에 대한 생각을 직접 적으며 정리해 봄으로써 인문학적 사고의 습관을 기를 수 있을 거예요.

📖 도서 선정 이유

인간에 대한 연구인 인문학을 초등학생 교육에 접목시키려는 시도가 멋지다고 생각했어요. 인문학이 무엇인지는 아직 몰라도 괜찮지만, 역사를 통해 배우고 자신의 삶을 돌아보며 타인과 세상에 대해 생각하기에 어린 나이는 아니니까요.

'인권'에 접근하기 위해 역사에서 뽑아낸 실마리를 흥미로운 이야기로 엮고 아이들의 언어로 표현한 책이에요. 딱딱하고 권위적으로 교훈을 전달하는 방식이 아니라 스스로의 가슴으로 느끼도록 풀어내서 마음에 들었습니다.

📖 함께 읽으면 좋은 책

비슷한 주제

○ 탈출: 나는 왜 달리기를 시작했나? | 마렉 바다스 글, 다니엘라 올레즈니코바 그림, 배블링북스 옮김, 산하, 2017

○ 세상을 아프게 하는 말, 이렇게 바꿔요! | 오승현 글, 소복이 그림, 임정하 감수, 토토북, 2015

○ 인권 논쟁 | 이기규 글, 박종호 그림, 풀빛, 2015

○ 우리에게도 인권이 있을까? | 문미영 글, 김언희 그림, 크레용하우스, 2018

○ 리언 이야기 | 리언 월터 틸리지 글, 수잔 엘 로스 콜라주, 배경내 옮김, 바람의아이들, 2006

○ 블루시아의 가위바위보 | 국가인권위원회 기획, 김중미 외 4인 글, 윤정주 그림, 창비, 2004

○ 스파크 | 엘 맥니콜 글, 심연희 옮김, 요요, 2021

○ 넌 네가 얼마나 행복한 아이인지 아니?: 여행작가 조정연이 들려주는 제3세계 친구들 이야기 | 조정연 글, 이경석 그림, 와이즈만BOOKs, 2014(개정판)

같은 작가

○ 문화재로 배우는 근대 이야기 | 신연호 글, 백명식 그림, 주니어김영사, 2010

○ 대단한 소금이야! | 신연호 글, 유남영 그림, 현암사, 2012

문해력을 키우는 엄마의 질문

1. 인물 비교하기

랜돌프 부인과 스토 부인은 인권에 대해 어떤 생각을 가지고 있는지 비교해 보세요. 이러한 생각은 어떤 언행을 통해 드러나나요?

랜돌프 부인		스토 부인
흑인 노예 제도에 찬성한다. "그런 흑인이 이 땅의 주인인 백인하고 어떻게 똑같을 수 있나요?"		흑인 노예 제도에 반대한다. "사람은 누구나 귀하게 태어났어. 피부색이 다르고 사는 곳이 다르다고 해서 차별하거나 함부로 대하는 건 옳지 않아."

이렇게 활용해 보세요

 실제 사용했던 활동지에는 이들의 삽화를 찍고 편집해서 시각적인 T 차트를 만들었어요. 두 인물을 대조하기 위해서지요. 대조의 초점이 무엇인지 밑줄을 그어 강조했어요. 다른 부분을 넘나들며 초점을 잃지 않도록요.

인권에 대한 두 인물의 생각 차이가 드러나는 언행을 근거로 제시하는 게 포인트예요. 위의 예에서는 언어만 그대로 인용했네요. 행동을 묘사해도 괜찮아요.

2. 주제와 우리 생활 연결하기

• 재인이네 학교에서 김수정은 '다문화'라는 별명으로 불려요. 그 이유는 무엇인가요?

  다문화 가정의 아이라서

• '다문화 가정'의 순수한 뜻은 무엇인가요?

  부모의 출신 국가, 인종이 다르게 형성된 가족을 말한다.

• '다문화 가정'이라는 표현에 어떤 의미가 숨어 있다고 생각하나요?

  가난하다, 사회적 지위가 낮다, 한국말을 잘 못한다 등등 아이들을 위한 다문화 교육, 반편견 교육에서 꼭 다루고 싶었던 부분인데 이 책과 마침 잘 연결되네요. 개념의 원래 의미를 벗어나 다른 함축적인 의미가 덧붙는 경우가 많지요. '다문화 가정'이라는 시대 변화를 내포한 중립적인 개념에도 부정적이고 차별적인 의미가 담기는 경향이 있어요. 저는 연구 휴가 때 미국에서 '이중 언어(bilingualism)'에 대해 공부하면서 그 단어에도 사회경제적 지위가 낮은 이민자들의 자녀에 대한 편견이 내포되어 있다는 데에 많이 놀랐어요.

　　단어 자체의 의미를 분석할 수 있고, 객관적인 시각으로 사회를 바라볼 수 있도록 아이들과 많은 이야기를 나누면 좋겠어요.

3. 다른 책과 비교하기(상호텍스트성): 노예 무역 / 인종 차별을 다룬 그림책들

　• 다음 그림책들을 살펴보고 가장 인상적인 삽화를 고르세요. 그 그림이 보여 주는 내용을 묘사하는 글을 원고지에 써 보세요. 덧붙여 이 그림에 대한 생각도 써 보세요. 인권에 대해 어떻게 생각하나요?

　다음 질문들에 대해 생각해 보면 글을 쓰는 데 도움이 될 거예요.

　- 전에 이 책을 본 적이 있나요?《스토의 인권 교실》을 읽고 난 후 다르게 보인 점이 있나요?

　- 그림책의 그림은 어떤 기능을 할까요?

　• 책과 책 사이에 관계가 있을 때가 많아요. 이것을 '상호텍스트성'이라고 말해요.《스토의 인권 교실》에서 소개한《톰 아저씨의 오두막》도 읽어 보세요.

그림책(또는 표지)을 활용하는 글쓰기 활동이에요. 초등학생을 위한 그림책도 많으니 관심을 가져 주세요. 이 책들은 모두 인종 차별, 흑인, 노예, 인권 등을 소재로 한 뛰어난 그림책들이에요.

5학년생이라면 이미 읽어 보았을 가능성이 크지만, 못 읽었더라도 제목과 표지 그림을 보고 가장 마음에 드는 책을 고르게 하세요. 책의 내용을 모르더라도 제목과 그림을 통해 유추할 수 있는 내용과 분위기에 대한 느낌, 인권에 대한 생각을 섞어 글을 씁니다. 예시 글에서처럼 책을 읽었을 때 오히려 표지 그림에 집중하지 못하는 경향이 있어요. 알고 있는 내용이 방해를 하는 거죠.

'책'에 대한(오늘 함께 읽은 책과의 연결점, 다양한 책의 특성) 추가적인 질문들을 해 주면 글이 더 깊어져요. 그림책이라면 함께 읽으며 감상해도 좋겠어요.

책동아리 모임을 마무리할 때는 오늘의 책과 연결되는 다른 좋은 책을 추천하며 헤어지는 것도 좋은 방법입니다. 이번에는《톰 아저씨의 오두막》을 다시 한번 얘기했어요. 아이 스스로 읽어 보고 싶어지는 게 최선입니다.

1. 인물 비교하기

랜돌프 부인과 스토 부인은 인권에 대해 어떤 생각을 가지고 있는지 비교해 보세요. 이러한 생각은 어떤 언행을 통해 드러나요?

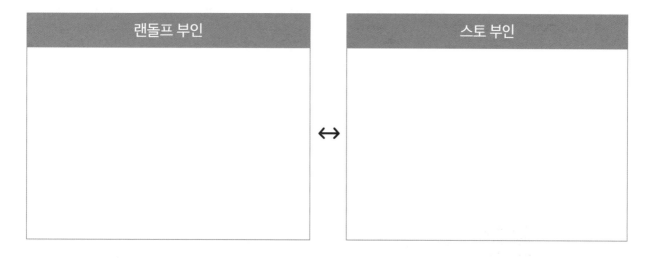

랜돌프 부인	스토 부인

2. 주제와 우리 생활 연결하기

재인이네 학교에서 김수정은 '다문화'라는 별명으로 불려요. 그 이유는 무엇인가요?

'다문화 가정'의 순수한 뜻은 무엇인가요?

'다문화 가정'이라는 표현에 어떤 의미가 숨어 있다고 생각하나요?

3. 다른 책과 비교하기 상호텍스트성
노예 무역 / 인종 차별을 다룬 그림책들

• 다음 그림책들을 살펴보고 가장 인상적인 삽화를 고르세요. 그 그림이 보여 주는 내용을 묘사하는
글을 원고지에 써 보세요. 덧붙여 이 그림에 대한 생각도 써 보세요. 인권에 대해 어떻게 생각하나
요?
다음 질문들에 대해 생각해 보면 글을 쓰는 데 도움이 될 거예요.
 – 전에 이 책을 본 적이 있나요? 《스토의 인권 교실》을 읽고 난 후 다르게 보인 점이 있나요?
 – 그림책의 그림은 어떤 기능을 할까요?

엘린 레빈 글	줄리어스 레스터 글	윌리엄 밀러 글
카디르 넬슨 그림	로드 브라운 그림	존 워드 그림
김향이 옮김	김중철 옮김	박찬석 옮김
뜨인돌어린이(2008)	낮은산(2005)	사계절(2004)

• 책과 책 사이에 관계가 있을 때가 많아요. 이것을 '상호텍스트성'이라고 말해요. 《스토의 인권 교
실》에서 소개한 《톰 아저씨의 오두막》도 읽어 보세요.

밉스 가족의 특별한 비밀

원제: Savvy, 2008년

#가족애 #특별한 능력(초능력)

글 인그리드 로
옮김 김옥수
출간 2010년
펴낸 곳 주니어RHK
갈래 외국문학(판타지 동화)

이 책을 소개합니다

밉스네 가족들은 열세 살 생일이면 놀라운 초능력을 얻게 된대요. 할아버지는 지진을 일으켜 땅을 넓히고, 할머니는 공중에서 전파를 잡아 병에 넣어 두고 듣고 싶을 때마다 음악과 연설을 들을 수 있어요. 로켓 오빠는 화가 나면 전기를 분출해서 도시를 암흑에 빠뜨리고, 피시 오빠는 폭풍을 일으켜 창문을 깨고 지붕을 날리고 집을 무너뜨립니다. 그런데 주인공 밉스의 열세 살 생일 직전에 아빠가 교통사고를 당해서 중태에 빠지고 말아요. 자신에게 생길 초능력으로 아빠를 살리겠다는 생각으로 무작정 아빠가 있는 병원을 향해 가는 밉스와 친구들의 여정이 뭉클하게 펼쳐집니다.

인그리드 로의 첫 작품이지만, 놀라운 상상력과 흡입력으로 세계의 독자들을 깜짝 놀라게 했어요. 문학적인 가치와 재미를 동시에 갖춘 작품으로 언론과 독자의 찬사를 받으며 베스트셀러가 되기도 했습니다. 이 책의 원제 《Savvy》는 '어떤 한 분야에 재능이 있는, 지식이 있는'이라는 의미입니다. 등장인물 각각의 개성과 매력, 그리고 가족애가 버무려져 신선한 재미를 주는 책이에요.

 도서 선정 이유

초등 고학년이면 성별과 상관없이 좋아할 만한 내용이라 재미있게 읽을 책입니다. 초능력이라는 소재 자체가 아이들의 상상력을 자극하고 흥미를 끌지요. 영어가 익숙한 친구라면 천천히 원서로 읽는 것도 괜찮을 것 같아요. 2009년 뉴베리 아너 상 수상작입니다.

초능력이 있건 없건(현실에서는 모두가 없지만요) 자신의 능력을 믿고, 타인의 부정적인 말에 영향 받지 말고, 자신 내면의 소리에 귀를 기울여 당당하게 그것을 표현해야 한다는 내용이 독자에게 크게 와 닿을 거예요. 특히 이맘때 아이들의 경우, 부모나 선생님, 주변 친구가 하는 말에 쉽게 우쭐하기도 하고 심하게 위축되기도 하기 때문에 부모, 자녀가 함께 읽으면서 타인의 평가, 자아 수준 등에 대해 대화 나누기 좋아요.

 함께 읽으면 좋은 책

비슷한 주제

○ **바나나 가족** | 임지형 글, 이주미 그림, 스푼북, 2018

○ **초능력 다람쥐 율리시스** | 케이트 디카밀로 글, K. G. 캠벨 그림, 노은정 옮김, 비룡소, 2014

○ **마틸다** | 로알드 달 글, 퀸틴 블레이크 그림, 김난령 옮김, 시공주니어, 2018

○ **달님은 알지요** | 김향이 글, 권문희 그림, 비룡소, 2004

○ **호랑이를 덫에 가두면** | 태 켈러 글, 강나은 옮김, 돌베개, 2021

○ **전설의 고수** | 이현 글, 김소희 그림, 창비, 2019

○ **아빠가 나타났다!** | 이송현 글, 양정아 그림, 문학과지성사, 2009

※ 이 책은 현재 절판된 책이에요. 해당 책을 도서관이나 중고 서점에서 구할 수 있습니다.

문해력을 키우는 엄마의 질문

1. 등장인물의 특성을 안팎으로 살펴보기

책을 읽고 나서 다음 인물들에 대해 잘 알게 되었나요? 글로 기술되어 겉으로 쉽게 드러나는 특징도 있지만, 사건과 행동을 통해 서서히 드러나는 숨은 특징도 있어요. 주인공 밉스도 처음에는 잘 몰랐던 주변 인물들의 측면을 독자도 함께 알게 되지요. 각 인물에 대해 쉽게 알 수 있었던 특징과 (이야기 속의) 시간이 가면서 알게 된 특징을 구별해 보세요.

인물	쉽게 드러나는 특징	숨어 있던 특징
밉스	사교성이 없다.	가족을 잘 챙긴다.
피시	퉁명스럽고 삐딱하다.	동생들을 잘 보살핀다.
샘슨	항상 우울하다. 숨어 있다.	천진난만하다.
바비	세 보인다. 버릇없다.	속이 여리고 외로워한다.
윌 주니어	예의가 바르다. 지나치게 반듯하다.	청소년답다.
레스터 아저씨	말을 더듬는다. 실수가 많다.	마음이 따뜻하다. 용감하다.

이렇게 활용해 보세요

주인공 가족을 포함해 매력 있는 여러 인물이 등장하는 이야기입니다. 주요 인물들의 특징은 글로 금방 드러나기도 하지만, 한참 읽어 가면서 사건과 구체적인 언행이 제시되어야 눈치챌 수 있기도 해요.

이 표를 작성해 보면 그런 차이를 더 잘 느낄 수 있어요. 읽는 동안 미처 못 느꼈던 특징은 다른 친구의 이야기를 통해서 알게 되기도 합니다. 인물을 묘사하는 다양한 형용사나 동사를 활용할 수 있게 될 거예요.

2. 이야기 넘나들며 인물 탐구하기

위에서 이 책의 인물들에 대해 간략히 정리해 보았다면 조금 더 깊이 생각해서 그들을 탐구해 봅시다.

- 버몬트 가족의 초능력 중에서 어떤 것이 가장 맘에 드나요? 그 이유는요?

  로켓 오빠의 초능력: 가장 강력하다고 생각한다.

- 열세 번째 생일이 지나고 밉스가 자신의 초능력을 정확히 알게 되었을 때 어떤 기분이었을까요? 왜 그렇게 생각하나요?

  매우 실망했다. 왜냐하면 자기 힘으로 아빠를 살릴 수 있다고 생각했는데, 그러지 못해서.

- 레스터 아저씨의 두 문신, 론다와 칼린은 각각 누구인가요? 그들은 왜 레스터 아저씨에 대해 험담만 늘어놓을까요?

  론다는 엄마, 칼린은 레스터를 부려먹는 나쁜 여자이다. 레스터가 위축되어서.

- 윌 주니어의 비밀은 무엇인가요?

  목사님의 손자이다.

이렇게 활용해 보세요

이번에는 등장인물들의 핵심적 특징뿐 아니라 정서, 배경, 비밀 같은 심도 있는 부분까지 생각해 봅니다.

버몬트 씨네는 초능력 가족이에요. 5학년 독자들이 큰 흥미를 가질 부분이지요. 가족 구성원들의 초능력을 비교 평가해 봄으로써 이야기에 몰입해 봅니다.

두 번째 질문을 통해 사건을 겪은 인물의 감정을 추론하여 적절하게 표현해 보도록 했어요. 정서를 나타내는 어휘가 텍스트에서 직접적으로 드러나지 않았지만 중요한 사건이 일어났을 때 활용하기 좋아요.

끝으로, 주요 인물이 아닐 때는 그와 관련된 배경이나 사건의 흐름을 놓치기 쉬워요. 그런 인물과 관련된 Wh-question(누가, 언제, 어디서, 무엇을, 어떻게, 왜)을 던지면 읽다가 놓친 부분이 없도록 도울 수 있어요.

3. 이야기 살려 상상하기

- 내가 밉스라면 누구에게 잉크로 무늬를 남기고 싶나요?
- 말풍선 중앙에 얼굴을 그려 보세요. 내 피부에 이 얼굴이 생겨 내 마음을 표현한다면 뭐라고 할 것 같나요?

이렇게 활용해 보세요

　　창의적인 발상이 가득한 이 책에 맞는 재미있는 활동을 고안해 봤어요. 일명 '초능력 문해 활동'입니다. '사람의 피부에 얼굴 문신이 생기고 말도 하게 된다면?'이라는 황당한 설정이지만, 이때 아니면 언제 이런 생각을 해 보겠어요?

　　가운데 재미나게 얼굴 표정(내 얼굴에 해당)을 그리고, 말풍선에 마음을 나타내는 말을 쓰는 거예요. 아이들은 개구쟁이 표정과 함께 '어디 한번 신나게 놀아 볼까?', '올해 야구도 우승이닷!'과 같은 현재의 자기 마음을 나타냈어요.

4. 나의 미래 예측해 보기: 글의 주제 〈나의 사춘기〉

　　중학생인 주인공 밉스는 이제 만 열세 살이 되었어요. 초능력이 생기고, 학교를 떠나 홈스쿨링을 시작하지요. 남자 친구가 생기고, 가족에 대한 생각에도 변화가 생깁니다.

　　그럼 나의 내년과 후년은 어떨까요? 나에게 어떤 심리적 변화가 생길지 생각해 보세요.

이렇게 활용해 보세요

　　5학년 아이들은 아직 귀여울 때가 많아요. 6학년이 되면 몸도 더 성장하고, 마음도 왔다갔다(?) 하겠지요?

　　이 책의 주인공이 겪는 초기 청소년기의 변화를 접하고 나에게 닥칠 변화는 어떨지 생각해 볼 수 있어요. 여기에서는 표로 내년과 후년의 나에 대해 간략히 써 보게 했어요. 한 해만 지정해 짧은 글로 완성해 보게 해도 좋아요. '내년의 나는 어떨까?'나 '내 사춘기는 어떻게 지나갈까?'와 같은 제목이 가능하겠지요. 후자의 경우에는 전반적인 변화가 아닌 사춘기의 특징에 해당하는 변화에 초점을 맞추는 게 포인트겠고요.

1. 등장인물의 특성을 안팎으로 살펴보기

책을 읽고 나서 다음 인물들에 대해 잘 알게 되었나요? 글로 기술되어 겉으로 쉽게 드러나는 특징도 있지만, 사건과 행동을 통해 서서히 드러나는 숨은 특징도 있어요. 주인공 밉스도 처음에는 잘 몰랐던 주변 인물들의 측면을 독자도 함께 알게 되지요. 각 인물에 대해 쉽게 알 수 있었던 특징과 (이야기 속의) 시간이 가면서 알게 된 특징을 구별해 보세요.

인물	쉽게 드러나는 특징	숨어 있던 특징
밉스		
피시		
샘슨		
바비		
윌 주니어		
레스터 아저씨		

2. 이야기 넘나들며 인물 탐구하기

위에서 이 책의 인물들에 대해 간략히 정리해 보았다면 조금 더 깊이 생각해서 그들을 탐구해 봅시다.

> 버몬트 가족의 초능력 중에서 어떤 것이 가장 맘에 드나요? 그 이유는요?

열세 번째 생일이 지나고 밉스가 자신의 초능력을 정확히 알게 되었을 때 어떤 기분이었을까요? 왜 그렇게 생각하나요?

레스터 아저씨의 두 문신, 론다와 칼린은 각각 누구인가요? 그들은 왜 레스터 아저씨에 대해 험담만 늘어놓을까요?

윌 주니어의 비밀은 무엇인가요?

3. 이야기 살려 상상하기

• 내가 밉스라면 누구에게 잉크로 무늬를 남기고 싶나요?

• 말풍선 중앙에 얼굴을 그려 보세요. 내 피부에 이 얼굴이 생겨 내 마음을 표현한다면 뭐라고 할 것 같나요?

4. 나의 미래 예측해 보기: 글의 주제 〈나의 사춘기〉

중학생인 주인공 밉스는 이제 만 열세 살이 되었어요. 초능력이 생기고, 학교를 떠나 홈스쿨링을 시작하지요.
남자 친구가 생기고, 가족에 대한 생각에도 변화가 생깁니다.
그럼 나의 내년과 후년은 어떨까요? 나에게 어떤 심리적 변화가 생길지 생각해 보세요.

20_____년에 나는	20_____년에 나는

빼앗긴 나라의 위대한 영웅들

#일제 강점기 #한국사
#독립운동 #위인

글 김해원
그림 최미란
출간 2016년
펴낸 곳 휴먼어린이
갈래 비문학(인물, 역사)

 이 책을 소개합니다

역사 속 실존 인물들의 이야기를 통해 한 시대를 들여다보는 이 책에서는 일제 강점기 중 독립운동이 가장 치열하던 1930년대에 활동한 다섯 영웅의 이야기가 펼쳐집니다. 모든 것을 버리고 중국에서 독립운동에 뛰어든 청년 윤봉길, 양반가 규수에서 항일 투쟁 여전사로 변신한 남자현, 가슴에 조국을 품고 달린 마라토너 손기정, 모두가 평등한 세상을 꿈꾼 혁명가 이재유, 칼 대신 펜으로 싸운 한글학자 이극로까지, 독립을 위해 힘쓴 위대한 영웅들의 이야기를 통해 일제 강점기를 입체적으로 이해할 수 있어요. 처한 상황도, 일제에 저항한 방식도 저마다 다르지만, 각자의 자리에서 민족의 양심을 지켜 낸 인물들의 이야기가 드라마처럼 극적이면서도 섬세하게 묘사되어 있습니다.

전지적 작가 시점의 이야기로 각 인물의 내면적인 고민과 극한 상황을 사실성 있게 표현합니다. 각 장 끝에는 기자와의 인터뷰 형식을 빌려 인물의 생각을 생동감 있게 전달하고, 신문 형식으로 객관적인 자료도 제공해요.

도서 선정 이유

사료에 충실하면서도 인물의 심리와 당대의 시대적 상황을 섬세하게 묘사하여 초등생들이 마치 문학 작품을 읽듯이 역사를 읽고, 깊은 감동을 느낄 수 있어요. 이야기의 재미도 있어야 역사가 흥미롭다고 느끼게 되죠. 각 인물의 이야기를 재미있게 읽다 보면 일제 강점기라는 한 시대가 보이게 될 거예요.

이 책은 무기력하고 슬픈 역사를 좌절감으로만 만나지 않게 해 줍니다. 또한 단순하게 감성적으로만 바라보지도 않게 해 주지요. 생명을 위협받고 고달픈 삶 속에서도 나라를 되찾고 민족의 정신을 지키려던 의지, 끝까지 놓지 않고 가슴속에 간직한 희망을 찾아낼 수 있어요. 이야기로 읽으니 '몇 년도에 어떤 사건이 일어났고, 누가 무엇을 했다'와 같은 역사적 사실에만 집중하기보다는 훨씬 더 생생하게 몰입하게 됩니다. 역사책에서 빠져 있다고 비판받는 '사람들의 이야기'가 가득 담겨 있는 책이에요.

함께 읽으면 좋은 책

비슷한 주제

○ 1919: 3.1 운동과 임시정부 이야기 | 김은빈 글, 윤정미 그림, 아르볼, 2018

○ 보물이 가득한 집 | 이향안 글, 강화경 그림, 현암주니어, 2016

○ 한국사 편지 5: 대한제국부터 남북 화해 시대까지 | 박은봉 글, 박지훈 그림, 책과함께어린이, 2009(개정판)

○ 우리말 모으기 대작전 말모이 | 백혜영 글, 신민재 그림, 푸른숲주니어, 2018

○ 마사코의 질문 | 손연자 글, 김재홍 그림, 푸른책들, 2009(개정판)

○ 맞바꾼 회중시계 | 김남중 글, 이강훈 그림, 전국초등사회교과모임 감수, 토토북, 2020

○ 총을 든 여성 독립운동가, 남자현 | 김재복 글, 이상권 그림, 꼬마이실, 2018

○ 슬픈 승리 | 윤문영 글·그림, 내인생의책, 2016

같은 작가

○ 오월의 달리기 | 김해원 글, 홍정선 그림, 전국초등사회교과모임 감수, 푸른숲주니어, 2013

○ 한지, 천년의 비밀을 밝혀라! | 김해원 글, 조승연 그림, 김형진 감수, 해와나무, 2011

○ 홍계월전 | 김해원 글, 여미경 그림, 한국고전소설학회 감수, 웅진주니어, 2015

문해력을 키우는 엄마의 질문

1. 연대표 완성하기

이 책은 일제 강점기(1910~1945)에 치열한 삶을 살았던 인물들을 다루고 있어요.

나의 사전 지식과 책에 제시된 정보를 이용해 연대표를 완성해 보세요.

일본에게 국권 빼앗김. 대한제국 멸망	1910년 8월 29일
3·1 만세운동	1919년 3월 1일
대한민국 임시 정부 수립	1919년 4월 13일
윤봉길, 상하이 훙커우 공원에서 일본군 행사에 폭탄 던짐	1932년 4월 29일
독립군의 어머니 남자현, 옥살이 후 세상 떠남	1933년 3월 22일
조선어학회, 한글 맞춤법 통일안 만듦	1933년 10월 29일
손기정, 베를린 올림픽 마라톤 우승	1936년 8월 9일
조선총독부, 창씨개명 실시	1940년
광복(일제 식민지로부터 벗어나 독립)	1945년 8월 15일

이렇게 활용해 보세요

옛날 시험처럼 역사 속의 중요한 날짜를 줄줄이 암기해야 하는 건 절대 아니에요! 연대순으로 의미 있는 사건을 배열해 두어 책을 읽은 후 다시 한번 내용을 훑어본다는 의미가 있어요. 이 책에서 다루는 일제 강점기가 언제부터 언제였는지도 되새기고요.

물론 3·1운동이나 광복절 같은 날짜는 장기 기억에 남아 있을 테니 책을 안 찾아보고도 적을 수 있겠지요. 이런 식으로 표를 만들거나 정보를 정리하는 연습은 자기 주도적으로 학습을 할 때 큰 도움이 됩니다. 조직적인 사고방식이 다져지고 중요한 부분을 가려내어(메타인지) 강조하며 학습할 수 있게 되기 때문이에요.

2. 나만의 질문 만들기

• 책을 읽다가 이해하기 어려웠던 부분이 있나요? 뜻을 묻는 질문을 만들어 보세요.

'국제 연맹 조사단'이 무엇인가요?

• 책동아리 친구들의 생각이 궁금한 부분이 있나요? 의견을 묻는 질문을 만들어 보세요.

남자현이 자기 손가락을 자른 장면에서 무엇을 느꼈니?

이렇게 활용해 보세요

질문에 대답만 하지 않고 스스로 질문을 만들어 보는 것도 좋은 접근이에요. 질문하기도 쉽지 않다는 걸 알게 되고, 무엇이 중요한지도 생각하게 되지요. 출제자의 의도(?)를 경험하면서 대답도 더 잘하게 될 거예요.

정보책을 읽을 때는 처음 접하는 어려운 개념도 많이 등장하기 때문에 친구들끼리 서로 물어보면 좋아요. 내가 모르는 정보를 친구가 알고 있어 대답을 해 줄 수도 있고, 모두 모르더라도 정보의 난이도 평가에 확신을 갖게 되죠. 그럴 때 부모님이나 선생님께 질문을 하면 좋지요.

여기에서는 뜻과 의견을 묻는 질문을 각각 만들도록 해서 질문의 유형에도 익숙해지게 했어요.

3. 인물에 대한 내 생각

• 이 책에 실린 다섯 명의 인물 중에서 누구의 이야기가 내게 가장 인상 깊었는지 생각해 보세요. 그 이유는 무엇인가요?

손기정. 왜냐하면 내가 관심 있는 운동과 관련된 인물이어서. 그 당시에 우리나라 선수가 육상 종목에서 이런 성과를 거뒀다는 게 놀라웠다.

• 내가 가장 공감할 수 있는 행동을 한 인물은 누구인가요? 어떤 점에서 공감할 수 있나요?

역시 손기정. 운동선수로서 마라톤에서 최선을 다하는 것과 나라를 생각하는 마음에 모두 공감할 수 있었다.

4. 내가 받을 편지 쓰기

책 속의 인물 중 한 명이 내게 직접 이야기를 들려준다면 뭐라고 할까요? 대화체로 글을 써 보세요. 각 이야기 끝에 실린 기자와의 인터뷰 내용을 참고해도 좋아요. 5학년 어린이들의 눈높이에 맞게 써 보기!

○○이에게

반갑다. 나는 1932년 4월 29일에 중국 상하이 홍커우 공원에서 도시락 폭탄을 던진 윤봉길 아저씨야. 나에 대해서 들어 보았지?

나는 김구 선생님과 시계를 바꿔 차며 공원으로 가는 차비만 있으면 된다고 말했어.

그때 내 마음이 어땠을지 상상할 수 있겠니? 중국에도 진을 치고 있었던 일본군들이 축하 행사를 한다는데, 우리는 그날이 절호의 기회라고 생각했어. 내가 반드시 성공해서 우두머리를 없애 일본군에게 혼란을 주고, 세상에 대한의 독립을 주장해야만 했지. 나는 결의에 차 있어서 두려움 따위는 없었단다.

어린 너희들이 독립된 우리나라에 고마움을 느꼈으면 해. 다시는 나라를 빼앗기는 일이 없도록 힘을 키우고 당당하게 크기를 바란다. 너희와 후손들이 안전한 나라에서 살았으면 좋겠어.

윤봉길 아저씨가

이렇게 활용해 보세요

독후 활동으로 편지를 쓰면 주로 주인공이나 작가에게 내가 쓰는 활동이 되지요. 여기에서는 책에서 만난 위인이 독자인 나에게 편지를 써 준다면 어떨까 하고 발상을 전환해 보았어요.

삽화로 실린 인물 사진을 스마트폰 카메라로 찍어서 활동지에 싣고 자기가 고른 인물을 골라 오려 붙이게 하면 재미있어요. 과거의 이 분이 나한테 편지를 쓴다면 과연 어떤 내용과 말투일까 하는 생각에 조금 더 몰입할 수 있을 거예요.

책의 내용이나 부록을 활용해서 구체성을 더할 수 있게 조언해 주세요. 아이들이 쑥스러워하지 않는다면 각자 편지를 낭독하면 좋겠지요?

1. 연대표 완성하기

이 책은 일제 강점기(1910~1945)에 치열한 삶을 살았던 인물들을 다루고 있어요.
나의 사전 지식과 책에 제시된 정보를 이용해 연대표를 완성해 보세요.

사건	년	월	일
일본에게 국권 빼앗김. 대한제국 멸망	1910년	8월	29일
3·1 만세운동	년	월	일
대한민국 임시 정부 수립	1919년	4월	13일
윤봉길, 상하이 훙커우 공원에서 일본군 행사에 폭탄 던짐	년	월	일
독립군의 어머니 남자현, 옥살이 후 세상 떠남	년	월	일
조선어학회, 한글 맞춤법 통일안 만듦	년	월	일
손기정, 베를린 올림픽 마라톤 우승	년	월	일
조선총독부, 창씨개명 실시	1940년		
광복(일제 식민지로부터 벗어나 독립)	년	월	일

2. 나만의 질문 만들기

- 책을 읽다가 이해하기 어려웠던 부분이 있나요? 뜻을 묻는 질문을 만들어 보세요.

- 책동아리 친구들의 생각이 궁금한 부분이 있나요? 의견을 묻는 질문을 만들어 보세요.

3. 인물에 대한 내 생각

- 이 책에 실린 다섯 명의 인물 중에서 누구의 이야기가 내게 가장 인상 깊었는지 생각해 보세요. 그 이유는 무엇인가요?

- 내가 가장 공감할 수 있는 행동을 한 인물은 누구인가요? 어떤 점에서 공감할 수 있나요?

4. 내가 받을 편지 쓰기

책 속의 인물 중 한 명이 내게 직접 이야기를 들려준다면 뭐라고 할까요? 대화체로 글을 써 보세요. 각 이야기 끝에 실린 기자와의 인터뷰 내용을 참고해도 좋아요. 5학년 어린이들의 눈높이에 맞게 써 보기!

시간의 주름

원제: Wrinkle in Time, 1962년

#시간 #공간 #모험
#과학적 상상력 #사랑

글 매들렌 렝글
옮김 최순희
그림 오성봉
출간 2001년
펴낸 곳 문학과지성사
갈래 외국문학(SF 판타지 동화)

 이 책을 소개합니다

실종된 아빠를 찾아 머나먼 우주 은하로 떠나는 시공 초월의 모험 이야기예요. 미모와 재능을 겸비한 천재 과학자 부부의 딸인 열두 살 메그는 수학만 빼고는 성적이 나쁜 데다 못생겼다고 놀림을 받아 열등감으로 똘똘 뭉친 아이예요. 사춘기에 접어든 메그는 아빠의 갑작스러운 실종 때문에 더 힘들어요. 아빠가 정부의 비밀 임무 때문에 실종되었다는 걸 알게 된 메그는 동생 찰스, 상급생 캘빈과 함께 아빠를 찾아 나섭니다.

동생 찰스는 마을에서는 지진아로 알려졌지만 실은 누구보다도 정신적 능력이 뛰어나요. 찰스가 신분을 알 수 없는 '저게 뭐야, 누구야, 어느 거야'라는 이상한 아줌마들을 소개하고, 이들 일행은 '시간의 주름'을 이용하여 아버지가 잡혀 있는 카마조츠란 별로 향하게 됩니다. 카마조츠를 지배하는 소름 끼치는 '그것'에게 대항해야 하는 메그 일행. 셋은 우여곡절 끝에 아빠를 만나지만 아직 갈 길은 멉니다.

우주의 공간을 마치 치마 주름처럼 접어 먼 거리를 짧은 시간 안에 갈 수 있다는 '시간의 주름' 원리는 과학 분야에서도 거론됐어요. 우주 저편의 생명체에 대한 상상, 선과 악의 정의, 통제된 사회와 인간의 행복 등 여러 가지 생각할 거리가 풍성한 책이에요.

도서 선정 이유

아동문학의 거장 매들렌 렝글의 시간 4부작 중 첫 번째로, SF를 절묘하게 접목시킨 판타지의 고전이라 불리는 책입니다. 1963년 뉴베리 상 수상작이에요. 출판된 지 60년쯤 되었는데도 시대성이 느껴지지 않고, 어른들이 좋아하는 지식과 교훈성을 적절히 가미한 가족주의 모험담이라 여전히 독자가 많습니다.

5학년 이상은 되어야 재미를 충분히 느낄 수 있을 거예요. 줄거리만 따라 갈 것이 아니라, 인생이 지침이 될 만한 말들이 많이 나오고, 세월 속에서 여러 해를 두고 상상력을 펼칠 수 있기 때문에 두고두고 여러 번을 읽어도 좋을 책이에요. 부모, 형제자매에 대한 가족애도 느껴 볼 수 있어요.

함께 읽으면 좋은 책

시리즈

○ **바람의 문** | 매들렌 렝글 글, 최순희 옮김, 양선이 그림, 문학과지성사, 2007

○ **급속히 기울어지는 행성** | 매들렌 렝글 글, 정회성 옮김, 문학과지성사, 2015

○ **대홍수** | 매들렌 렝글 글, 정회성 옮김, 문학과지성사, 2015

비슷한 주제

○ **조지의 우주를 여는 비밀 열쇠**(1~2권) | 스티븐 호킹 · 루시 호킹 글, 김혜원 옮김, 주니어 RHK, 2018(개정판)

○ **UFO가 나타났다** | 박윤규 글, 백대승 그림, 별숲, 2018

○ **아빠를 주문했다** | 서진 글, 박은미 그림, 창비, 2018

○ **열세 번째 아이** | 이은용 글, 이고은 그림, 문학동네, 2012

○ **달빛 마신 소녀** | 켈리 반힐 글, 홍한별 옮김, 양철북, 2017

○ **별빛 전사 소은하** | 전수경 글, 센개 그림, 창비, 2020

문해력을 키우는 엄마의 질문

1. 책 & 영화 소개

이 책은 매들렌 렝글의 작품으로, 1963년에 뉴베리 상을 수상했어요.《바람의 문》,《급속히 기울어지는 행성》,《대홍수》등 다른 작품으로 이어지는 총 네 편짜리 시리즈물입니다.《시간의 주름》은 SF 동화의 선구적 작품으로 이후에 많은 작품에 영향을 주었어요.

2018년에 영화로 만들어지기도 했으니 책의 내용과 비교하며 감상해 보세요(책을 읽으며 내가 상상한 점과 어떤 부분이 다른지, 영화에서 책의 내용과 어떤 점이 다르게 표현되었는지, 왜 그럴지 생각해 보세요).

> **이렇게 활용해 보세요**

작가나 작품에 대한 추가적인 설명이 필요할 때가 있어요. 드라마, 영화 등의 다른 장치로 연결된 원작일 때도 소개하면 좋고요. 인터넷 검색을 해서 작가의 홈페이지, 일반인들의 독서 후기 블로그 등을 살펴보면 좋은 내용을 건질 수 있어요. 간략히 편집하거나 출력해서 나누어 주고 모였을 때 같이 읽어 보면 좋아요.

책을 기반으로 제작된 영화가 있다면 시간 내어 책동아리에서 같이 보는 것도 추천해요. 활동지에 영화 포스터도 넣어 보여 주세요. 책과 어떤 점이 다른지, 어떤 기법이나 장치가 마음에 들거나 그렇지 않았는지 이야기 나눌 수 있어요.

2. 책의 표현 기법 생각해 보기

내가 읽은 한국어 번역본, 영어 원서, 그래픽 노블을 비교해 보세요.

책의 구성에 각각 어떤 차이가 있나요? 어떤 표지가 가장 마음에 드나요?

책에서 삽화의 영향력에 대한 생각을 말해 보세요.

나는 영문판 책이 제일 멋있는 것 같다. 반면에, 국문판은 아이들 책 같고, 삽화가 좀 유치하다. 이번에 나온 그래픽 노블은 만화책 같아서 신기했다. 금방 읽을 수 있어 좋을 것 같다. 어른들도 이걸 읽는다는 게 흥미롭다.

책의 삽화는 내용의 이해에 도움을 준다. 글만 읽다가 삽화가 나오면 재미있고 지루하지 않으며 자기가 이해한 것이 맞는지 확인할 수도 있다. 하지만, 글을 집중해서 읽다가 삽화가 등장해서 흐름이 끊길 수도 있다. 또한 글을 읽고 상상하는 게 중요한데, 자세한 삽화가 그려져 있으면 상상력이 제한된다.

이렇게 활용해 보세요

워낙 유명한 책이라 다양한 간본이 소개되어 있어요. 외국 서점에 가니 출간 50주년 기념 스페셜 에디션을 포함해서 여러 권이 꽂혀 있더라고요. 이런 경우, 책의 크기와 함께 시각적으로 가장 먼저 느껴지는 차이는 표지에 있어요. 특히 표지 그림이 완전히 다른 분위기를 만들어 내기도 하죠. 본문에 있는 삽화도 마찬가지고요.

이러한 점도 재미있는 이야깃거리로 만들 수 있어요. 더 나아가 동화에서 삽화가 갖는 의미나 영향력까지 생각해 봅니다.

3. 주인공 이해하기

• 메그가 학교에서 잘 적응하지 못하는 배경은 무엇인가요?

가족 관계(아버지가 갑자기 실종된 것) 때문에 주변 사람들과 오해와 다툼이 있고 학업 성적이 우수하지 않다. 그리고 자신의 외모에도 불만이 있다.

• 카마조츠에서 메그가 아빠에게 실망하고 화를 낸 이유는 무엇일까요? 이런 장면을 읽고 어떤 생각이 들었나요?

동생 찰스를 구하지 못해서. 아빠의 무기력 때문에. 그렇게 화를 낼 시간에 빨리 찰스를 구하러 가면 좋겠다고 생각했다.

이렇게 활용해 보세요

주인공은 아무래도 이야기에서 가장 중요한 인물이지요. 그를 둘러싼 상황을 잘 이해하고, 자신을 대입해 감정 이입을 해 보는 것은 값진 독서 경험입니다. 작가가 시시콜콜 말해 주지 않은 내용을 파악해서 말해 볼 수 있어요. 이에 적합한 질문을 만들어 주세요.

4. 상상의 배경 이해하기

• 카마조츠의 마을에서 주민들이 살아가는 모습에 대해 어떻게 생각하나요?

개성과 차이점 없이 똑같이 사는 모습에 소름 끼쳤다. 인간의 자유 의지대로 하지 못하는 삶이어서 살기 힘들 것 같다. 문제가 있다는 것을 몰라 힘이 들지 않더라도 행복하지는 않을 것이다.

- 별에서 별로 시간의 주름을 따라 여행하는 기분은 어떨까요? 나라면 도전해 보고 싶은가요?

처음에는 몸이 아파지거나 이상하게 변할까 봐 무섭겠지만, 괜찮다는 것을 알면 정말 신기한 경험일 것이다. 나는 과거와 미래로 딱 한 번씩만 가보고 싶다. 자주 가야 한다면 내 일상이 의미 없고 재미도 없을 테니까.

이렇게 활용해 보세요

SF 소설에서는 우리가 사는 현실과 다른 부분에 가장 관심이 가지요. 비현실적이고 과학적인 내용을 파고들기보다는 현실과의 차이점 정도에 집중하면 된다고 봐요. 그 세계에 대한 생각을 정리하거나 나라면 어떨지 생각해 보는 정도로요.

5. 독서 기록 남기기

〈메그, 찰스 월러스, 캘빈의 모험〉이라는 제목으로 원고지에 짧은 글을 써 보세요.

- 세 아이의 특성은 어떤가요?
- 아이들 간의 관계는 어떤가요?
- 모험에서 세 아이들이 한 행동에 대해 어떻게 생각하나요?

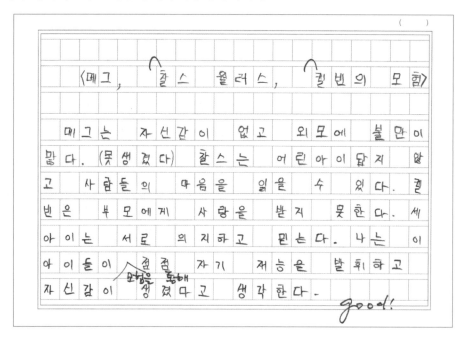

이렇게 활용해 보세요

책의 줄거리 전부를 포함하는 독서 감상문은 쓰기 지루하고 힘들어요. 일부 포인트에 대해서만이라도 써 볼 수 있도록 제목을 정해 주는 것도 괜찮아요. 생각할 부분을 좁혀 주는 거지요. 이를 위해 질문을 몇 개 만들어 주세요. 그러면 문단 쓰기가 쉬워져요. 아직은 짧은 글로도 충분하니까요.

1. 책 & 영화 소개

이 책은 매들렌 렝글의 작품으로, 1963년에 뉴베리 상을 수상했어요.《바람의 문》,《급속히 기울어지는 행성》,
《대홍수》등 다른 작품으로 이어지는 총 네 편짜리 시리즈물입니다.《시간의 주름》은 SF 동화의 선구적 작품
으로 이후에 많은 작품에 영향을 주었어요.
2018년에 영화로 만들어지기도 했으니 책의 내용과 비교하며 감상해 보세요(책을 읽으며 내가 상상한 점과 어떤 부분
이 다른지, 영화에서 책의 내용과 어떤 점이 다르게 표현되었는지, 왜 그럴지 생각해 보세요).

2. 책의 표현 기법 생각해 보기

내가 읽은 한국어 번역본, 영어 원서, 그래픽 노블을 비교해 보세요.
책의 구성에 각각 어떤 차이가 있나요? 어떤 표지가 가장 마음에 드나요?
책에서 삽화의 영향력에 대한 생각을 말해 보세요.

3. 주인공 이해하기

메그가 학교에서 잘 적응하지 못하는 배경은 무엇인가요?

카마조츠에서 메그가 아빠에게 실망하고 화를 낸 이유는 무엇일까요? 이런 장면을 읽고 어떤 생각이 들었나요?

4. 상상의 배경 이해하기

카마조츠의 마을에서 주민들이 살아가는 모습에 대해 어떻게 생각하나요?

별에서 별로 시간의 주름을 따라 여행하는 기분은 어떨까요? 나라면 도전해 보고 싶은가요?

5. 독서 기록 남기기

〈메그, 찰스 월러스, 캘빈의 모험〉이라는 제목으로 원고지에 짧은 글을 써 보세요.

- 세 아이의 특성은 어떤가요?
- 아이들 간의 관계는 어떤가요?
- 모험에서 세 아이들이 한 행동에 대해 어떻게 생각하나요?

초등학생을 위한 빅 히스토리

#빅 히스토리 #우주 #신화
#인류 #융합

글 김서형
그림 오승만
출간 2017년
펴낸 곳 해나무
갈래 비문학(과학, 역사, 인문학)

이 책을 소개합니다

빅뱅에서 시작하는 138억 년의 역사를 초등학생의 눈높이에서 친절하게 풀어낸 책입니다. 빅뱅, 원소의 탄생, 태양계의 탄생, 지구의 탄생, 생명의 기원, 인류의 등장, 문명의 탄생, 네트워크의 등장, 산업의 발달 등 큰 그림을 보여 주는 '빅 히스토리'예요. 빅 히스토리에서는 세상을 이루는 구성 요소들이 적절한 조건(골디락스 조건)을 만나면 복잡한 것들이 출현하며, 이렇게 새로운 현상이 나타나는 것을 임계국면이라고 설명해요. 역사에서 가장 중요한 사건을 열 가지로 나누고, 이 열 가지 임계국면을 중심으로 아이들이 한 번쯤 궁금해할 만한 큰 질문들로 연결해 나갑니다. 우주는 과연 어떻게 생겨났을까, 별은 어떻게 생겨났을까, 생명과 인간은 어떻게 생겨났을까, 미래에는 과연 어떤 일이 일어날까 등이 바로 그런 질문들입니다.

도서 선정 이유

어린이 눈높이에 맞춰 빅 히스토리의 주요 개념을 설명하면서 큰 틀에서 조망할 수 있도록 138억 년의 역사를 한 권에 담아 놓은 것이 매력인 책이에요. 빅 히스토리 입문서라고 할까요? 부모님들껜 '내가 어릴 땐 이런 책 없었는데' 시리즈에 들어갈 한 권이겠네요.

어린이들이 이해하기 쉽게 다양한 비유, 흥미로운 신화 이야기, 친숙한 동화 이야기를 섞어 가면서 차근차근 기나긴 역사를 풀어냅니다. 골디락스와 곰 세 마리, 해와 달이 된 오누이, 플랜더스의 개, 그리스 신화 등 반가운 이야기들이 빅 히스토리의 주요 개념을 이해하는 데 도움이 되는 징검다리 역할을 하고 있어요. 인포그래픽과 '용어 해설', '한번 직접 해 봐요'라는 체험활동 안내 코너 등 초등학생뿐 아니라 교사들에게도 여러모로 친절한 책이에요.

조만간 한국의 대학에도 '빅 히스토리학과'가 생길 수 있다고 하네요. 빅 히스토리는 미래의 전망과 인류의 존속에 절대적으로 중요할 테니까요. 빌 게이츠 마이크로소프트 창업자도 빅 히스토리 프로젝트(Big History Project)를 후원한다죠. 현재 우리나라에서도 우주와 생명, 그리고 인간의 기원을 살펴보는 온라인 교육 프로그램이 이루어지고 있다고 합니다. 빅 히스토리 프로젝트 홈페이지(https://school.bighistoryproject.com)에서 다양한 동영상 강의와 강의 자료를 내려 받을 수 있다고 하니 아이와 함께 방문해 보세요.

함께 읽으면 좋은 책

비슷한 주제

○ 조지와 빅뱅 시리즈 (1~2권) | 스티븐 호킹·루시 호킹 글, 김혜원 옮김, 주니어RHK, 2018(개정판)

○ 오파린이 들려주는 생명의 기원 이야기 | 차희영 글, 자음과 모음, 2011

○ 매머드 할아버지가 들려주는 인류의 역사 | 디터 뵈게 글, 베른트 묄크 타셀 그림, 박종대 옮김, 최호근 감수, 토토북, 2018

○ 138억 년 전 빅뱅에서 시작된 너의 여행 | 사카이 오사무 글·그림, 우지영 옮김, 책읽는곰, 2019

○ 빠르게 보는 우주의 역사 | 클라이브 기퍼드 글, 롭 플라워스 그림, 이한음 옮김, 한솔수북, 2021

○ 그림으로 보는 거의 모든 것의 역사 | 빌 브라이슨 글, 대니얼 롱·돈 쿠퍼·헤수스 소테스·케이티 폰더 그림, 이덕환 옮김, 까치, 2020(개정판)

같은 작가

○ 위험한 아이 / 타고난 래퍼와 가면 래퍼 | 조은주·김도식 글, 오승만 그림, 금성출판사, 2019

○ 으랏차차, 세상을 움직이는 힘 | 정창훈 글, 오승만 그림, 웅진주니어, 2011

○ 우린 모두 똥을 먹어요 | 박재용 글, 오승만 그림, 해나무, 2019

1. 우주, 지구, 인류의 연대기 완성하기

책에 제시된 정보를 이용해 연대표를 완성해 보세요.

빅 뱅	태양과 지구의 탄생	지구에서 공룡 멸종	인간-침팬지가 공통 조상으로부터 분화	인류의 직접적 조상 호모 사피엔스 출현	최초의 도시 출현
약 138억 년 전	약 45억 년 전	약 6500만 년 전	약 700만 년 전	약 25~20만 년 전	기원전 5000 년경

이렇게 활용해 보세요

 정보책의 정보를 암기하는 건 불필요해요. 하지만 대략적인 흐름을 파악하기 위해서 연대기적 순서로 정리해 보는 건 의미 있어요.

책동아리 POINT

책을 다시 펼쳐 보고 맞는 정보를 잘 찾았는지 서로 확인하면 표가 금방 완성됩니다.

2. Book Quiz

다음 개념을 적절한 정의/설명과 연결해 보세요.

GDP, 쿼크, 관개시설, 하와이 제도, 초신성, 대멸종, 제1차 세계대전, 핵시설, 플랜테이션, 심해열수공, 흑사병, 콜레라, 십자군 전쟁, 자연선택, 블랙홀, 갈라파고스 제도

• 밀도가 매우 높아져 빛도 빠져나오지 못하는 천체. 태양보다 질량이 3배 이상 큰 별의 수명이 다하면 이것이 된다.

블랙홀

- 남미 동태평양의 에콰도르령 제도. 19개의 섬과 암초로 구성되어 있다. 이곳의 독특한 생물들이 찰스 다윈의 진화론에 큰 영향을 주었다. 갈라파고스 제도

- 같은 종의 개체 사이에서 환경에 더 잘 적응한 것이 생존하여 자손을 남기는 현상. 다윈은 이것이 생명 진화의 원인이라고 생각했다. 자연선택

- 농경에 필요한 물을 끌어오기 위한 시설. 많은 노동력과 기술이 필요하다. 관개시설

- 국가에서 발생한 모든 생산 활동. 경제성장률의 지표로 사용된다. GDP

- 11세기 말~13세기 말, 성지 예루살렘을 되찾기 위해 그리스도교와 이슬람교 사이에 발생했던 전쟁. 이후 정치적, 경제적 성격의 전쟁으로 변질되었고, 이 전쟁을 계기로 유럽에 설탕이 전해졌다. 십자군 전쟁

- 16세기 이후 유럽 일부 국가들이 아메리카나 동남아 등에 설립한 대농장. 유럽인의 자본과 원주민의 노동력이 결합되어 주로 사탕수수, 면화, 고무, 커피 등을 재배했다. 플랜테이션

- 14세기 초 동남아로 원정 갔던 몽골제국 군대가 중국으로 되돌아갈 때 함께 이동한 전염병. 쥐, 벼룩을 통해 동물, 사람에게 감염되며 14세기 중반 유럽 인구의 1/3을 감소시켰다. 흑사병

이렇게 활용해 보세요

독후 활동이 아니더라도 교과 과정과 관련해 아이들이 경험하기 쉬운 퀴즈 문제로 재미있는 시간을 만들어 보세요. 책을 처음 읽으실 때 표시해 두거나 즉석에서 문제를 만들어 두면 편해요.

너무 까다롭거나 어려운 문제는 패스하고, 아이들이 문제를 읽거나 들었을 때 잠깐 생각해서 맞힐 수 있는 것 위주로 출제하세요. 저처럼 선택지를 충분히 제시해 두는 것도 좋아요. 조금 헷갈리는 개념들을 비교해 보고 매치시켜 답을 고를 수 있어서 도움이 됩니다. 회상(recall)보다 재인(recognition)이 더 쉽거든요.

암기식 문제가 아닌가 싶기도 하지만, 책동아리에서는 아이들이 꽤 열 올리며 즐거워하는 활동이에요. 시험이 아니고 퀴즈라 학습으로도 놀이로도 적합하니 걱정하지 마세요.

3. 빅 히스토리에 대한 내 생각

다음 질문에 대한 답을 이용해 원고지에 두 문단의 글을 완성해 봅시다.

• 이 책에 실린 내용 중 처음 알게 된 것이 많았을 거예요. 어떤 부분이 가장 놀라운 정보였나요? 왜 놀랐나요?

• 인류는 다른 종에 비해 환경에 미치는 영향이 매우 큰 시대를 살고 있어요(인류세). 전체 지구의 역사에서 내가 사는 기간은 매우 짧지만, 지구에 대한 나의 영향은 클 수 있지요. 지구를 위한 나의 삶은 어떠해야 할까요?

십자군 전쟁을 200년이나 한 게 가장 놀라웠다. 4대가 대대로 전쟁을 하느라 너무 지치고 힘들었을 것이다. 전쟁은 많은 것을 파괴하고, 사람의 생명을 허무하게 앗아가서 나쁘다.
지금은 큰 전쟁이 없지만 우리는 지구를 위해 환경을 보호하고 에너지를 아껴야 한다. 나만 사는 땅이 아니다. 지구의 나이 이상으로 오랫동안 환경을 보존하려면 정신을 똑바로 차려야 한다.

great!

이렇게 활용해 보세요

　　책을 읽고 한 생각을 연결하여 완성시키는 글쓰기 활동이에요. 서로 거리가 먼 질문들일 수도 있는데, 그에 대한 내 생각을 연결해서 한 편의 글로 만들어야 해요.

　　빅 히스토리에 대한 이 책을 읽으며 내가 한 생각이 주제예요. 첫 질문은 지금까지 지구에 일어났던 과거의 일 중 인상 깊었던 일, 두 번째 질문은 앞으로의 지구를 위한 입장에 대해 생각해서 대답해 봅니다. 그리고 이 두 내용을 각각 문단으로 쓰되 어떻게 연결하는 게 자연스러울까 고민하는 게 필요해요.

1. 우주, 지구, 인류의 연대기 완성하기

책에 제시된 정보를 이용해 연대표를 완성해 보세요.

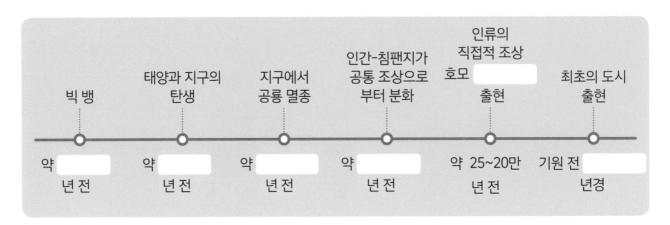

2. Book Quiz

다음 개념을 적절한 정의/설명과 연결해 보세요.

GDP, 쿼크, 관개시설, 하와이 제도, 초신성, 대멸종, 제1차 세계대전, 핵시설, 플랜테이션, 심해열수공, 흑사병, 콜레라, 십자군 전쟁, 자연선택, 블랙홀, 갈라파고스 제도

Q 밀도가 매우 높아져 빛도 빠져나오지 못하는 천체. 태양보다 질량이 3배 이상 큰 별의 수명이 다하면 이것이 된다.

Q 남미 동태평양의 에콰도르령 제도. 19개의 섬과 암초로 구성되어 있다. 이곳의 독특한 생물들이 찰스 다윈의 진화론에 큰 영향을 주었다.

Q 같은 종의 개체 사이에서 환경에 더 잘 적응한 것이 생존하여 자손을 남기는 현상. 다윈은 이것이 생명 진화의 원인이라고 생각했다.

Q 농경에 필요한 물을 끌어오기 위한 시설. 많은 노동력과 기술이 필요하다.

Q 국가에서 발생한 모든 생산 활동. 경제성장률의 지표로 사용된다.

Q 11세기 말~13세기 말, 성지 예루살렘을 되찾기 위해 그리스도교와 이슬람교 사이에 발생했던 전쟁. 이후 정치적, 경제적 성격의 전쟁으로 변질되었고, 이 전쟁을 계기로 유럽에 설탕이 전해졌다.

Q 16세기 이후 유럽 일부 국가들이 아메리카나 동남아 등에 설립한 대농장. 유럽인의 자본과 원주민의 노동력이 결합되어, 주로 사탕수수, 면화, 고무, 커피 등을 재배했다.

Q 14세기 초 동남아로 원정 갔던 몽골제국 군대가 중국으로 되돌아갈 때 함께 이동한 전염병. 쥐, 벼룩을 통해 동물, 사람에게 감염되며 14세기 중반 유럽 인구의 1/3을 감소시켰다.

3. 빅 히스토리에 대한 내 생각 쓰기

다음 질문에 대한 답을 이용해 원고지에 두 문단의 글을 완성해 봅시다.

• 이 책에 실린 내용 중 처음 알게 된 것이 많았을 거예요. 어떤 부분이 가장 놀라운 정보였나요? 왜 놀랐나요?

• 인류는 다른 어떤 종에 비해 환경에 미치는 영향이 매우 큰 시대를 살고 있어요(인류세). 전체 지구의 역사에서 내가 사는 기간은 매우 짧지만, 지구에 대한 나의 영향은 클 수 있지요. 지구를 위한 나의 삶은 어떠해야 할까요?

비밀의 숲 테라비시아

원제: Bridge to Terabithia, 1977년

#우정 #성장 #용기 #가족 #상상

글 캐서린 패터슨
그림 도나 다이아몬드
옮김 김영선
출간 2012년
펴낸 곳 사파리
갈래 외국문학(사실주의 동화)

📖 이 책을 소개합니다

　제목만 보면 판타지 소설처럼 보이지만, 현실적인 내용을 담고 있어요. 작가 캐서린 패터슨이 친구의 죽음을 슬퍼하는 아들을 위로하기 위해 쓴 소설입니다.

　가족의 냉대와 친구들의 핍박을 속으로만 삭히는 소극적인 5학년 시골 소년 제시와 이와 달리 활발하고 친근한 도시 소녀 레슬리의 만남과 이별이 극적으로 어우러진 아름다운 이야기로, 우정과 용기의 의미를 담아내며 감동을 주는 작품이에요. 둘만의 비밀 왕국 테라비시아에서 펼쳐지는 환상의 세계를 상상하게 해 주고, 자아에 눈뜨는 두 아이의 성장담을 들려줘요. 상상력의 힘을 느끼게 해 주는 게 가장 큰 미덕이지요.

　그림 작가의 흑백 삽화가 이야기의 신비로움과 아름다움을 북돋워 줍니다. 이 책은 미국 아동문학의 고전으로

대접받는 뛰어난 장편 동화로 미국, 캐나다, 오스트레일리아, 뉴질랜드, 영국, 아일랜드의 교과서에 실렸대요. 출간된 지 40년이 훌쩍 넘었음에도 지금까지 뜨거운 사랑을 받고 있어요.

도서 선정 이유

1978년 뉴베리 상 수상작이고, 아마존이 선정한 '일생에 꼭 읽어야 할 100권의 책'에도 선정되었어요. 재미와 교훈을 동시에 갖춘 빼어난 성장 소설이기에, 이 시기쯤 아이들이 꼭 읽어 보았으면 했던 책이에요. 아동문학 대학 교재에서도 예시 작품으로 자주 등장하기에 제 마음속 목록에 챙겨 두었죠. 읽으면서 저도 큰 감동을 받았고요. 이야기 전개와 문체가 아주 세련되어서 출간된 지 오래된 책이라는 느낌도 들지 않아요.

1985년에 텔레비전 영화로, 2007년에 극장용 영화로, 벌써 두 번이나 영화화되었대요. 테라비시아 상상 장면에서 괴물과의 싸움을 볼 수 있는데, 역시 책으로 읽는 게 상상력에는 좋다 싶어요.

함께 읽으면 좋은 책

비슷한 주제

○ 소나기 | 황순원 글, 강우현 그림, 다림, 1999

○ 엘 데포: 특별한 아이와 진실한 친구 이야기 | 시시 벨 글·그림, 고정아 옮김, 밝은미래, 2020(개정판)

○ 욕쟁이와 멍텅구리 | 제임스 패터슨·크리스 그레벤스타인 글, 스티븐 길핀 그림, 홍지연 옮김, 봄볕, 2018

○ 아! 병호 | 최우근 글, 북극곰, 2018

○ 열두 살, 이루다 | 김율희 글, 장호 그림, 해와나무, 2011

○ 사탕 | 실비아 반 오먼 글·그림, 이한상 옮김, 월천상회, 2018(개정판)

○ 줄무늬 파자마를 입은 소년 | 존 보인 글, 정회성 옮김, 비룡소, 2007

○ 가짜 영웅 나일심 | 이은재 글, 박재현 그림, 좋은책어린이, 2017

○ 5학년 5반 아이들 | 윤숙희 글, 푸른책들, 2013

○ 내 기분은 여름이야 | 변선아 글, 근하 그림, 창비, 2021

○ 우리 둘 | 후쿠다 다카히로 글, 고향옥 옮김, 찰리북, 2016

같은 작가

○ 내가 사랑한 야곱 | 캐서린 패터슨 글, 황윤영 옮김, 보물창고, 2008(개정판)

○ 위풍당당 질리 홉킨스 | 캐서린 패터슨 글, 이다희 옮김, 비룡소, 2006

문해력을 키우는 엄마의 질문

1. 배경 이해하기

이 책의 배경은 1970년대 미국 버지니아의 시골 마을이에요. 당시의 상황이 어땠을지 생각해 봅시다. 특히 이 마을과 학교의 분위기에 대한 적절한 묘사에 동그라미 표시해 보세요.

- 남녀의 역할이 분명하게 구분되었다 – 남녀의 역할 구분에 변화가 생기기 시작했다 – 남녀의 역할 구분이 사라지고 양성이 평등하다
- 전쟁 중이라 예민하다 – 전쟁이 끝나 평화롭다
- 보수적이다 – 급진적이다
- 경제적으로 풍요롭다 – 가난한 가정이 많다
- TV가 드물다 – 대부분 가정에 TV가 있다

이렇게 활용해 보세요

이야기의 시간과 공간 배경이 지금 내가 사는 곳과 다르면 건너야 할 강이 있는 것과 같아요. 도입 부분을 읽어 가면서 독자가 메워야 할 구멍이 많은 셈이지요. 부모의 어린 시절보다도 더 먼 때이니 아이들에게는 얼마나 멀게 느껴질까요? 게다가 문화적 차이까지 있으니 이야기에 바로 몰입하기 어려울 거예요.

'당시 그곳에서의 상황이 어땠을까?'라고 넓게 물으면 바로 명쾌하게 대답할 수 있는 아이는 거의 없어요. 대신 요인별로 선택지를 몇 개씩 마련해 주면 판단하기 쉬워져 도움이 된답니다.

2. 인물 이해하기

- 제시는 어떤 소년인가요? 성격, 언행, 취미 등에 대해 생각해 보세요.

  부모에게 인정받고 싶어 하지만 소심하다. 레슬리를 만나서 상상에 눈을 뜬다.

- 레슬리는 어떤 소녀인가요? 왜 이 마을에 전학을 오게 되었을까요?

  운동과 공부를 다 잘하고 활동적이다. 도시 생활보다 여유로운 전원생활을 하고 싶어서 이사 왔다.

- 에드먼즈 음악 선생님은 어떤 분인가요?

  급진적이고 음악을 좋아하신다. 아이들을 좋아하는 좋은 선생님이시다.

- 제니스는 어떤 학생인가요? 왜 그런 행동을 하게 되었을까요?

  뚱뚱하고 폭력적이다. 가정 폭력을 경험해서 자기도 친구들에게 폭력적이 되었다.

- 제시네 가족과 레슬리네 가족의 특징을 비교해서 차이점을 적어 보세요. 이 생각을 바탕으로 대조하는 글을 원고지에 써 보세요.

제시네	레슬리네
가난하다. 아빠가 직업을 잃으셨다. 아이가 다섯 명이라 집이 늘 소란스럽다.	경제적으로 여유가 있다. 부모님이 둘 다 작가이시고 보수와는 거리가 멀다. 레슬리는 외동딸이다.

- 제시는 앞으로 어떻게 성장할까요?

  상상력이 풍부해서 동화 작가가 될 것 같다. 친구를 잃은 상처를 극복할 것이다.

이렇게 활용해 보세요

    소설은 여러 인물이 어우러져 만들어 가는 이야기입니다. 기승전결의 흐름에 인물들이 자연스럽게 녹아 있다 보면 뚜렷한 사건들만 기억에 남고 인물의 특성은 놓치기 쉬워요. 때로는 인물을 하나씩 떼어 내어 찬찬히 들여다볼 필요가 있습니다. 이를 통해 전체적인 이해가 더 깊어집니다. 인물-사건-배경은 서로 긴밀하게 연결되니까요.

    주요 인물이나 특징이 강한 부수적 인물에 대한 질문을 만들어 보세요. Wh-question에 답하기 위해 아이들의 머릿속에서 읽은 내용에 대한 네트워크가 활성화됩니다. 구체적인 세부 사항을 끌어 내기보다는 요약에 가까운 답을 하기 위해 적절한 어휘를 찾게 되기 때문에 효과적인 연습입니다.

    다섯 번째 질문 같은 경우는 대조하는 글쓰기로 이어질 수 있어요. T 차트를 이용해 정리한 요점을 바탕으로 두 문단의 글을 쉽게 쓰게 됩니다. 이런 경험이 글쓰기에 탄력을 주지요. '어라, 벌써 다 썼네. 이런 표를 만들면 도움이 되는구나' 하고요. 효율적인 대조를 하기 위해 적절한 요인(예-가정 형편)을 설정하고, '반면에', '이와 반대로'와 같은 문단 간의 연결어도 써 보도록 조언해 주세요.

    인물의 특징이나 이미 일어난 사건뿐 아니라 그를 바탕으로 한 미래의 예측까지 해 보세요. 에필로그를 생각해 보는 것과 비슷해요.

3. 이야기의 흐름 이해하기: 복선

'복선'이란, 소설이나 희곡에서, 앞으로 일어날 사건을 미리 독자에게 넌지시 암시하는 서술을 말해요. 이 책을 읽는 동안에 레슬리와 제시에게 닥칠 불행을 미리 느낄 수 있었나요? 레슬리의 죽음을 암시하는 내용이나 분위기로 어떤 점을 들 수 있나요?

- 박물관에 갈 때 레슬리와 같이 가지 않았다.

- 제시가 테라비시아에 가는 것에 대해 두려움을 느꼈다.

- 메이 벨이 레슬리의 죽음을 암시하는 말을 한다.

- 날씨가 좋지 않다.

> **이렇게 활용해 보세요**

저는 이 책을 평온하게 읽어 가다 충격적인 결말에 깜짝 놀랐어요. 레슬리가 세상을 떠나다니…… 아동문학이라고 너무 마음을 놓고 있었나 봐요. 그만큼 탄탄하게 쓰인 작품이라는 생각이 들었어요. 어린 독자만을 가정한 유치함과는 거리가 멀다는 거죠. 레슬리의 죽음 이후의 마무리도 아주 세련되고요.

그런데 '중간 중간에 뭔가 힌트가 있었구나' 하고 깨달았어요. 무심코 툭 던져 놓은 것도 있고, 왠지 긴장이 고조된다 싶은 분위기도 있었고요. 다시 앞으로 돌아가 어떤 복선이 있었는지 찾아보는 것, 재미있었어요.

1. 배경 이해하기

이 책의 배경은 1970년대 미국 버지니아의 시골 마을이에요. 당시의 상황이 어땠을지 생각해 봅시다. 특히 이 마을과 학교의 분위기에 대한 적절한 묘사에 동그라미 표시해 보세요.

- 남녀의 역할이 분명하게 구분되었다 - 남녀의 역할 구분에 변화가 생기기 시작했다 - 남녀의 역할 구분이 사라지고 양성이 평등하다
- 전쟁 중이라 예민하다 - 전쟁이 끝나 평화롭다
- 보수적이다 - 급진적이다
- 경제적으로 풍요롭다 - 가난한 가정이 많다
- TV가 드물다 - 대부분 가정에 TV가 있다

2. 인물 이해하기

- 제시는 어떤 소년인가요? 성격, 언행, 취미 등에 대해 생각해 보세요.

- 레슬리는 어떤 소녀인가요? 왜 이 마을에 전학을 오게 되었을까요?

- 에드먼즈 음악 선생님은 어떤 분인가요?

• 제니스는 어떤 학생인가요? 왜 그런 행동을 하게 되었을까요?

• 제시네 가족과 레슬리네 가족의 특징을 비교해서 차이점을 적어 보세요. 이 생각을 바탕으로 대조하는 글을 원고지에 써 보세요.

제시네	레슬리네

• 제시는 앞으로 어떻게 성장할까요?

3. 이야기의 흐름 이해하기 복선

'복선'이란, 소설이나 희곡에서, 앞으로 일어날 사건을 미리 독자에게 넌지시 암시하는 서술을 말해요. 이 책을 읽는 동안에 레슬리와 제시에게 닥칠 불행을 미리 느낄 수 있었나요? 레슬리의 죽음을 암시하는 내용이나 분위기로 어떤 점을 들 수 있나요?

소셜 네트워크, 어떻게 바라볼까?

누군가 나를 지켜보고 있어

원제: Social Networks and Blogs, 2011년

#SNS #소통 #인터넷 검열
#사이버 현실 참여
#표현의 자유 #사이버 윤리

글 로리 하일
옮김 강인규
출간 2012년
펴낸 곳 내인생의책
갈래 비문학(사회, 과학)

#해킹 #스마트 기술
#정보 사회 #감시 사회
#과학 기술 #4차 산업혁명

글 이승민·최미선
그림 김윤정
출간 2018년
펴낸 곳 책속물고기
갈래 비문학(사회, 과학)

 이 책을 소개합니다

소셜 네트워크, 어떻게 바라볼까?

페이스북, 트위터와 같은 소셜 네트워크 서비스는 사람들이 더욱 빠르고 효율적으로 연락할 수 있도록 도와줍니다. 사람과 사람을 실시간으로 이어 주며, 세상을 바꾸는 도구가 되었지요. 이 책은 SNS의 종류와 인터넷을 통한 소통 기술의 발달이 우리 삶과 어떤 연관이 있는지 살펴보고, 장단점을 다뤄요. 또한 SNS를 사용할 때 주의할 점들을 설명하고 있어 청소년들의 성숙한 사용에 도움이 될 책이에요.

편리성 때문에 손에서 놓지 못하는 스마트폰이 우리를 감시할 수도 있다고 해요. 최근의 스마트폰 광고에서는 역으로 그 점을 강조하더군요. 사생활과 개인 정보 보호 기능이 뛰어난 제품이라고요. 이제는 우리 아이들도 모두 쓰고 있는 스마트폰은 우리가 어디에 사는지, 어디로 가는지, 무엇을 구매하는지, 취미는 무엇인지, 누구와 친한지도 다 알고 있답니다. 편리함 뒤에 숨어 있는 불편함은 무엇일까요? 아이들의 보안 감수성을 키우고 기술 발전의 장단점에 대해 생각해 보게 해 줄 책입니다.

📖 도서 선정 이유

한 학기에 한 번 정도는 책 두 권을 함께 읽고 비교하며 이야기해 보려고 해요. 텍스트의 비교를 통해 보다 균형 있게 한 주제에 접근할 수 있고, 사고력과 문해력도 발전하거든요. 대부분의 논술 시험에서도 서로 다른, 그러나 주제에서 공통점이 있는 텍스트들을 나란히 제시한다는 점을 기억하실 거예요.

이 두 권 모두 얇은 편이라 아이들이 함께 읽기에 부담이 없어요. 이 책들을 통해 최근 우리 삶의 모습을 크게 바꾼 소셜 네트워크 서비스, 스마트폰과 인터넷을 통한 소통 기술의 발달이 우리 삶과 어떤 연관이 있는지 알아볼 수 있어요. 두 얼굴을 가진 이러한 기술들을 어떻게 바라보아야 할지 토론할 수 있는 기회가 될 거예요. 올바른 사용법에 대한 구체적인 정보도 얻을 수 있으니 디지털 문해 교육도 되어 일석이조입니다.

함께 읽으면 좋은 책

비슷한 주제

○ 내 휴대폰 속의 슈퍼스파이 | 타니아 로이드 치 글, 벨 뷔트리히 그림, 임경희 옮김, 푸른숲주니어, 2018

○ SNS가 뭐예요? | 에마뉘엘 트레데즈 글, 하프밥 그림, 이정주 옮김, 개암나무, 2018

○ 숨은 권력, 미디어 | 김재중 글, 이경국 그림, 미래아이, 2017

○ 수상한 기자의 미디어 대소동 | 서지원 글, 이한울 그림, 김태훈 감수, 상상의집, 2021

○ 미디어는 왜 중요할까요? | 이인희 글, 박종호 그림, 어린이나무생각, 2012

○ 선생님, 미디어가 뭐예요? | 손석춘 글, 김규정 그림, 철수와영희, 2019

○ 우리 반에 악플러가 있다! | 노혜영 글, 조윤주 그림, 예림당, 2016

○ 악플 전쟁 | 이규희 글, 한수진 그림, 별숲, 2013

○ 정의의 악플러 | 김혜영 글, 이다연 그림, 스푼북, 2018

○ 악플을 달면 판사님을 만날 수 있다고?: 법학 | 김욱 글, 이우일 그림, 비룡소, 2014

○ 유튜브 탐구생활 | 연유진 글, 윤유리 그림, 풀빛, 2020

○ 내가 하고 싶은 일, 유튜버 | 셰인 벌리 글, 오드리 말로 그림, 심연희 옮김, 휴먼어린이, 2020

○ 유튜브 전쟁 | 양은진 글, 류한서 그림, 엠앤키즈, 2019

○ 콘텐츠 연구소 집현전입니다 | 강승임 글, 김혜령 그림, 책속물고기, 2020

○ 좋아? 나빠? 인터넷과 스마트폰 | 이안 글, 최혜영 그림, 뭉치, 2020(개정판)

○ 슬기로운 인터넷 생활 | 나탈리 다르장 글, 엠마 카레 그림, 이세진 옮김, 푸른숲주니어, 2020

○ 비상! 가짜 뉴스와의 전쟁 | 상드라 라부카리 글, 자크 아잠 그림, 권지현 옮김, 다림, 2020

○ 어린이가 알아야 할 가짜 뉴스와 미디어 리터러시 | 채화영 글, 박선하 그림, 팜파스, 2020

○ 그 소문 들었어? | 하야시 기린 글, 쇼노 나오코 그림, 김소연 옮김, 천개의바람, 2017

○ 감기 걸린 물고기 | 박정섭 글 · 그림, 사계절, 2016

○ 가짜뉴스는 위험해 | 김창룡 글, 석윤주 그림, 봄나무, 2021

○ 어린이 저작권 교실 | 임채영 글, 김명진 그림, 정은주 감수, 산수야, 2021(개정판)

같은 작가

○ 세상에 대하여 우리가 더 잘 알아야 할 교양: 엔터테인먼트 산업, 어떻게 봐야 할까? | 스터지오스 보차키스 글,
　강인규 옮김, 내인생의책, 2013

○ 오방색 꿈 | 이승민 글, 유시연 그림, 북멘토, 2015

○ 1895년, 소년이발사 | 이승민 글, 심성엽 그림, 전국초등사회교과모임 감수, 미래아이, 2015

○ 발바닥 세계사 춤 이야기 | 최미선 글, 시은경 그림, 가교, 2015

○ 질문으로 시작하는 초등 인문학 | 오늘 · 최미선 글, 이형진 그림, 북멘토, 2017

참고 사이트

• 한국저작권위원회 청소년 저작권 교실 www.copyright.or.kr/education/educlass/main.do
• 미리네 www.miline.or.kr
• 한국언론진흥재단 미디어리터러시 dadoc.or.kr
• 포미(ForME) www.forme.or.kr
• 빅카인즈(BIG KINDS) www.bigkinds.or.kr

문해력을 키우는 엄마의 질문

1. SNS의 종류 알아보기

이 책에 제시된 SNS의 종류를 말해 보세요. 내가 원래 알고 있었던 서비스 이름에 동그라미 쳐 보세요.

페이스북, 인스타그램, 트위터, 베보, 마이스페이스, 카카오톡, 라인

이렇게 활용해 보세요

책과 나의 생활을 연결하는 기초 단계 활동이에요. 기존에 알고 있었던 것과 책을 통해 처음 알게 된 것을 구분할 수 있어요.

2. 배경 지식 비교하기

웹 1.0과 웹 2.0은 무엇이 다른지 비교하여 서술해 보세요.

웹 1.0은 제공된 정보를 보기만 하는 것이었지만, 2.0은 사용자가 직접 웹과 상호작용해서 콘텐츠를 올리거나 수정할 수 있다.

이렇게 활용해 보세요

정보책에서 얻은 기본 개념을 이해하고 있는지, 간결하게 서술할 수 있는지 확인할 수 있는 질문이에요. 책을 뒤적거려 재확인하더라도 그대로 베끼지는 않게 해 주세요. 머릿속에서 정리해서 구문을 만들고 말로 표현하는 연습이 필요해요.

3. 문제 해결

SNS의 장점과 문제점을 생각해 보세요. SNS를 잘 사용하려면 이러한 문제점을 어떻게 해결하면 될까요?

장점	문제점	해결 방안
많은 사람들과 소통할 수 있다. 외롭지 않다. 자랑을 할 수 있다. 정보를 얻을 수 있다. 여가 생활을 즐길 수 있다.	중독될 수 있다. 모르는 사람에게까지 욕을 먹을 수 있다. 시력이 나빠진다. 갈등을 겪을 수 있다. 거짓 정보를 가려내기 힘들다. 시간을 낭비하게 된다.	사용 시간을 정해서 지키려고 노력한다. 좋은 (오프라인) 교우 관계를 유지한다. 온라인상에서 서로 배려한다. 사생활 노출에 주의한다.

이렇게 활용해 보세요

이 책은 SNS 사용에 대해 균형적인 접근을 취하고 있어요. 긍정과 부정, 양면적 특성을 고르게 이해하고 있는지 점검하며 문제 해결 방안을 함께 생각해 봅니다.

4. 친구의 트윗 읽고 댓글 달기

트위터는 140자 이내로 글을 쓰게 되어 있어요. 단문(마이크로) 블로그 형태로 이 책에 대한 내 생각을 써 보세요. 친구의 트윗을 읽고 댓글을 달아 봅시다.

이렇게 활용해 보세요

책동아리의 5학년생들이 아직 아무도 SNS를 사용하지 않을 때였지만, 흥미로워한 활동이었어요. 책을 읽은 소감을 단문 블로그로 쓰니 부담스럽지 않고, 친구가 읽을 것을 예상하고 쓰는 거라 신선했을 거예요.

자신의 아이콘도 만들어 그리고, 아이디도 지어서 써 봅니다. 그리고 동아리답게 친구의 트윗에 대한 댓글(멘션)을 달아 보는 거예요. 역시 아이콘과 아이디를 쓰고 밑줄에 짧게 의견을 달 수 있어요.

누군가 나를 지켜보고 있어

1. 장점, 단점 & 문제 해결 방법 정리하기

이 책의 부제는 '편리한 기술들이 좋기만 할까?'입니다. 현대 사회에 도입되어 널리 쓰이고 있거나 미래 사회에서 많이 쓰일 최첨단 기술들이 우리를 위협할 수도 있다는 주제를 담고 있어요. 각 기술의 장점과 단점을 정리하고, 대안으로서 문제 해결 방법도 생각해 봅시다.

기술/현상	장점	단점	문제 해결 방법
RFID	제품이 드나드는 것을 편리하게 관리하고 도난도 막을 수 있다.	사생활을 침해받을 수 있다.	좋은 의도로만 사용해야 한다.
SNS와 빅 데이터	더 많은 사람들과 소통이 늘어난다. 강력 범죄율이 낮아진다. 사람들의 목숨을 살리기도 한다.	개인 정보 유출, 사생활 침해가 우려된다. 분석이 완벽하지 않다.	산업을 발전시키거나 우리에게 도움이 되는 용도로만 사용한다.
GPS	범죄자들의 위치를 파악해 시민들을 안전하게 보호할 수 있다.	일반인의 위치 추적, 스토킹 등 나쁜 일에 이용될 수 있다.	법적으로 올바른 일에만 상황에 맞게 쓴다.
CCTV	범인을 잡는 데 큰 도움이 된다.	일반인 감시의 용도로 사용될 수 있다. 불법 카메라처럼 범죄에 사용되기도 한다.	가치 기준을 만들고 관리도 잘해야 한다.
드론	무인 배송, 범인 추적 같은 일을 할 수 있다.	불법 촬영, 폭탄 투하 등 나쁜 일에 쓰일 수 있다.	드론 조종의 면허를 강화한다. 좋은 의도로만 써야 한다. 사고 방지책을 만든다.
스마트홈과 IoT	일상생활을 자동화하여 편리하게 만든다. 가스, 전기, 방범과 관련된 위험도 막을 수 있다.	해킹으로 악용되면 위험할 수 있다.	보안을 잘해야 한다.

이렇게 활용해 보세요

책의 주요 내용을 표 하나로 정리하는 방법입니다. 새로운 기술을 신기하다고만 여길 게 아니라 객관적인 분석을 할 수 있어야지요. 장점과 단점을 뽑고, 문제 해결 방법도 생각해 봅니다. 책에 나오지 않은 부분도 더 깊이 생각해서 쓰면 좋아요.

2. 내 생각을 완결된 글로 나타내기

앞에서 정리한 여섯 가지 소재 중에서 가장 마음에 드는 하나를 골라 다음에 유의하며 원고지에 글로 써 보세요.

- 간단한 정의가 필요하다면 첫 문장으로 소개하기
- 긍정적인 측면과 부정적인 측면이 잘 대비되게

- 부정적인 측면에 대한 최선의 문제 해결 방법을 제시하기
- 내 생각(주장)이 잘 드러나게

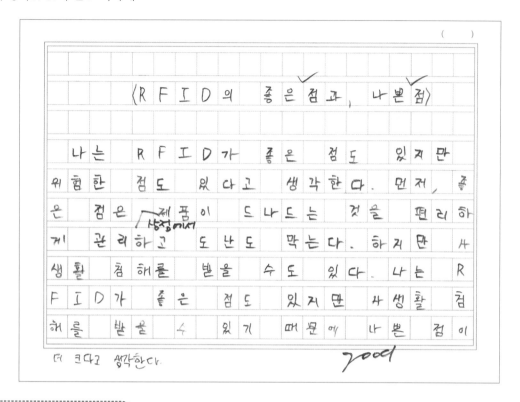

( )

〈RFID의 좋은 점과, 나쁜 점〉

나는 RFID가 좋은 점도 있지만 위험한 점도 있다고 생각한다. 먼저, 좋은 점은 제품이 드나드는 것을 편리하게 관리하고 도난도 막는다. 하지만 사생활 침해를 받을 수도 있다. 나는 RFID가 좋은 점도 있지만 사생활 침해를 받을 수 있기 때문에 나쁜 점이 더 크다고 생각한다.

이렇게 활용해 보세요

표로 정리를 해 뒀으니 가장 마음에 남는 주제를 고르기도, 글로 발전시키기도 쉬워졌어요. 개요에 살을 붙여 문장과 문단으로 만드는 거예요.

해당 기술을 간단히 소개(정의)하고, 그 장점과 단점을 대비시켜 서술하고, 마지막으로 최선의 문제 해결 방법이라고 생각되는 것으로 마무리를 하면 됩니다.

특히 객관적 사실만 기술하기보다는 자신의 생각이 드러나게 쓰는 게 포인트이니 강조해 주세요. 글의 초반이나 마지막에 중심 문장을 잘 쓰는 것도 중요해요.

소셜 네트워크, 어떻게 바라볼까?

1. SNS의 종류 알아보기

이 책에 제시된 SNS의 종류를 말해 보세요. 내가 원래 알고 있었던 서비스 이름에 동그라미 쳐 보세요.

2. 배경 지식 비교하기

웹 1.0과 웹 2.0은 무엇이 다른지 비교하여 서술해 보세요.

3. 문제 해결하기

SNS의 장점과 문제점을 생각해 보세요. SNS를 잘 사용하려면 이러한 문제점을 어떻게 해결하면 될까요?

장점	문제점	해결 방안

4. 친구의 트윗 읽고 댓글 달기

트위터는 140자 이내로 글을 쓰게 되어 있어요. 단문(마이크로) 블로그 형태로 이 책에 대한 내 생각을 써 보세요. 친구의 트윗을 읽고 댓글을 달아 봅시다.

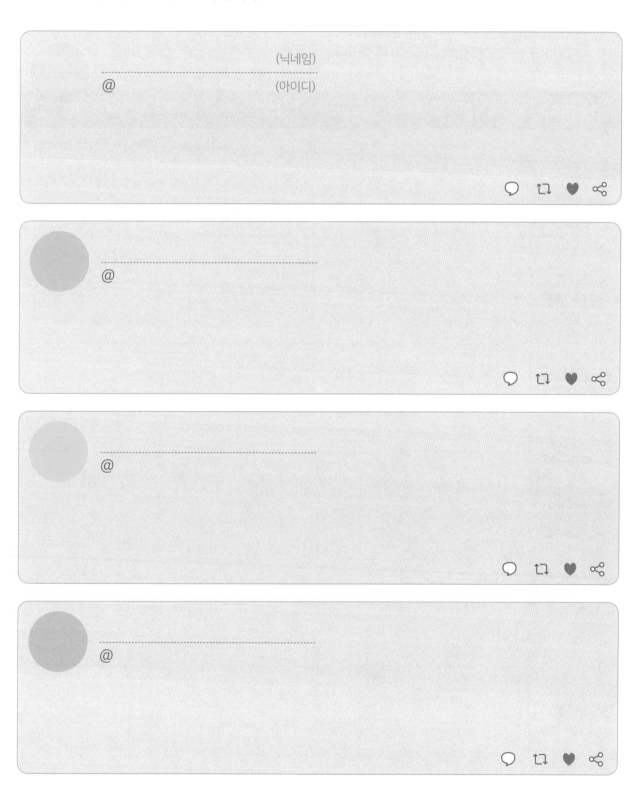

(닉네임)

@   (아이디)

@

@

@

누군가 나를 지켜보고 있어

1. 장점, 단점 & 문제 해결 방법 정리하기

이 책의 부제는 '편리한 기술들이 좋기만 할까?'입니다. 현대 사회에 도입되어 널리 쓰이고 있거나 미래 사회에서 많이 쓰일 최첨단 기술들이 우리를 위협할 수도 있다는 주제를 담고 있어요. 각 기술의 장점과 단점을 정리하고, 대안으로서 문제 해결 방법도 생각해 봅시다.

기술/현상	장점	단점	문제 해결 방법
RFID			
SNS와 빅 데이터			
GPS			
CCTV			
드론			
스마트홈과 IoT			

2. 내 생각을 완결된 글로 나타내기

앞에서 정리한 여섯 가지 소재 중에서 가장 마음에 드는 하나를 골라 다음에 유의하며 원고지에 글로 써 보세요.

- 간단한 정의가 필요하다면 첫 문장으로 소개하기
- 긍정적인 측면과 부정적인 측면이 잘 대비되게
- 부정적인 측면에 대한 최선의 문제 해결 방법을 제시하기
- 내 생각(주장)이 잘 드러나게

오늘부터 문자 파업

원제: Katie Friedman Gives up Texting!(And Lives to tell About It), 2015

#스마트폰 #성장기 #소통 방식
#친구 관계

글 토미 그린월드
옮김 이정희
그림 JUNO(주노)
출간 2018년
펴낸 곳 책읽는곰
갈래 외국문학(사실주의 동화)

이 책을 소개합니다

 이 책은 작가가 책 읽기를 극도로 싫어하는 세 아들에게 읽히려고 쓴 책이랍니다. 인기작 '찰리 조 잭슨의 그것을 알려 주마!' 시리즈의 번외 편이고요.

 주인공 케이티는 사춘기에 접어든 소녀인데, 합리적이며 명석하지만 제멋대로인 면도 있어서 우리 아동문학에선 보기 드문 당찬 캐릭터입니다. 어느 날 남자 친구에게 문자를 잘못 보내서 큰 상처를 입히는 바람에 관계가 어그러져요. 한편으로는 밴드 활동을 하며 자작곡으로 공연에 나서려다 친구들과 부딪히고, 좋아하는 록 스타와 '친구 10명과 함께 스마트폰 일주일간 안 쓰기' 내기를 해내려 좌충우돌하기도 합니다. 스마트폰을 손에서 못 놓는 요즘 아이들의 일상생활을 그대로 담으면서도 흥미로운 에피소드들이 잘 맞물려 있어요. 어른들의 잔소리나 따분한 교훈이 아니라 아이들의 생생한 삶을 세련되게 보여 주니 스마트폰 사용에 대해 보다 자연스럽게 생각하게 만듭니다.

이 시리즈는 가벼워 보이는 제목과 튀는 캐릭터, 아이들의 농담과 장난을 그대로 옮긴 문체와 서술 방식 등에서 얇은 재미를 좇는 소재주의적인 작품으로 보이기도 합니다. 하지만 이는 또래의 이야기를 그들의 언어와 감각으로 재미있게 읽고 싶어 하는 아동 독자의 눈높이에 철저히 맞춘 결과입니다. 부모나 교사가 읽어도 재미있으니 아이들의 생각을 이해하며 즐길 수 있을 거예요.

📖 도서 선정 이유

요즘 우리의 삶은 엄청나게 빠른 속도로 디지털화 중이며 소통 문화 또한 급변하고 있어요. 사춘기에 접어드는 아이들과 기성세대 간의 차이가 더 커질 수 있는 배경이지요. 스마트폰은 그중에서도 가정에서 많은 갈등을 야기하는 소재이니 재미있는 책을 통해 부모-자녀 간에 대화를 할 수 있다면 좋겠다고 생각했어요.

아동문학을 공부하면서 아이들에게 바람직한 책의 조건 중에 '지나치게 교훈적이지는 않은지'라는 조건이 있어서 놀란 적이 있어요. 하지만 곧 철저히 공감하게 되었죠. 저도 어릴 때 교훈적인 책은 싫었으니까요. 이 책은 절묘한 구성과 생생한 리얼리티, 흐뭇한 감동, 열린 주제 의식으로 문학적 완성도가 높아요. 이런 책이라면 잔소리로 느껴질 걱정은 없을 거예요. 무턱대고 어린이를 대변하지도, 그렇다고 기성세대의 관념을 교훈적으로 내뱉지도 않는 토미 그린월드의 작품은 늘 새롭고 재미있는 이야기를 갈구하는 어린이 독자뿐 아니라 부모와 교사 독자에게도 큰 사랑을 받고 있어요.

📖 함께 읽으면 좋은 책

비슷한 주제

○ 휴대폰에서 나를 구해 줘! | 다미안 몬텐스 글, 오나 카우사 그림, 박나경 옮김, 봄볕, 2018

○ 하마가 사라졌다 | 우성희 글, 이소영 그림, 가문비어린이, 2016

○ 도깨비폰을 개통하시겠습니까? | 박하익 글, 손지희 그림, 창비, 2018

○ 스마트폰이 먹어 치운 하루 | 서영선 글, 박연옥 그림, 팜파스, 2013

같은 작가

○ 오늘부터 공부 파업 | 토미 그린월드 글, 정성민 옮김, 허현경 그림, 책읽는곰, 2017

○ 오늘부터 슈퍼스타 | 토미 그린월드 글, 정성민 옮김, 박우진 그림, 책읽는곰, 2018

○ 찰리 조 잭슨의 그것을 알려 주마(1~3권) | 토미 그린월드 글, 박수현·정성민 옮김, 이희은 그림, 책읽는곰, 2014·2016

문해력을 키우는 엄마의 질문

1. 책 제목에 대해 생각하기

- 이 책의 원제는《Katie Friedman Gives up Texting!(And Lives to tell About It.)》이에요. 무슨 뜻일까요?

  케이티 프리드먼이 문자 하기를 포기하다(그리고 그에 대한 이야기들)

- 저자는 책의 제목을 왜 그렇게 지었을까요?

  책 제목으로 책의 주제와 줄거리를 보여 주려고

- '파업'의 의미를 사전에서 찾아봅시다.

  하던 일을 중지함. 어떤 정치적 목적을 달성하고자 노동자들이 집단적으로 한꺼번에 작업을 중지하는 일

- 《오늘부터 문자 파업》이라는 번역서의 제목에 대해 몇 점을 주고 싶나요? (   )점

- 이 책의 번역자나 편집자가 되어 내 맘대로 책 제목을 다시 짓는다면 뭐라고 하고 싶나요? 그 이유는요?

  《핸드폰은 이제 그만》

  문자만 안 보내는 게 아니고, 핸드폰 자체를 안 쓰는 이야기니까. 우리나라에서는 '핸드폰'이라는 말이 더 일상 적이어서 쉽게 다가갈 것 같다.

이렇게 활용해 보세요

이 책의 원제는 유달리 길고 서술적인 편이에요. 독특한 점은 짚고 넘어가야죠. 우리말로 옮길 때 사라지는 문화적 차이도 느껴져요. 그런 차이에 대해 느낄 수 있으면 목적 달성입니다.

제목은 읽기 시작할 때만 잠깐 의미 있는 것 같지만, 사실은 책의 전체적 내용을 함축하며 독자 를 유인할 만큼 매력적이어야 하는 중요한 요소입니다.

책동아리 POINT

책을 혼자 읽으면 이런 부분에 관심을 두지 않게 되는데 책동아리 활동을 통해서는 같이 생각하고 이야기 나눌 거리 가 되어서 좋아요.

2. 글의 문체에 대해 생각하기

- 아래 글을 읽어 보세요. 이 이야기의 시점은 어떠한가요?

    1인칭 주인공 시점

- 케이티의 말투가 곧 이 책의 문체입니다. 이 글의 문체는 어떠한가요? 다음 글을 읽고, 이 책의 문체가 이야기의 전개와 독자와의 소통에 어떤 도움을 주고 있는지 생각해 보세요.

    이 책의 문체는 간결체, 강건체, 건조체이다.

    초기 청소년의 말투를 잘 사용해서 진짜 같고, 또래 독자가 공감하기 쉽다. 만약에 3인칭 시점이었으면 어른이 잘 모르고 하는 말이거나 잔소리하는 느낌이었을 것 같다.

이렇게 활용해 보세요

국어 시간에 시점에 대해 배웠겠지만, 실제 책을 읽으면서 여러 시점을 비교 경험하는 일이 많지는 않을 거예요. 그래서 이 책처럼 독특한 시점과 문체를 지닌 책을 함께 읽을 때를 잘 활용할 필요가 있어요.

시점이 무엇이고, 어떻게 나뉘는지를 보여 주는 텍스트를 준비했습니다. 전문 서적을 뒤적이지 않아도, 인터넷 검색으로 쉽게 구해 편집할 수 있어요. 참고 자료로 복습 삼아 읽어 보게 해서 이 책에 적용해 시점을 찾아냅니다.

그리고 이 시점이 글의 전개나 독자와의 소통과 어떤 관련이 있는지 생각해 보는 거예요. 다른 시점이었다면, 문체가 달랐으면 느낌이 어땠을까 상상해서 이야기 나눠요.

3. 이야기 주제에 대해 생각하기

- 케이티와 친구들이 일주일 동안 스마트폰을 사용하지 않음으로써 생긴 변화는 무엇인가요?

    - 서로 얼굴을 보며 대화를 더 많이 하게 되었다.

    - 친구들과 가까워졌다.

    - 조금 더 솔직해졌다.

    - 가족들과도 소통을 잘하게 되었다.

- 나의 실생활에서 친구와 얼굴을 보며 대화할 때와 문자메시지를 주고받을 때 의사소통의 차이는 어떠한지 생각해 보세요.

대화할 때	문자메시지를 주고받을 때
얼굴 표정을 볼 수 있다. 말, 표정, 몸짓을 사용한다. 말소리와 웃음소리가 난다. 진정성이 느껴진다.	얼굴 표정이나 몸짓을 보지 못한다. 글과 이모티콘을 사용한다. 조용하다. 오해의 소지가 더 많다.

이렇게 활용해 보세요

스마트폰에 과몰입하기 딱 좋은 나이가 5학년입니다. 그래서 이야기에 더 공감할 수 있어요.

자신과 친구들에게 일주일간 휴대전화 사용이 금지된다면 어떨지 실감 나게 상상할 수 있을 거예요. 당장 불편함이 떠오르겠고, 그와 동시에 긍정적인 측면에 대해서도 생각할 수 있어요. 이 책에 등장한 아이들의 경우처럼요.

나아가서 우리가 하는 의사소통의 방식에 대해 생각해서 비교하는 T 차트를 작성합니다. 이미 초등학생들도 대화보다 단체 대화방이나 문자메시지가 더 편하다고 해요. 각각의 소통 방식이 가진 특징과 장단점을 생각해 보는 기회입니다.

4. 주제에 대한 나의 생각 써 보기

여러분 같은 초기 청소년이 스마트폰이나 문자메시지를 사용할 때 지켜야 할 규칙이나 마음가짐에 대해 생각을 정리해서 원고지에 글을 써 보세요.

〈메세지 규칙〉

나는 문자메세지를 보낼 때 지켜야 할 규칙이 있다고 생각한다. 메세지는 상대가 오해할 만한 소지가 있기 때문이다. 메세지는 말, 표정, 몸짓을 사용할 수 있기 때문에 진정성이 떨 느껴진다. 메세지는 되도록 밤에는 보내지 않고 쓸데없는 내용을 보내면 안 된다.

책의 줄거리나 감상에 대해서만 글을 쓰면 재미없지요. 이번엔 내 일상과 연관 지어 스마트폰이나 문자메시지 사용에 관한 다짐을 써 봐요.

첨삭을 해 줄 때는 아이들이 쓴 내용을 대부분 수용하되, 의미가 더 잘 통할 수 있게 간단히 고치면 좋을 부분 위주로만 기록해 주세요. 그렇게 해 준 것을 같이 한번 읽어 보는 과정이 필요해요. 원래 쓴 것과 수정한 것 사이에 어떤 차이가 있는지 아이 스스로 느껴 봐야 하거든요.

1. 책 제목에 대해 생각하기

- 이 책의 원제는 《Katie Friedman Gives up Texting!(And Lives to tell About It.)》이에요. 무슨 뜻일까요?

- 저자는 책의 제목을 왜 그렇게 지었을까요?

- '파업'의 의미를 사전에서 찾아봅시다.

- 《오늘부터 문자 파업》이라는 번역서의 제목에 대해 몇 점을 주고 싶나요? (   )점

- 이 책의 번역자나 편집자가 되어 내 맘대로 책 제목을 다시 짓는다면 뭐라고 하고 싶나요? 그 이유는요?

2. 글의 문체에 대해 생각하기

- 아래 글을 읽어 보세요. 이 이야기의 시점은 어떠한가요?

> **시점: 말하는 이가 이야기를 서술하는 관점**
>
> 시점은 이야기에서 말하는 이(서술자)가 이야기를 서술하는 관점이에요.
> 같은 사건, 같은 인물이라도 그것을 바라보고 이야기하는 관점에 따라 작품이 달라져요.
> 시점에는 1인칭 주인공 시점, 1인칭 관찰자 시점, 전지적 작가 시점, 3인칭 관찰자 시점이 있어요.
>
> **1인칭 주인공 시점:** 이야기 속 주인공인 '나'가 이야기를 서술해요. 1인칭 주인공 시점에서는 주인공의 생각이나 느낌을 쉽게 알 수 있어요. 그러나 다른 인물의 마음이나 '나'가 없는 곳에서 일어난 사건은 알 수 없어요.
>
> **1인칭 관찰자 시점:** 서술자가 이야기 속의 주변 인물로, 주인공과 다른 등장인물을 관찰하며 이야기를 서술해요.
> 주인공의 말과 행동, 사건을 관찰한 대로 나타내고 평가할 수 있어요. 관찰한 내용은 알지만 주인공의 깊은 속마음까지 알기는 어려워요.
>
> **전지적 작가 시점:** 마치 신의 위치에서 등장인물을 내려다보듯이 모든 인물의 마음속 생각이나 행동을 나타낼 수 있고, 모든 사건에 대해 속속들이 이야기할 수 있어요.
>
> **3인칭 관찰자 시점:** 등장인물의 행동이나 말, 겉모습을 객관적으로 나타내는 시점이에요. 이야기 밖에 있는 말하는 이가 겉으로 관찰한 내용만 전달하기 때문에 인물의 생각이나 속마음을 알기 어려워요.
>
> ※ 출처: 김정(2020), 《알콩달콩 초등 국어 개념 사전》, 미래와경영, pp.70~74.

- 케이티의 말투가 곧 이 책의 문체입니다. 이 글의 문체는 어떠한가요? 다음 글을 읽고, 이 책의 문체가 이야기의 전개와 독자와의 소통에 어떤 도움을 주고 있는지 생각해 보세요.

> 사람마다 성격이 다르듯이 문장에도 성격이 있어요. 문장이 가진 개성을 문체라고 해요. 말을 할 때 사람마다 특징적인 말버릇이 있지요? 글을 쓸 때도 글쓴이의 글투가 나타나요. 필요한 단어만 써서 문장의 길이가 짧으면 간결체, 단어를 많이 써서 문장이 길면 만연체예요. 꾸미는 말이 적으면 건조체, 많으면 화려체로 나눌 수 있어요. 부드러운 글투는 우유체, 힘이 있는 강한 글투는 강건체라고 한답니다.

3. 이야기 주제에 대해 생각하기

- 케이티와 친구들이 일주일 동안 스마트폰을 사용하지 않음으로써 생긴 변화는 무엇인가요?

- 나의 실생활에서 친구와 얼굴을 보며 대화할 때와 문자메시지를 주고받을 때 의사소통의 차이는 어떠한지 생각해 보세요.

대화할 때	문자메시지를 주고받을 때

4. 주제에 대한 나의 생각 써 보기

여러분 같은 초기 청소년이 스마트폰이나 문자메시지를 사용할 때 지켜야 할 규칙이나 마음가짐에 대해 생각을 정리해서 원고지에 글을 써 보세요.

역사 논쟁

#토론 #주장과 근거 #한국사
#세계사 #한중일 관계

글 최영민
그림 오성봉
출간 2021년(개정판)
펴낸 곳 풀빛
갈래 비문학(역사, 문화, 인물)

 이 책을 소개합니다

이 책은 동북아 대표 3국인 한·중·일 세 나라를 둘러싼 역사적 논쟁을 담고 있어요. 고구려사, 독도, 일제 강점기, 일본군 위안부 문제, 야스쿠니 신사 참배 등 민감한 주제가 총 일곱 개의 장에 펼쳐집니다.

또래 아이들이 찬성-반대 팀으로 나뉘어 주장을 펼치는 형식이기 때문에 토론의 기본에 대해서도 배우면서 역사 학습도 할 수 있어요. 토론을 통해 내용을 접하기 때문에 단순히 감정적으로만 대처해서는 도움이 되지 않는 현재 진행형의 역사 논쟁을 논리적으로 이해하게 됩니다.

이해를 돕기 위해 장 말미마다 각 쟁점을 알기 쉽게 정리해 놓았어요. 여러 차례 입장을 달리하며 객관적인 근거를 이용해 사고하는 연습을 도와주는 책이에요.

도서 선정 이유

　역사적 사실과 그를 둘러싼 주장을 입체적으로 조명하고 있어서 초등학생에게 균형 잡힌 시각의 중요성을 일깨워 주지요. 타인을 이해하고 사회 현상을 다각도로 보는 통찰력과 깊이 있는 생각을 키워 줄 수 있어요.

　보다 현실적으로 역사를 보여 주는 사진들과 재미있는 이야기들이 제공되고, 토론을 하는 캐릭터들도 살아 있어서 지루하지 않을 거예요. 한·중·일 세 나라의 역사를 둘러싼 논쟁이 무엇인지, 각국의 주장은 어떻게 다른지 알아보면서 역사를 보는 시각을 넓히고, 올바른 토론법도 배울 수 있어요.

함께 읽으면 좋은 책

비슷한 주제

○ 토론이 좋아요 | 김정순·이영근 글, 조하나 그림, 에듀니티, 2017

○ 대한민국 독도 교과서 | 호사카 유지 글, 허현경 그림, 미래엔아이세움, 2012

○ 어린이의 미래를 여는 역사(1~3권) | 김한조 글·그림, 아시아평화와 역사교육연대 감수, 한겨레아이들, 2007

○ 야스쿠니 신사의 비밀 | 김대호 글, 정은규 그림, 아카넷주니어, 2014

○ 질문으로 시작하는 초등 논쟁 수업 | 신지영·김열매 글, 박연옥 그림, 북멘토, 2017

같은 작가

○ 넓게 보고 깊게 생각하는 논술 교과서: 주장과 근거 | 최영민 글, 최선혜 그림, 분홍고래, 2014

○ 양극화 논쟁 | 최영민 글, 박종호 그림, 풀빛, 2020

○ 한강 역사 체험 백과 | 김현수·이민교 글, 오성봉 그림, 한솔수북, 2010

○ 미라의 저주를 푸는 인체의 비밀 | 강호진 글, 오성봉 그림, 자음과모음, 2020

문해력을 키우는 엄마의 질문

1. 역사 논쟁의 배경 이해하기

나라마다 과거의 역사에 대해 주장하는 바가 서로 다른 이유는 무엇일까요?

1) 영토 분쟁과 같은 여러 가지 이익

2) 서로 관점이 달라서

3) 역사에 대한 권위를 세워서 자기 나라의 정당성을 높이려고

이렇게 활용해 보세요

세계사나 국사의 세부 사항을 알려 주는 책이 아니라, 역사와 관련된 논점을 가지고 토론하는 책이라 서로의 입장 차이를 느껴 보고 파악하는 게 중요해요. 항상 나만, 우리만 옳다고 주장하기 쉽지만, 상대방 입장에서는 어떨지 생각해 볼 기회예요.

2. 토론의 준비와 참여 태도

토론할 입장을 정해서 준비할 때 어떻게 해야 할까요? 그리고 실제로 토론할 때는 어떤 점에 주의해야 할까요?

토론 준비	토론 참여
정보를 자세히 조사한다. 자신(또는 팀)의 입장과 의견을 정리한다. 상대방(또는 팀)의 주장을 미리 예측한다. 반박을 위한 자료와 근거를 준비한다.	상대방의 의견을 잘 듣는다. 예의이기도 하지만 그래야 토론을 이어나갈 수 있다. 상대방의 말을 끊지 않는다. 반대 의견을 들어도 흥분하지 않는다.

이렇게 활용해 보세요

구체적인 토론의 내용이 아닌 형식에 대해서도 생각해 볼 필요가 있어요. 준비 단계와 참여 단계로 나누어 무엇을 해야 할지, 어떤 점을 주의해야 할지 정리해 봅니다.

3. 토론 주제 비교하기

이 책의 1~7장 중에서 내가 전혀 몰랐던 내용을 가장 많이 알려 주거나 원래의 내 생각을 가장 많이 바꾼 토론 주제는 무엇인가요?

토론 주제	그 이유
독도는 누구 땅인가?	일본의 주장도 꽤 설득력이 있다고 느꼈다. 우리 땅이라고 주장만 할 게 아니라 근거를 많이 공부하고 준비해야 함을 알았다. 그리고 우리만 알 것이 아니라 세계에 효율적으로 알려야 한다는 것도 알게 되었다.

이렇게 활용해 보세요

토론이 편을 나누어 찬성과 반대를 주장하다 보니 그 입장 차이가 가장 중요하다고 느끼기 쉬워요. 하지만 논점들은 정답이 없는 문제가 대부분이지요. 무조건 어떤 입장인지만 정할 게 아니라, 내가 그 주제에 대해 몰랐던 부분은 무엇인지 알아보고, 상대의 주장은 무엇인지에 마음을 열면 의외로 놀라게 될 때가 많아요. 이런 점을 느껴야 토론의 필요성도 더 깨닫게 되고, 현실적인 토론을 잘하게 돼요. 여기서는 여러 가지 역사 관련 토론 주제들을 비교해서 나에게 가장 인상적이었던 주제를 골라 봅니다. 그 이유가 더 중요하고요.

4. 주장과 근거 구분하기

토론하며 말하는 내용은 주장과 근거로 구분됩니다. 근거 없는 주장은 설득력이 없죠. 39쪽의 '고구려 역사에 대한 한국과 중국의 쟁점'을 보고 이 주장들을 뒷받침하는 근거들을 본문에서 찾아보세요.

이렇게 활용해 보세요

한 논점에 대해 양쪽의 주장을 일목요연하게 정리한 페이지가 있으니 함께 찾아 다시 보는 시간을 가져 보세요. 아이들은 이런 표를 통해 책에서 읽은 내용을 다시 한번 되짚어 보고, 요약과 정리 방법도 배우게 됩니다.

해당 표에는 주장만 있는데, 그래서는 의미 있는 주장이 될 수 없죠? 각각 어떤 근거를 가지고 있는지 책에서 다시 찾아가며 이야기 나눠요. 각 주장의 아래에 근거를 요약해 써 보게 하면 좋고요.

5. 주제와 개념 이해하기

• '신사 참배'란 무엇인가요?

신사는 일본의 전통 종교인 '신도(신토)'의 사원이다. 일본 왕실의 조상이나 일본 고유의 신, 죽은 사람을 모신 곳으로 우리나라의 사당과 비슷하다. 여기에서 신을 모시고 제사 지내는 것을 신사 참배라고 한다. 지금은 일본에서 이루어지지만, 일제 강점기에는 일제가 천황 이데올로기를 주입하기 위해 우리나라 곳곳에 신사를 세우고 국민들에게 강제로 참배하게 했다. 그래서 이에 대한 반대 운동이 일어났다.

• '야스쿠니 신사'는 어떤 곳인가요?

전범과 죽은 군인들의 위폐를 세워 놓은 신사이다. 일본에 있는 신사 가운데 가장 크다. 일본 왕을 위해 목숨을 바친 사람에게 제사를 지내려고 1869년에 지어졌고, 1900년대부터 전쟁에서 싸우다 죽은 일본군을 제사 지냈다. 특히 1978년부터는 제2차 세계 대전을 일으킨 책임이 가장 큰 A급 전범 열네 명을 야스쿠니 신사에서 제사 지내고 있다. 일본이 전쟁을 일으킨 것에 대해 사죄를 하지 않고, 전쟁을 일으킨 범죄자를 신으로 받들고 있는 것이어서 세계 여러 나라가 일본 정치인들의 야스쿠니 신사 참배를 반대하고 비난한다.

> **이렇게 활용해 보세요**

신사 참배, 야스쿠니 신사는 뉴스에서 자주 듣는 말이지만, 어른들도 그게 무엇인지 정확하게 알기 쉽지 않지요. 이번 기회에 아이들과 개념을 정확하게 이해해 보세요.

이 책뿐 아니라, 추가적인 자료 검색을 통해서 도움이 되는 내용들을 찾고 힘을 모아 아이들 수준에 맞게 개념을 정리해 보세요.

6. 주장과 근거로 이루어진 논설문 쓰기

〈동해인가, 일본해인가?〉 편을 읽고 어떤 생각이 들었나요? 어떤 입장을 지지하나요? 한쪽 입장을 골라 원고지에 주장과 근거로 이루어진 논설문을 써 봅시다.

> **이렇게 활용해 보세요**

실제 주제를 활용해 대립되는 두 입장 중 나는 무엇을 지지하는지 정하고 주장하는 글을 쓰며 모임을 마무리해요. 논설문이라고 할 수 있어요.

독도 문제 못지않게 일본과의 외교 문제로 자주 듣게 되는 논점이 '동해'의 명칭 문제입니다. 아이들에게 생각해 볼 기회를 주기 위해 이 주제를 골랐어요. 참여하는 아이들의 관심사, 시기 등에 따라 얼마든지 다른 주제로 바꿔도 좋습니다.

한쪽 입장을 지지하려면 왜 그렇게 생각하는지 근거가 있어야겠지요. 근거가 탄탄한 논설문을 쓸 수 있게 지도해 주세요. 아래 예시문에서도 그렇게 생각한 이유가 빠졌어요. '일본만의 바다라고 부르는 것은 말도 안 되고, 기준점에 따라 동서남북은 달라지기 때문이다.' 정도로 덧붙인다면 좋겠죠.

책동아리 POINT

아이에 따라 생각이 다양하게 나올 수 있어요. 열린 마음으로 받아들이고 서로 생각을 공유하게 해 주세요.

1. 역사 논쟁의 배경 이해하기

나라마다 과거의 역사에 대해 주장하는 바가 서로 다른 이유는 무엇일까요?

> 1)
>
> 2)
>
> 3)

2. 토론의 준비와 참여 태도

토론할 입장을 정해서 준비할 때 어떻게 해야 할까요? 그리고 실제로 토론할 때는 어떤 점에 주의해야 할까요?

토론 준비	토론 참여

3. 토론 주제 비교하기

이 책의 1~7장 중에서 내가 전혀 몰랐던 내용을 가장 많이 알려 주거나 원래의 내 생각을 가장 많이 바꾼 토론 주제는 무엇인가요?

토론 주제	그 이유

4. 주장과 근거 구분하기

토론하며 말하는 내용은 주장과 근거로 구분됩니다. 근거 없는 주장은 설득력이 없죠. 39쪽의 '고구려 역사에 대한 한국과 중국의 쟁점'을 보고 이 주장들을 뒷받침하는 근거들을 본문에서 찾아보세요.

5. 주제와 개념 이해하기

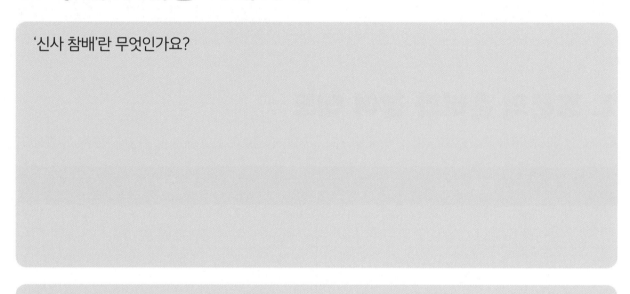

'신사 참배'란 무엇인가요?

'야스쿠니 신사'는 어떤 곳인가요?

6. 주장과 근거로 이루어진 논설문 쓰기

〈동해인가, 일본해인가?〉 편을 읽고 어떤 생각이 들었나요? 어떤 입장을 지지하나요? 한쪽 입장을 골라 원고 지에 주장과 근거로 이루어진 논설문을 써 봅시다.

배가 된 도서관

원제: Encore heureux qu'il ait fait beau, 2012년

#도서관 #모험 #생존 #책 #표류
#인간애

글 플로랑스 티나르
옮김 김희정
그림 이노루
출간 2016년
펴낸 곳 책읽는곰
갈래 외국문학(판타지 동화)

이 책을 소개합니다

도서관 건물이 통째로 배가 되어 바다로 나아갑니다. 하지만 딱 그 부분만 판타지이고 나머지는 개연성이 높은 초등 고학년생들의 모험 이야기예요. 배가 된 자크 프레베르 도서관에서 6학년 학생 열두 명과 문제아 사이드, 선생님들이 28일간 겪는 모험이지요(무기한이 아니므로 이들이 무사히 육지로 돌아갔다는 거죠). 처음에는 두려움과 공포에 안절부절못하지만, 점차 숙련된 선원처럼 각자의 역할을 맡아 항해를 합니다. 유령선과 상어, 폭풍우, 배고픔과 갈증, 불신과 이기심으로 인한 갈등과 고난을 이겨 내면서요.

도서관에 갇혀 표류하는 동안 이들은 '책'을 통해 생존 전략을 배웁니다. 책을 보고 나침반과 간이 속도 측정기 같은 물건도 만들어 내고, 바다에서 위치를 측정하는 방법도 알게 되지요. 기행문과 탐험기도 찾아보고 책을 읽으

며 지친 마음도 달래게 되니 배가 된 것이 도서관이라 참 다행이지요.

 도서 선정 이유

우리 아이들이 경험하는 모험은 어떤 수준인가요? 가족들과 모처럼 마음먹고 간 주말 나들이에서 뛰어노는 정도 아닐까요? 주변의 또래와 비슷한 아이들이 생생하게 등장하지만, 놀라운 모험을 겪는 이야기를 보여 주고 싶었어요. 망망대해를 표류하는 절망적인 상황에서도 인물들이 어려움을 하나하나 이겨 내면서 서로에게 힘이 되는 모습을 통해, 아이들이 느끼는 게 많을 것 같았어요. 생존과 적응을 다루는 TV 예능 프로그램보다 더 몰입해서 읽을 수 있는 책입니다.

또 한편으로는 책동아리에서 책과 도서관에 대한 새로운 접근도 같이 해 보고 싶었고요. 단, "책을 많이 읽어야한다", "도서관에 가라"와 같은 잔소리처럼 느껴져서는 안 되겠지만요. 이 책은 배가 된 도서관을 통해 인류의 지식과 경험이 담긴 책이 의식주만큼이나 우리가 살아가는 데 꼭 필요한 것임을 넌지시 일러 주는 듯해요.

 함께 읽으면 좋은 책

`비슷한 주제`

○ 책을 살리고 싶은 소녀 | 클라우스 하게루프 글, 리사 아이사토 그림, 손화수 옮김, 알라딘북스, 2018

○ 15소년 표류기 | 쥘 베른 글, 레옹 브네 그림, 김윤진 옮김, 비룡소, 2005

○ 로빈슨 크루소 | 대니얼 디포 글, N. C. 와이어스 · 월터 패짓 그림, 김석희 옮김, 비룡소, 2019

○ 비밀 유언장 | 이병승 글, 최현묵 그림, 서유재, 2021

○ 세상을 바꾼 위대한 책벌레들(1~2권) | 고정욱 기획, 김문태 글, 이량덕 그림, 뜨인돌어린이, 2006 · 2007

○ 연동동의 비밀 | 이현 글, 오승민 그림, 창비, 2020

`같은 작가`

○ 아빠와 함께 수호천사가 되다 | 플로랑스 티나르 글, 박선주 옮김, 책과콩나무, 2009

문해력을 키우는 엄마의 질문

1. 이야기의 앞부분 상상하기

자크 프레베르 도서관은 도대체 어쩌다 바다에 나가게 된 것일까요? 어떤 상상을 하며 읽었는지 써 보세요.

> **이렇게 활용해 보세요**

황당한 사건으로 시작되는 이야기지만, 정확한 배경은 드러나지 않아요. 각자 어떤 상상으로 그 공간을 메웠을지 이야기 나누며 오늘 모임을 시작해요.

2. 인물 분석하기

이 책에 나오는 아이들 중 유일하게 6학년이 아닌 소년은 사이드입니다.
어떤 인물이라고 파악했는지 정리해 보세요.

> 가정환경이 불우하고 성적이 좋지 않다. 그리고 학교생활에 잘 적응을 못한다. 그렇지만 대인 관계를 간절히 맺고 싶어 하고, 순수하기도 하다.

> **이렇게 활용해 보세요**

책에서 각 인물의 특징이 무엇인지 일목요연하게 정리하여 제시하는 경우는 드물어요. 만화책이나 추리 소설에서 가끔 볼 수 있죠. 그러나 각 인물의 행동과 말을 통해 특징을 상당 부분 유추할 수 있어요. 개성이 강한 인물을 골라 분석하고 넘어가면 좋아요.

3. 관계 분석하기

실수로 물을 낭비한 케빈, 케빈에게 물을 빼앗아 마시며 괴롭히는 투르구트와 하비브에 대해 어떻게 생각하나요?

> 실수는 실수니까 누구나 할 수 있다. 특히 한 번은. 그러나 남의 귀중한 물을 빼앗는 건 잔인하고 못된 행동이다. 투르구트와 하비브에게 엄청나게 큰 벌을 내려야 한다고 생각한다.

이번에는 한 명이 아닌 인물들 간의 관계를 생각해 보는 거예요. 물이 귀한 재난 상황이라는 설정에서 동일하게 물을 못 마시게 된 상황을 두고 인물들의 행동에서 어떤 차이점을 발견할 수 있을까요? 아이들 간에 의견이 다르면 토론을 해 봐도 좋아요.

4. 이야기의 소재 짚어 보기

• 배가 된 도서관이라는 설정답게 이 책에는 다양한 책이 등장합니다. 책은 인물들에게 어떤 역할을 했을까요?

걱정스러운 상황에서 조금이나마 마음의 안정을 준다. 또 어떤 책은 직접적인 문제 해결 방법을 알려 주기도 했다.

• 졸지에 항해를 하게 된 인물들은 다양한 적응 방법을 생각해 냅니다. 이들이 만들어 낸 도구 중에서 어떤 것이 가장 흥미로웠나요?

나침반을 직접 만들어 낸 게 신기하다. 망망대해에서 방향을 알 수 있게 되어 큰 도움이 되었을 것이다.

몇 가지 질문을 통해 책 내용의 중요 요소들을 되짚어 볼 수 있어요. 단순히 기억을 되새기는 것이 아니라, 그 요소의 의미를 생각해 보는 거예요.

책과 도서관이 중요한 촉매 역할을 하는 이야기인 만큼, 어떤 책들이 등장했는지, 나는 그 책을 읽어 본 경험이 있는지 아닌지, 그밖에 어떤 책이 나오면 이야기 진행에 도움이 되었을지 등을 말해 볼 수 있어요. 이런 생각을 통해 이 책에서 책이 인물들에게 한 역할이 무엇인지 정리됩니다.

생존기는 요즘 TV 프로그램이나 유튜브에서도 인기 있는 주제입니다. 어린아이들의 (물론 어른도 함께 있었지만) 생존 전략이라 더욱 인상적이고 흥미진진했을 텐데요. 각자 어떤 부분이 가장 기억에 남는지를 말해 보며 내용을 되짚어 봅니다.

5. 입장 바꿔 생각하기-나만의 생존법

내가 친구들과 어떤 건물을 타고(?) 바다로 나가게 된다면 어떨까요?

- 무슨 건물이면 좋겠어요?

  홈플러스면 좋겠다. 일단 먹을 게 무궁무진하고, 화장실도 있으니까.

- 어떤 인물들과 함께 있으면 좋겠어요?

  요리사, 낚시꾼, 기계 수리 전문가, 친한 친구들 등

- 어떻게 해야 동료들과 잘 지낼 수 있을까요?

  배 안에서 지킬 법을 만든다. 음식은 공평하게 나눠 먹는다. 아픈 사람을 먼저 돌본다.

- 식량은 어떻게 조달할 생각인가요?

  1) 바다에서는 물고기를 낚고, 해조류를 건진다.

  2) 건물이 홈플러스이니 공산품은 가져다 먹는다.

  3) 상온 보관되어 있던 과일과 채소를 냉장 보관(유제품 코너 등)하여 매일 조금씩 나누어 먹는다.

  4) 냉장 보관되어 있던 육류는 냉동실로 옮긴다.

  5) 일부 과일과 채소는 햇빛에 말려 건조시켜 나중을 위해 보관한다.

  6) 일단은 생수와 음료수가 많이 있어 다행이다. 유통기한이 있는 유제품부터 마신다.

- 어떤 물건을 만들어야 긴 항해를 잘 견딜 수 있을까요?

  편안한 침대, 물이 떨어질 때를 위한 정수 장치

- 어떻게 해야 구조 받을 수 있을까요?

  공중으로 폭죽을 쏜다. 그런데 식량 조달 계획을 짜 보니 그냥 마트에서 살아도 될 것 같긴 하다.

> **이렇게 활용해 보세요**

창의적인 발상에서 출발한 이 책에서 영감을 받아 우리의 조난(?) 상황을 가정해 보는 거예요. 아이들다운 기발한 상상이 샘솟을 거라고 확신합니다.

> **책동아리 POINT**

활동지에 생각을 적는 데 치중하기보다는 각 문제에 대해 생각하며 왁자지껄 이야기 나누도록 유도해 보세요. 아마 낄낄거리며 앞다투어 재미난 생각들을 말할 거예요.

첫 번째 질문(어떤 건물?)에서 어떤 방향을 잡는지에 따라 전체적인 계획이 많이 달라질 거라 아이들 간의 차이를 비교해 볼 수 있어요.

6. 이야기의 뒷부분 상상하기

28일간의 항해를 마치고 물으로 돌아가게 된 아이들은 일상에서 어떤 변화를 보였을까요? 선생님들은요? 원고지에 재미있게 써 보세요.

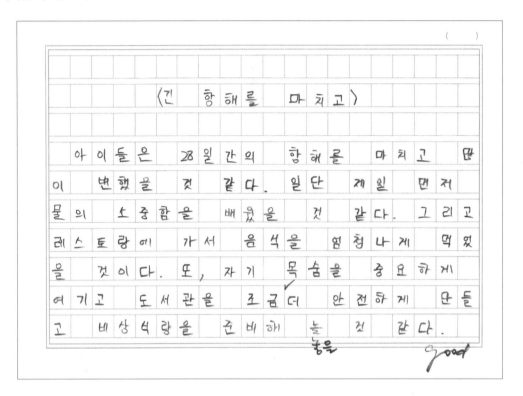

〈긴 항해를 마치고〉

아이들은 28일간의 항해를 마치고 많이 변했을 것 같다. 일단 제일 먼저 물의 소중함을 배웠을 것 같다. 그리고 레스토랑에 가서 음식을 엄청나게 먹었을 것이다. 또, 자기 목숨을 중요하게 여기고 도서관을 조금 더 안전하게 만들고 비상식량을 준비해 놓을 것 같다.

이렇게 활용해 보세요

이야기의 앞부분을 상상하는 것으로 모임을 시작했으니, 뒷부분도 상상하는 것으로 마무리해 볼까요? 특히 이 책에서는 등장인물들의 엄청난 모험을 다루었기 때문에 일상으로 돌아갔을 때의 후일담이 기대가 되기도 합니다.

또래들에게 자신을 투영하여 모험이 가져다주었을 변화를 생각해 봅니다. 어른들과의 관계에 대해서도요. 행동의 변화에만 치중한다면 심리적인 측면은 어떨지 질문해 보세요.

1. 이야기의 앞부분 상상하기

자크 프레베르 도서관은 도대체 어쩌다 바다에 나가게 된 것일까요? 어떤 상상을 하며 읽었는지 써 보세요.

2. 인물 분석하기

이 책에 나오는 아이들 중 유일하게 6학년이 아닌 소년은 사이드입니다.
어떤 인물이라고 파악했는지 정리해 보세요.

3. 관계 분석하기

실수로 물을 낭비한 케빈, 케빈에게 물을 빼앗아 마시며 괴롭히는 투르구트와 하비브에 대해 어떻게 생각하나요?

4. 이야기의 소재 짚어 보기

배가 된 도서관이라는 설정답게 이 책에는 다양한 책이 등장합니다. 책은 인물들에게 어떤 역할을 했을까요?

졸지에 항해를 하게 된 인물들은 다양한 적응 방법을 생각해 냅니다. 이들이 만들어 낸 도구 중에서 어떤 것이 가장 흥미로웠나요?

5. 입장 바꿔 생각하기 나만의 생존법

내가 친구들과 어떤 건물을 타고(?) 바다로 나가게 된다면 어떨까요?

| 무슨 건물이면 좋겠어요? | 어떤 인물들과 함께 있으면 좋겠어요? |

| 어떻게 해야 동료들과 잘 지낼 수 있을까요? | 식량은 어떻게 조달할 생각인가요? |

| 어떤 물건을 만들어야 긴 항해를 잘 견딜 수 있을까요? | 어떻게 해야 구조 받을 수 있을까요? |

6. 이야기의 뒷부분 상상하기

28일간의 항해를 마치고 뭍으로 돌아가게 된 아이들은 일상에서 어떤 변화를 보였을까요? 선생님들은요? 원고지에 재미있게 써 보세요.

통일: 통일을 꼭 해야 할까?

#통일 #남북 관계 #국가 정책

글 이종석·송민성
그림 최서영
출간 2017년
펴낸 곳 풀빛
갈래 비문학(사회, 정치)

이 책을 소개합니다

오랫동안 남북 관계를 연구해 온 이종석 전 통일부 장관이 그간의 연구 성과와 현장의 경험을 녹여 남북문제를 현실적으로 보여 주고 있어요. 통일이 정말 필요한지, 통일이 되면 무엇이 좋은지, 통일이 되지 않으면 어떤 점이 불리한지, 통일 비용은 무엇이며 얼마나 드는지 등을 냉철하게 논합니다.

먼저 우리 민족이 어떻게 분단의 역사를 갖게 되었는지, 분단의 원인은 무엇인지, 북한에서는 어떤 일들이 일어났는지 소개하고, 우리는 왜 북한과 사이가 나쁜지 알려 줍니다. 또한 통일이 되면 무엇이 어떻게 달라지는지, 통일 이후의 현실적인 어려움은 무엇일지, 그리고 그러한 어려움에도 불구하고 통일을 해야만 하는 이유는 무엇인지를 차근차근 설명해요.

도서 선정 이유

지금까지 통일은 이념과 진영의 문제를 벗어나 자유롭게 논의된 적이 거의 없다고 해요. 북한을 어떻게 바라보는지에 따라 이상적으로 생각하는 통일 방식이 달라지고, 대북 정책도 달라져 왔지요. 정권이 바뀔 때마다 달라지는 대북 정책 때문에 일선에서는 혼란을 빚기도 했고, 그로 인한 경제적인 손실도 컸다지요. 그러나 한반도를 둘러싼 국제 상황이 바뀌었어요. 미래를 생각한다면 한반도와 그 주변 국가들의 정세를 고려해서 통일 문제를 살펴야 해요. 이념과 진영 논리에만 얽매이지 말고 실사구시적인 접근이 필요해요. 이 책은 국제화 시대를 살아갈 미래의 주인공인 어린이들이 통일을 합리적으로 생각해 볼 수 있도록 도와줄 거예요.

전쟁을 겪고 분단의 아픔을 느낀 어른 세대와는 달리 어린이들은 남북 분단에 익숙한 세대라 통일의 필요성을 느끼기 어려울 수 있어요. 대한민국이 왜 분단국가가 되었는지 이해하기도 어렵고요. 이 책은 그런 아이들의 눈높이에 맞추어 통일을 쉽고 재미있게 설명하고 있어요. 어른과 함께 보며 통일에 대해 이야기 나누기에 적합한 책이에요. 통일을 해야 하는 합리적인 이유뿐 아니라 전반적인 국제 정세, 우리나라의 근현대사에 대한 폭넓은 지식까지 덤으로 주는 이 책을 통해 미래의 주인공인 아이들이 합리적으로 통일에 대해 고민해 볼 수 있을 거예요.

함께 읽으면 좋은 책

비슷한 주제

○ 북한 친구를 추가하겠습니까? | 강미진 글, 김민준 그림, 지학사아르볼, 2019

○ 아홉 시, 댕댕시계가 울리면 | 김해등 글, 이현수 그림, 어린이나무생각, 2020

○ 한민족, 두 나라 여기는 한반도 | 김경희 글, 푸른감성 그림, 뭉치, 2021 (개정판)

○ 개성공단 아름다운 약속 | 함영연 글, 양정아 그림, 내일을여는책, 2018

○ 어느 날 장벽이 무너진다면 | 한나 쇼트 글, 게르다 라이트 그림, 유영미 옮김, 뜨인돌어린이, 2020

○ 반짝반짝 별찌: 평화를 기원하는 북한말 동시집 | 윤미경 글, 방현일 그림, 국민서관, 2019

○ 힘차게 달려라 통일열차 | 통일미래교육학회 기획, 김현희 외 6명 글, 이재임 그림, 철수와영희, 2019

○ 꽃밭 속 괴물 | 김경옥 글, 한여진 그림, 상상의집, 2019

○ 봉주르, 뚜르 | 한윤섭 글, 김진화 그림, 문학동네, 2010

○ 나는 통일복서 최현미 | 이지원 글, 김기석 그림, 서울문화사, 2005 (절판입니다)

○ 렛츠 통일: 평화와 소통 | 건국대학교 통일인문학연구단 기획, 씽크스마트, 2019

○ 통일이 분단보다 좋을 수밖에 없는 12가지 이유 | 홍민정 글, 김명선 그림, 단비어린이, 2019

문해력을 키우는 엄마의 질문

1. 역사적 사실 정리하기

• 다음 빈칸에 알맞은 연도와 날짜를 채워 보세요.

광복	대한민국 Vs. 조선민주주의 인민공화국	한국전쟁 발발 (북한 남침)	정전 협정
1945년 8월 15일	1943년	1950년 6월 25일	1953년 7월

• 한국전쟁의 피해는 어떠했나요?

도로와 주택, 학교와 공장, 철도와 항만 시설이 파괴되었다. 사상자가 500만 명을 훌쩍 넘었다.

이렇게 활용해 보세요

역사적 사실을 모두 암기해야 할 필요는 없지만 중요한 시기는 알아 두는 게 좋지요. 가볍게 시작해 보세요.

두 번째 질문을 통해 역사적 사건의 영향을 간결하게 말해 볼 수 있어요. 말한 다음에 써 보면 문장이 더 깔끔해지는 것을 경험하게 됩니다.

'피해가 컸다, 막대했다'와 같이 단순하게 일반화해 대답하는 것보다는 구체적인 근거를 사용하되, '피해'에 초점을 맞추어 단어를 선택하게 되겠지요. '파괴', '사상자'처럼요.

2. 비유 이해하기

이솝 우화인 〈태양과 바람〉으로 북한에 대한 우리나라의 '햇볕정책'을 이해할 수 있어요. 어떤 비유인지 설명해 보세요.

태양은 따뜻하게 내리쬐니 상대에게 잘해 주어서 좋은 관계를 유지하는 것을 말한다. 반면에, 바람은 세게 불어서 나그네가 옷을 여미게 하므로 압박을 의미한다. 따라서 햇볕정책은 우리가 대북 지원을 하면서 남북 관계를 우호적으로 만들려는 접근이다.

이솝 우화와 대북 정책을 연결하는 과제예요. 아이들이 내용은 다 알고 있겠지만 짧은 글로 조리 있게 풀어 나가는 데 어려움을 겪을 수 있어요.

개념 정의하기, 비교와 대조, 결론 내리기에 필요한 문장의 유형(A는 B를 말한다/의미한다/뜻한다, -는 점에서 다르다 등)과 연결어(반면에, 따라서, 즉, 다시 말해 등) 등에 주의를 기울여 주세요.

3. 배경 이해하기

• 북한의 경제적 상황은 왜 어려울까요?

   사회주의 경제의 특성, 수령 중심의 사회적 특성, 자급자족식 경제 등

• 통제에도 불구하고 요즘 북한 사회가 달라지고 있음을 보여 주는 예를 들어 보세요.

   시장(장마당)이 열리고 있다. 거기에서 남한의 물건이 인기 있고 비싸게 팔린다고 한다.

• 52~53쪽에서 북한 아동들의 생활상을 읽어 보세요. 여러분과 어떤 점이 다른가요?

   충분한 교육을 받지 못한다. 사회주의를 위해 세뇌를 받는다.

• '통일 비용'이란 무엇인가요?

   통일을 이루는 데 드는 (천문학적인) 비용

• 통일 선배 독일의 경우를 통해 어떤 교훈을 얻을 수 있나요?

   천천히 준비하면서 단계적으로 추진하고 양쪽 간에 균형을 맞추면서 통일한다.

정보책에서 읽었던 내용을 논리적 흐름에 따라 되짚어 보며 완전하게 이해해 봅니다. 이런 책을 읽었을 때 얻을 수 있는 이득 중 하나는 전문적인 어휘를 자연스럽게 쓰게 된다는 거예요. 그런 어휘를 이용해 간결한 문장으로 답할 수 있어요.

4. 미래 예측하기

여러분이 스무 살이 되었을 때 남한과 북한의 상황은 어떨 것이라고 생각하나요?

그때쯤이면 남북통일이 되어서 완벽하게 하나의 나라가 될 것이다. 사용할 수 있는 천연 자원이 풍부해져서 제품 생산과 수출이 늘어날 것이고, 남북 왕래가 자유로워져 경제가 잘 돌아갈 것이다. 덕분에 우리나라는 세계에서 아주 잘사는 나라가 되어 있을 것이다. 물론 남과 북 간에 전쟁 위협이 없으니 군대는 가고 싶은 사람만 직업으로 갈 것이다. 국방비 예산은 교육이나 사회 복지에 쓸 수 있다.

> 이렇게 활용해 보세요

8년 후에 대한 예측이니 얼마 남지 않았지만, 아이들은 스무 살이라면 엄청 미래의 일이라고 생각이 되나 봐요. 읽은 내용을 바탕으로 근거를 가지고 예측해 봅니다.

5. '통일이 되면'을 주제로 글쓰기

'통일이 되면'이라는 제목으로 글을 써 보세요.

• 어떤 점이 기대되나요?
• 어떤 점이 걱정되나요?

> 이렇게 활용해 보세요

이 책의 주제에 맞는 글을 쓰면서 활동을 마무리해요. 동전의 양면처럼 대부분의 일에는 긍정적, 부정적 측면이 있지요. 통일에 대해 내가 바라보는 두 측면은 어떠한지를 이용해 한 단락을 완성합니다.

1. 역사적 사실 정리하기

• 다음 빈칸에 알맞은 연도와 날짜를 채워 보세요.

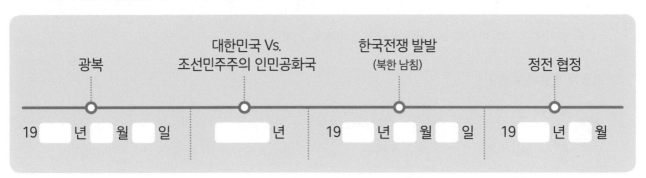

• 한국전쟁의 피해는 어떠했나요?

2. 비유 이해하기

이솝 우화인 〈태양과 바람〉으로 북한에 대한 우리나라의 '햇볕정책'을 이해할 수 있어요. 어떤 비유인지 설명해 보세요.

3. 배경 이해하기

북한의 경제적 상황은 왜 어려울까요?

통제에도 불구하고 요즘 북한 사회가 달라지고 있음을 보여 주는 예를 들어 보세요.

52~53쪽에서 북한 아동들의 생활상을 읽어 보세요. 여러분과 어떤 점이 다른가요?

'통일 비용'이란 무엇인가요?

통일 선배 독일의 경우를 통해 어떤 교훈을 얻을 수 있나요?

4. 미래 예측하기

여러분이 스무 살이 되었을 때 남한과 북한의 상황은 어떨 것이라고 생각하나요?

5. '통일이 되면'을 주제로 글쓰기

〈통일이 되면〉이라는 제목으로 글을 써 보세요.

- 어떤 점이 기대되나요?
- 어떤 점이 걱정되나요?

클로디아의 비밀

원제: From the Mixed-Up Files of Mrs. Basil E. Frankweiler, 1968년

#가출 #모험 #비밀 #예술품
#미술관 #도서관

글·그림 E. L. 코닉스버그
옮김 햇살과나무꾼
출간 2000년
펴낸 곳 비룡소
갈래 외국문학(추리 동화)

 이 책을 소개합니다

열두 살 소녀 클로디아와 열 살 동생 제이미의 흥미진진한 가출 일기예요. 가출 장소부터 상상을 뛰어넘어요. 이 남매는 미국에서 가장 큰 미술관인 메트로폴리탄 미술관으로 가출을 하게 됩니다. 초기 청소년의 일탈을 다루는 느낌은 아니에요. 맏딸인 클로디아는 부모가 차별을 한다고 느끼고, 제이미는 신나는 모험을 원하죠. 결국 둘 다 똑같고 지루한 일상으로부터 벗어나는 모험을 바랐던 거예요.

남매는 낮에는 전시품에 대해 공부하고, 밤에는 전시된 침대에서 잠을 잡니다. 분수대에서 목욕을 하며 바닥에 깔린 동전을 주워 점심값과 세탁비를 치르고요. 미술관이 250달러에 사들인 천사상에 흥미를 느껴 그 비밀을 밝히려 애쓰죠. 조각상을 자세히 관찰하고 도서관에서 자료를 찾으며 탐정처럼 정보를 캐냅니다. 결국 미술관에 천

사상을 판 이 책의 화자인 프랭크와일러 부인을 만나게 되고 천사상의 비밀을 알아내게 됩니다. 집을 나올 때는 평범한 아이들이었던 둘은 특별한 비밀을 간직한 특별한 아이들이 되어 집으로 돌아갑니다.

도서 선정 이유

이 책 역시 뉴베리 상 수상작(1968년)이에요. 그것만으로도 읽어 보고 싶게 만드는데, 제목에 일단 '비밀'이 들어 있고, 게다가 어린 남매의 '가출' 이야기라니 정말 호기심이 생기지요. 유명한 미술관에서의 가출 생활이 기상천외하고 재미있어요. 메트로폴리탄 미술관에 어떤 작품들이 있는지 자연스럽게 알게 될 기회이기도 하고요. 그뿐 아니라, 아이들이 정보를 찾기 위해 도서관에서 보내는 시간도 인상적이에요. 요즘 아이들과 다른 접근이니 신선할 거예요. 무엇보다 이 책의 매력은 이야기의 구조가 가진 세련됨이에요. 화자도 독특하고, 결말도 호탕하고 명쾌하거든요. 또래들과 충분히 어울리지 못하고 학원에 숙제에 바쁜 아이들이 일상에서 벗어나는 상상을 해 볼 기회가 되는 책이라 추천합니다.

함께 읽으면 좋은 책

비슷한 주제

○ 어린이를 위한 세계 미술관 | 이유민 글, 김초혜 그림, 이종주니어, 2019

○ 메트로폴리탄 미술관 | 조성자 글, 선현경 그림, 시공주니어, 2014

○ 거짓의 피라미드 | 한석원 기획, 한정영 글, 잠산 그림, 생각의질서, 2017

○ 언니가 가출했다 | 크리스티네 뇌스틀링거 글, 한기상 옮김, 최정인 그림, 우리교육, 2007

○ 가출 같은 외출 | 양인자 글, 김미화 그림, 푸른책들, 2018

같은 작가

○ 내 친구가 마녀래요 | E. L. 코닉스버그 글, 장미란 옮김, 윤미숙 그림, 문학과지성사, 2000

○ 거짓말쟁이와 모나리자 | E. L. 코닉스버그 글, 햇살과나무꾼 옮김, 사계절, 2000

1. 이야기 이해하기

- 이 이야기의 배경은 어떠한가요? 어떤 단서를 통해 배경을 알게 되었나요?

- 공간적 배경

  미국 동부, 뉴욕 메트로폴리탄 미술관 / 계획 단계에서 남매의 가출 장소가 그 미술관으로 밝혀져서. 아마 집도 그리 멀지 않은 곳일 것이다.

- 시간적 배경

  1960년대쯤 / 교통비나 물건 값이 놀랍도록 싸서

- 이 이야기의 화자는 누구인가요?

  프랭크와일러 부인

- 클로디아가 가출한 이유는 무엇인가요?

  가족 내에서 자기만 차별을 받는다고 생각하고, 생활이 단조로워 지겨워져서

- 클로디아 남매가 메트로폴리탄 미술관을 가출 장소로 정한 이유는 뭘까요?

  넓고 안락하면서도 우아한 곳이어서

- 남매가 발견한 비밀은 무엇인가요?

  메트로폴리탄 미술관이 구입한 천사상 조각이 거장 미켈란젤로의 작품이라는 것

- 남매가 물려받게 된 보물에는 어떤 의미가 있나요?

  천사상 조각의 밑그림을 선물로 받게 된다. 이것은 미켈란젤로가 그 천사상을 만들었음을 증명해 주는 단서이다.

> **이렇게 활용해 보세요**

읽기는 크게 해독과 이해로 나뉩니다. 초등 저학년 때 해독 기능이 완성되면 그다음부터 계속 읽기 이해가 요구됩니다. 인생에 영향을 미치는 아주 중요한 능력이지요.

소설을 읽을 때, '이건 어느 시대, 몇 년도에 어디에서 생긴 일이다……' 대부분 이렇게 말해 주

지 않죠? 그런 부분을 유추해 내는 건 대부분 독자의 몫입니다. 어린이들도 책을 읽으며 이런 연습이 필요해요. 퍼즐을 맞춰 가는 재미라고 할 수 있죠. 정답을 확인할 수는 없더라도 추측해 보는 시도 자체가 중요해요. 특히 우리가 사는 지금 여기가 아닌 배경은 낯설어서 유추가 쉽지 않습니다. 과거의 외국이라면 더욱 그렇겠죠.

두 번째 질문은 원작의 제목과 관련 있는 독특한 화자 설정에 대한 것이에요. 눈여겨보고 이야기 나눌 필요가 있다고 생각해서 던져 보았습니다.

책을 읽다 보면 클로디아 남매가 가출했다는 사실과 그 이후의 생활에만 초점을 두기 쉽지만, 왜 이런 일이 벌어졌는지 요약해서 말할 수 있으면 좋을 것 같아 질문으로 만들어 봤어요.

나머지 질문들도 마찬가지예요. 정보를 주어진 대로 받아들이기만 하지 않고, 한 번 더 생각해서 자기 것으로 만드는 것이 중요해요. 질문에 대답할 수 있어야 진짜 이해한 거예요. 대답하기 어려워하면 중간 질문을 던져 주세요. "그 보물은 가치가 있는 거였어?" "왜?" "어떤 가치?"처럼요.

2. 이야기 평가하기

• 이 책의 원제는《From the Mixed-up Files of Mrs. Basil E. Frankweiler》입니다.

- 무슨 뜻일까요?

프랭크와일러 바실 부인의 뒤섞인 파일로부터

- 왜 이런 제목이 붙었을까요?

거기서 중요한 증거를 찾아낼 수 있었기 때문에 이 이야기에서 중요한 부분에 해당한다.

-《클로디아의 비밀》이라는 번역서 제목과 비교하여 어떤 것이 더 마음에 드나요? 그 이유는요?

우리나라 책 제목이 책을 더 읽고 싶게 만드는 것 같다. 아무래도 주인공은 그 노부인이 아니라 클로디아니까. 그리고 '비밀'이라는 건 항상 호기심을 불러일으킨다. 원래의 영어 제목은 흥미롭긴 하지만 너무 복잡하다.

• 클로디아가 가출로 얻은 성과는 무엇인가요?

미술관에서 아이들끼리 꽤 재미있는 모험이 되었을 것 같다. 창의적인 현장 체험 학습을 했다. 또, 미켈란젤로가 그린 밑그림도 선물로 얻었고, 동생과 함께 생존 능력을 길렀다.

• 남매가 가출한 동안 가족들의 마음은 어땠을까요?

어린아이들이(그것도 남매가 한꺼번에) 가출을 했으므로 가족들이 매우 걱정했을 것 같다.

이렇게 활용해 보세요

이해에서 더 나아가 이야기의 전말을 평가할 수 있으면 책을 훌륭하게 읽은 거예요.

제목부터 시작해 볼까요? 이 책의 원제는 길고 복잡해요. 무슨 내용일까 추측하기도 어려울 만큼요. 번역된 제목과 비교해서 평가할 수 있어요. 심도 있게 평가하지 않더라도 어느 게 더 좋다, 이유 정도는 누구나 말할 수 있을 거예요.

보통 '가출'이라고 하면 엄청 부정적인 행동이라고 생각하게 되는데, 이 책에서도 반드시 그럴까요? '굳이 좋은 점을 찾아본다면 뭐가 있을까?' 싶어 물었는데, 기대보다 다양한 답이 나왔어요. 책에 나오지는 않지만, 읽고 나서 생각해 볼 수 있는 좋은 질문이에요.

끝으로 균형을 맞추기 위해서 부모님의 마음도 헤아려 보는 질문도 해 보면 좋겠지요.

3. 책과 나를 연결하기

내가 만약 클로디아처럼 멋진 가출을 한다면 어디서 무엇을 할 것인지 계획해 보세요.

내가 가출을 한다면 야구장으로 가고 싶다. 매점, 편의점, 식당, 화장실, 샤워실이 다 있어서 짧은 기간은 먹고 살 수 있을 것 같다. 그리고 경기가 있는 날은 구장 전체를 돌아다니며 신나게 볼 수 있다. 관중이 많아 외롭지 않을 것이다.

이미 내부에 들어가 있으니 표 검사는 안 할 것이다. 그리고 라커 룸에 가면 선수들을 보고 사인도 받을 수 있다. 게임이 끝나고 선수들이 퇴근하면 라커 룸에 들어가 따뜻한 물로 샤워를 하고 잔다. 그래도 집보다는 많이 불편하겠지.

이렇게 활용해 보세요

마지막 글쓰기 주제로 선택한 흥미로운 주제예요. 읽은 책과 나 자신을 연결해 보는 시간은 대단히 소중하지요. 아이들의 관심사와 생각을 살짝 엿볼 수 있는 기회였어요. 글이 어느 정도 장난스러워지는 것은 어쩔 수 없는 문제였지만요.

1. 이야기 이해하기

이 이야기의 배경은 어떠한가요? 어떤 단서를 통해 배경을 알게 되었나요?
- 공간적 배경

- 시간적 배경

이 이야기의 화자는 누구인가요?

클로디아가 가출한 이유는 무엇인가요?

클로디아 남매가 메트로폴리탄 미술관을 가출 장소로 정한 이유는 뭘까요?

남매가 발견한 비밀은 무엇인가요?

남매가 물려받게 된 보물에는 어떤 의미가 있나요?

2. 이야기 평가하기

이 책의 원제는 《From the Mixed-up Files of Mrs. Basil E. Frankweiler》입니다.
 - 무슨 뜻일까요?

 - 왜 이런 제목이 붙었을까요?

 -《클로디아의 비밀》이라는 번역서 제목과 비교하여 어떤 것이 더 마음에 드나요? 그 이유는요?

클로디아가 가출로 얻은 성과는 무엇인가요?

남매가 가출한 동안 가족들의 마음은 어땠을까요?

3. 책과 나를 연결하기

내가 만약 클로디아처럼 멋진 가출을 한다면 어디서 무엇을 할 것인지 계획해 보세요.

나의 아시아 친구들

#세계사 #아시아 #인권 #이주민
#상호 문화 교육(다문화) #공존

글 아시아인권문화연대
그림 안재선
출간 2021년(개정판)
펴낸 곳 휴먼어린이
갈래 비문학(역사, 문화, 지리)

이 책을 소개합니다

《나의 아시아 친구들》에는 아시아 일곱 나라(네팔, 몽골, 미얀마, 베트남, 인도네시아, 파키스탄, 방글라데시)의 아이들이 자신의 문화와 살아가는 이야기를 생생하게 소개하는 편지가 실려 있어요. 낯선 여행지가 아닌 이웃의 고향, 이주노동자와 그 가족들의 나라, 역사와 문화의 측면에서 우리나라와 깊이 관련된 곳인 아시아를 살펴봅니다.

결혼식을 세 번이나 올린다는 네팔 아이 지누 세레스터, 가장 받고 싶은 선물이 조랑말이라는 몽골 아이 몽흐졸, 한국에서 살지만 할랄 음식만 먹는다는 소랍 후세인 등이 자기 나라의 문화와 삶에 대해 직접 들려줍니다. 편지 뒤에는 그 나라의 역사, 문화, 사건을 한눈에 보이게 담아내어 깊고 쉽게 이해할 수 있어요.

이 책은 모든 문화의 소중함을 깨우쳐 줍니다. 평화롭고 평등하게 더불어 살기 위해서는 이렇게 서로의 이야기를 나누는 일이 가장 중요해요. 그것이 나와 내 문화가 존중받는 길이니까요.

 ## 도서 선정 이유

이 책에는 아시아 여러 나라의 문화적 특성(결혼, 남아 선호 사상 등)과 관련해 찬반 토론거리가 많아요. 인권 의식과 함께 문화적 감수성이 자라날 거예요. 우리나라가 다문화 사회로 변모한 요즘, 지리적으로 가깝고 역사적 · 문화적으로도 공통점이 많은 아시아 이주민들과의 공존과 연대는 절실합니다. 단순히 각 문화의 다양성을 인정하는 데서 더 나아가, 서로를 더 깊게 알아 가고 이해하는 것이 함께 어울려 살 수 있는 조건이라고 하지요. 아이들의 눈높이에서 쓰인 편지글로 이루어진 책이라 쉽게 다가갈 거예요.

함께 읽으면 좋은 책

비슷한 주제

○ 아빠, 제발 잡히지 마 | 이란주 글, 삶이보이는창, 2009

○ 그냥 베티 | 이선주 글, 신진호 그림, 책읽는곰, 2019

○ 나는 네 친구야: 웃음을 기다리는 아이들 | 박종인 외 글, 시공주니어, 2008

○ 둥글둥글 지구촌 지리 이야기 | 박신식 글, 김석 그림, 풀빛, 2015

○ 자유의 여신상의 오른발 | 데이브 에거스 글, 숀 해리스 그림, 황연재 옮김, 책빛, 2019

○ 나의 미누 삼촌 | 이란주 글, 전진경 그림, 우리학교, 2019

○ 지리랑 손잡고 문화랑 발맞춘 아시아 신화 | 신현배 글, 이연주 그림, 아르볼, 2014

○ 아시아 아홉 문자 이야기 | 유네스코 아시아태평양 국제이해교육원 기획, 조민석 그림, 한림출판사, 2013

○ 아시아에서 만난 우리 역사 | 강응천 글, 한림출판사, 2021

○ 처음 읽는 동아시아 이야기 | 강창훈 글, 박재현 그림, 주니어김영사, 2021

문해력을 키우는 엄마의 질문

1. 다문화 지식 습득하기

• 카스트 제도의 4계급을 적어 보세요.

• 다음 종교는 무엇일까요?

> 세계 4대 종교 중 하나. 윤회 사상, 카스트 제도를 바탕으로 한다. 규율이 엄격하다. 인도, 네팔, 인도네시아의 발리 지역 등에 신자가 많다. 소를 신성시한다.   힌두교

이렇게 활용해 보세요

　　　내용 중 중요한 부분이었던 개념에 대해 정리하며 시작해 보세요. 피라미드 모양과 같은 도식이 이해에 도움이 됩니다.

　　　카스트 제도는 종교적 일을 담당하는 브라만, 정치와 군대의 일을 담당하는 크샤트리아, 상업과 농업을 담당하는 바이샤, 앞의 세 계급의 시중을 드는 노예 수드라의 네 계급으로 구성되고, 여기 들지 못하는 불가촉천민도 있음을 짚어 주세요.

2. 읽은 내용 요약하기

다음의 인물, 물건, 행사, 제도에 대해 간단히 설명해 보세요.

• 네팔의 쿠마리

네팔의 살아 있는 어린 여신으로 일 년에 한 번씩 쿠마리가 축복을 비는 축제가 열린다.

- 몽골의 차강사르

  몽골의 설날로 이때 상을 잘 차려서 복을 빈다.

- 미얀마의 타나카

  타나카 나무로 만든 천연 햇빛 차단제이다.

- 베트남의 옹따오

  집집마다 가족들을 돌보는 수호신으로, 잘 모셔야 1년이 평안하다.

- 인도네시아의 바틱

  인도네시아에서 옷감을 염색하는 전통적인 방법이다. 이렇게 염색해서 몸에 두르는 옷을 만들어 입는다.

- 무슬림의 라마단

  코란의 가르침에 따라 이슬람교에서 9월에 금식을 하는 기간이다.

- 이슬람교의 할랄

  이슬람교의 교리인 코란에서 허용하는 음식이나 물건이다. '허용된 것'이라는 의미이고, 음식으로는 채소나 곡류 같은 식물성과 어류 등 해산물, 육류 중에서는 닭고기와 소고기 등이 포함된다. 술과 돼지고기 등은 금지되어 '하람'이라고 한다.

이렇게 활용해 보세요

　　처음 접하는 다양한 정보가 많은 정보책을 읽을 때는 때때로 필요한 전략이에요. 되짚어 볼 만한 중요한 개념들을 뽑아 그 의미를 요약하거나 정의하게 하는 거예요.

　　스스로 설명할 수 있어야 제대로 학습한 것이라고 하죠. 제가 대학생들 시험에도 가끔 내는 문제 유형이랍니다. 읽은 것을 암기했는지가 아니라 개념 파악을 했는지가 중요해요.

　　물론 책을 다시 훑어보며 완성해도 좋아요. 구체적인 정보를 다 외우고 있을 필요는 없으니까요. 문장이 성립하게 완성하도록 도와주세요. 주어를 무엇으로 정하고, 어떤 서술어로 마무리하며, 수식어는 어떻게 쓸지 모두 생각하며 써야 해요.

책동아리 POINT

친구가 쓴 것을 읽어 가며 도움을 받을 수도 있어요. 그대로 베끼지는 않게 해 주세요.

3. 역사에 관심 갖기

네팔, 몽골, 미얀마, 베트남, 인도네시아, 파키스탄, 방글라데시의 친구들이 보내 준 편지에는 그 나라의 문화뿐 아니라, 역사적 배경도 담겨 있어요. 읽으면서 어떤 나라의 역사가 가장 놀라웠나요? 외세의 침략과 지배를 받은 경험이 우리에게만 있는 게 아님을 알게 되었나요? 한 나라를 골라 간단히 정리해 보세요.

- 내가 고른 나라 : 미얀마

미얀마는 18세기 북부 지역의 만달레이에 자리 잡은 버마 왕국이었다. 1885년에 영국의 침략을 받아 식민지가 되었다. 이때부터 아시아에서 식민지가 된 나라들이 생겨났다. 버마는 우리나라 독립보다 3년 뒤인 1948년에 독립을 이루었다.

이렇게 활용해 보세요

이 책에서 여러 아시아 나라가 소개되었으니 그중에서 특히 인상적이었던 역사를 가진 나라가 있을 거예요. 동남아시아의 역사에 대해서는 그동안 세계사와 국사를 통해 흔히 접해 보지 못했을 거라, 이 책이 좋은 정보원이 되었다고 봅니다. 아이들 간에 나라가 겹칠 수도 있지만 골고루 안배되게 조정하는 전략도 필요해요.

내가 고른 이유가 무엇인지, 우리나라와는 어떤 점이 관련이 있는지 등에 초점을 맞추도록 하면 몇 문장을 쉽게 쓸 수 있을 거예요. 연도 등 구체적인 정보는 책을 찾아 가면서 채우도록 하세요.

4. 편지를 보내 준 친구에게 답장 쓰기

이 책에서 편지를 보내 준 일곱 친구 중 한 명을 골라 답장을 써 보세요.

- 그 나라의 무엇이 가장 인상적이었나요?
- 한국에 대해 무엇을 알려 주고 싶나요?
- 그 친구에게 특별히 해 주고 싶은 말은 무엇인가요?

이렇게 활용해 보세요

독후 글쓰기로 편지 쓰기는 자주 쓰이는 활동이지만, 이 책은 편지 형식인 만큼 답장 쓰기가 자연스러워요. 여러 인물 중 각자 한 명씩을 골라 받은 편지에 대해 답장을 써 보도록 해요. 무엇을 써야 할지 막막한 시간이 있겠지요. 몇 가지 질문을 던져 주면 그에 대한 대답을 생각하면서 글쓰기가 유창해져요. 아시아의 한 나라에 대해 소개를 받았으니 우리도 한국에 대해 알려 줄 기회예요. 알게 된 정보에 대해서만 딱딱하게 쓰기보다는 진짜 편지처럼 추가적인 내용을 섞어 쓰도록 조언해 주세요.

1. 다문화 지식 습득하기

• 카스트 제도의 4계급을 적어 보세요.

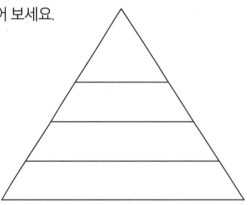

• 다음 종교는 무엇일까요?

세계 4대 종교 중 하나. 윤회 사상, 카스트 제도를 바탕으로 한다. 규율이 엄격하다. 인도, 네팔, 인도네시아의 발리 지역 등에 신자가 많다. 소를 신성시한다.

2. 읽은 내용 요약하기

다음의 인물, 물건, 행사, 제도에 대해 간단히 설명해 보세요.

네팔의 쿠마리

몽골의 차강사르

미얀마의 타나카

베트남의 옹따오

인도네시아의 바틱

무슬림의 라마단

이슬람교의 할랄

3. 역사에 관심 갖기

네팔, 몽골, 미얀마, 베트남, 인도네시아, 파키스탄, 방글라데시의 친구들이 보내 준 편지에는 그 나라의 문화뿐 아니라, 역사적 배경도 담겨 있어요. 읽으면서 어떤 나라의 역사가 가장 놀라웠나요? 외세의 침략과 지배를 받은 경험이 우리에게만 있는 게 아님을 알게 되었나요? 한 나라를 골라 간단히 정리해 보세요.

내가 고른 나라 :

4. 편지를 보내 준 친구에게 답장 쓰기

이 책에서 편지를 보내 준 일곱 친구 중 한 명을 골라 답장을 써 보세요.

- 그 나라의 무엇이 가장 인상적이었나요?
- 한국에 대해 무엇을 알려 주고 싶나요?
- 그 친구에게 특별히 해 주고 싶은 말은 무엇인가요?

버드나무에 부는 바람

원제: The Wind in the Willows, 1908년

#친구 #우정 #전원생활 #겸손
#협력 #모험 #용기 #지혜

글 케네스 그레이엄
그림 어니스트 하워드 쉐퍼드
옮김 신수진
출간 2003년
펴낸 곳 시공주니어
갈래 외국문학(판타지 동화)

이 책을 소개합니다

《버드나무에 부는 바람》은 110여 년 전에 쓰인 아동문학의 고전이에요. 충동적이고 용감하며 호기심 많은 모험가 두더지 모울, 영리하고 생각이 깊으며 손님을 극진히 대하는 사교적인 물쥐 워터 래트, 새로운 것만 보면 미친 듯이 몰두하고 뻐기기 잘하는 명랑한 거드름쟁이 두꺼비 토드, 마음이 따뜻하고 현명한 오소리 배저까지 개성 강한 동물 친구들이 펼치는 흥미진진하고 우스꽝스러운 모험 이야기이자 진한 우정을 그린 동화입니다.

은행원이었던 케네스 그레이엄이 아들을 위해 편지를 쓰고 머리맡에서 들려주던 이야기가 책이 되었다고 하네요. 태어날 때부터 시력이 약한 아들을 위해 지은 책이라 섬세하고도 생생한 풍경 묘사, 소리와 동작에 관한 다양한 표현, 목가적이고 서정적인 분위기가 돋보입니다.

사색적이고 시적인 문체로 자연 그대로의 환경에서의 아름다운 우정을 그린 이 작품은, 영국 문학사에서 신선한 판타지로 손꼽혀요. '곰돌이 푸우' 시리즈의 작가 앨런 알렉산더 밀른에서부터 '해리 포터' 시리즈의 작가 조앤 롤링에 이르기까지, 시대를 초월해 후대의 동화 작가들에게 큰 영향을 미쳤다고 하죠. 영국인들이 얼마나 사랑하고 소중히 여기는 책인지 짐작이 갑니다.

또한 이 책은 삽화도 아름다워요. 그림이 자연의 아름다움과 주인공들의 성격을 잘 보여 주어서 글 못지않게 감동적입니다. 시를 읽듯이 조금 천천히 읽어 보세요.

 ## 도서 선정 이유

역설적으로, 책동아리가 아니면 읽기 힘든 책도 있답니다. 아무리 고전이어도 요즘 아이들의 관심을 끌기에는 역부족일 수 있거든요. 대학의 아동문학 교재에 딱 그런 책의 예시로 등장하는 게 바로 이 책입니다. 그렇지만 친구들과 함께 읽기로 하면 어릴 적의 며칠은 이 책과 함께 보내게 되겠지요?

아파트 생활에만 익숙한 요즘 아이들을 숲속 물가, 시골의 농가나 저택으로 데려가 주는 이 책은 세세한 풍경 묘사가 아주 뛰어나요. 목가적인 분위기를 느끼며 잠시 정신을 쉬어 가게 해 주지요.

 ## 함께 읽으면 좋은 책

비슷한 주제

○ 메밀꽃 필 무렵 | 이효석 글, 권사우 그림, 다림, 2002

○ 우리의 오두막 | 마리 도를레앙 글·그림, 이경혜 옮김, 재능교육, 2021

○ 우당탕탕! 학교를 구하라 | 강정룡 글, 오승만 그림, 금성출판사, 2021

같은 작가

○ 황금시대 | 케네스 그레이엄 글, 임보라 옮김, 달섬, 2021

○ 곰돌이 푸 이야기 전집 | 알란 알렉산더 밀른 글, 어니스트 하워드 쉐퍼드 그림, 이종인 옮김, 현대지성, 2016

○ 곰돌이 푸우는 아무도 못 말려 | 앨런 알렉산더 밀른 글, 어니스트 하워드 쉐퍼드 그림, 조경숙 옮김, 길벗어린이, 2005

문해력을 키우는 엄마의 질문

1. 인물의 특성 분석하기

이 책의 등장인물들에게 적합한 형용사 또는 구를 골라서 선으로 이어 보세요.

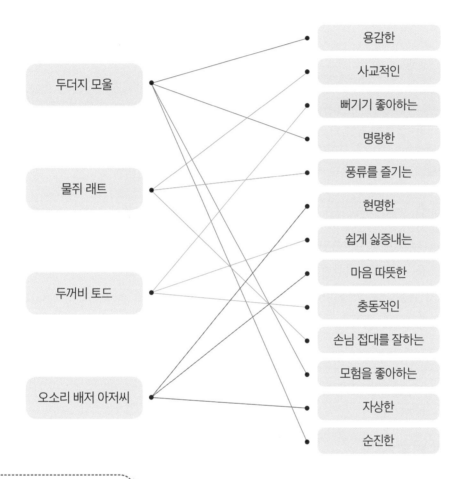

아이들이 유아일 때 해 보았을 줄긋기를 응용한 활동이에요. 의인화된 동물들도 다양한 개성을 가진 것으로 묘사됩니다. 각 인물이 어떤 특성이 있는지 바로 표현하는 것은 좀 어려울 수 있어요. 먼저 제시된 형용사나 구 중에서 고르는 것은 더 쉽겠죠.

이 연습을 통해 스스로 묘사할 때도 도움을 받을 수 있고요. 어휘력도 다질 수 있습니다.

2. 묘사 음미하기

이 책은 저자 케네스 그레이엄이 110여 년 전에 시력이 약한 아들을 위해 지은 것입니다. 서정적이고 목가적인 분위기, 생생하고 섬세한 묘사, 소리나 동작에 대한 다양한 표현 등이 특징이지요. 책을 되짚어 보면서 풍경 묘사가 잘 이루어진 부분을 찾아서 옮겨 보세요. 의성어나 의태어도 찾아보세요.

- 풍경 묘사: 어디를 가나 새들이 둥지를 틀고 있고, 꽃나무들은 꽃봉오리를 머금고 있고, 나무들이 싹을 틔우고 있었다.

  강은 매끄럽고, 구불구불하고, 통통한 동물 같았다.

  양옆으로 초록색 잔디가 깔린 비탈이 있었고, 뱀 같은 갈색 나무 꼬리가 잔잔한 강물 아래에서 어른거리고 있었다.

- 의성어: 꼴꼴, 첨벙, 콸콸, 쏴쏴

- 의태어: 반짝, 반들반들, 부르르, 고래고래, 번쩍, 폴짝폴짝, 빙글빙글, 터덜터덜

> **이렇게 활용해 보세요**

자세한 묘사(기술)가 뛰어난 책이에요. 원작이 그렇다 보니 번역본도 그럴 수밖에 없죠.

우선, 자연의 풍경을 섬세하게 묘사한 부분을 찾아 다시 한번 읽어 보는 거예요. 그러면 묘사가 무엇이며 문장을 쓸 때 어떻게 하면 묘사를 잘할 수 있는지 알 수 있어요.

또한 이 책에서는 배경이 자연적이고 많은 동물들이 등장하다 보니 의성어와 의태어도 다채롭게 활용되고 있습니다. 때로는 의성어(소리를 흉내)와 의태어(모습을 흉내)를 구별하기 어려울 수도 있어요. 고학년이지만 같이 도전해 봐요.

3. 이야기 나누고 토론하기

다음 주제로 이야기 나누고 토론해 보세요.

- 토드가 친구를 속이고 집에서 달아났을 때 어떤 느낌이었나요?
- 차를 훔친 토드가 재판에서 받은 벌은 적절하다고 생각하나요?
- 토드의 탈옥에 대해 어떻게 생각하나요? 정당한가요? 탈옥을 도와준 이들에 대해서는요?
- 토드의 저택을 빼앗은 동물들에 대해서 어떻게 생각하나요?

편안하게 읽은 책이니 서로 느낌을 나누고, 논점에 대해 의견을 말하는 시간을 가져 보세요. 말한 내용을 기록하지 않아도 괜찮아요.

첫 번째와 네 번째 질문은 각자의 느낌이나 생각을 말하는 것이고, 두 번째, 세 번째 질문은 찬성이나 반대 의견 중에 선택해 왜 그렇게 생각하는지 이유까지 말하면 됩니다.

4. 고전의 특성 음미하기

이 책은 우리나라로 치면 조선 시대 말기에 쓰였어요. 아주 오래전이죠! 동물들의 세계를 그리고 있지만 기계와 인간 사회도 등장하고, 동물을 의인화해 표현하고 있습니다.

영국의 전원을 잘 묘사한 이 책의 분위기와 여러분이 살고 있는 현재 서울의 생활상을 비교하는 글을 원고지에 써 보세요.

다음 질문들도 참고하세요.

- 이 동물들이 사는 환경을 상상할 수 있었나요?
- 어떤 점이 이해하기 어려웠나요?
- 이 동물들이 사는 환경은 우리 동네와 어떤 점이 가장 다른가요?
- 지금 우리 주변의 환경이 마음에 드나요? 바꾸고 싶은 부분이 있다면 무엇인가요?

이야기책을 읽고 감상문을 쓰게 할 때, 어떤 질문을 해야 아이들이 생각을 정리해서 글을 쓰기 적합할지에 초점을 맞추어 보세요. 전체적인 감상을 쓰라고 하기보다는 책마다 포인트를 잡아 구체적인 과제로 만들어 주는 게 좋아요.

과제마다 생각할 것, 쓸 것이 무엇인지 강조점을 확실히 보여 주세요. 그리고 도움이 될 자세한 질문들을 몇 개 던져 주면 각각에 대한 답만으로도 멋진 문단 한두 개가 구성될 수 있어요. 왠지 글쓰기가 쉽다는 느낌이 들죠. 이런 연습을 해 보면서 유창한 글쓰기 능력이 향상됩니다.

1. 인물의 특성 분석하기

이 책의 등장인물들에게 적합한 형용사 또는 구를 골라서 선으로 이어 보세요.

- 용감한
- 사교적인
- 뻐기기 좋아하는
- 명랑한
- 풍류를 즐기는
- 현명한
- 쉽게 싫증내는
- 마음 따뜻한
- 충동적인
- 손님 접대를 잘하는
- 모험을 좋아하는
- 자상한
- 순진한

두더지 모울

물쥐 래트

두꺼비 토드

오소리 배저 아저씨

2. 묘사 음미하기

이 책은 저자 케네스 그레이엄이 110여 년 전에 시력이 약한 아들을 위해 지은 것입니다. 서정적이고 목가적인 분위기, 생생하고 섬세한 묘사, 소리나 동작에 대한 다양한 표현 등이 특징이지요. 책을 되짚어 보면서 풍경 묘사가 잘 이루어진 부분을 찾아서 옮겨 보세요. 의성어나 의태어도 찾아보세요.

풍경 묘사	의성어	의태어

3. 이야기 나누고 토론하기

다음 주제로 이야기 나누고 토론해 보세요.

- 토드가 친구를 속이고 집에서 달아났을 때 어떤 느낌이었나요?

- 차를 훔친 토드가 재판에서 받은 벌은 적절하다고 생각하나요?

- 토드의 탈옥에 대해 어떻게 생각하나요? 정당한가요? 탈옥을 도와준 이들에 대해서는요?

- 토드의 저택을 빼앗은 동물들에 대해서 어떻게 생각하나요?

4. 고전의 특성 음미하기

이 책은 우리나라로 치면 조선 시대 말기에 쓰였어요. 아주 오래전이죠! 동물들의 세계를 그리고 있지만 기계와 인간 사회도 등장하고, 동물을 의인화해 표현하고 있습니다.

영국의 전원을 잘 묘사한 이 책의 분위기와 여러분이 살고 있는 현재 서울의 생활상을 비교하는 글을 원고지에 써 보세요.

다음 질문들도 참고하세요.

- 이 동물들이 사는 환경을 상상할 수 있었나요?
- 어떤 점이 이해하기 어려웠나요?
- 이 동물들이 사는 환경은 우리 동네와 어떤 점이 가장 다른가요?
- 지금 우리 주변의 환경이 마음에 드나요? 바꾸고 싶은 부분이 있다면 무엇인가요?

개화 소년 나가신다

#한일 관계 #국사(개화기)
#불평등 조약 #차별 #사회 변화

글 류은
그림 이경석
감수 한철호
출간 2018년
펴낸 곳 책과함께어린이
갈래 비문학(역사, 인물, 문화)

 이 책을 소개합니다

《개화 소년 나가신다》는 '들썩들썩 요동치는 개화기 조선'이라는 부제에 걸맞게, 우리 역사에서 참으로 변화무쌍한 일들이 벌어졌던 시대를 보여 주는 책입니다. 외국에서 신문물이 밀려오던 개화기를 배경으로 급변하는 사회 속에서 적응해 가며 살길을 찾아야만 했던 사람들의 이야기가 극적으로 펼쳐져요. 그래서 논픽션이라고 보기 어려운 책이지요. 의병 활동을 하던 아버지가 갑자기 돌아가시고 과거 제도도 없어져 세상이 원망스러운 구식이는 신 역관의 시험과 끊임없는 질문 속에서 새로운 세상으로 한 발짝 내디디며 앞날을 위해 자신이 해야 할 일을 깨달아 갑니다.

과거제가 폐지되어 그동안 매진했던 공부가 쓸모없어진 양반, 신분 제도가 폐지되어 스스로 새로운 일거리를 구해야 했던 노비, 새 삶을 찾아 미국으로 떠난 백성 등 저마다 살길을 찾아야 했던 개화기 조선 사람들의 삶을 생생하게 들여다볼 수 있어요. 역사 상식을 정리해 주는 데서 더 나아가, 강화도조약, 갑오개혁, 갑신정변 같은 사건들이 평범한 사람들의 일상에 어떤 영향을 미쳤는지를 서술합니다. 책 곳곳에서 많은 자료 조사의 흔적과 고민이 느껴져요.

 도서 선정 이유

비교적 최근의 일이지만, 국사에서 간과하기 쉬운 시대가 개화기입니다. 격동의 시대였던 만큼 역사적 사실도 풍부한데 이 책은 연대기처럼 딱딱하지 않고 동화의 형식이라 술술 읽혀요. 재미도 있지만 이야기 전개가 복잡하지 않고 내용이 차분하게 정리되어 있어요. 그래서 우리 역사를 처음 접하는 아이들이 흥미롭게 다가갈 수 있을 거예요.

이 책은 역사적 사건들을 들려주는 데 그치지 않고 사람들의 '일상'에 초점을 맞추어 '개항'이라는 큰 사건이 조선 사람들의 삶을 어떻게 바꾸어 놓았는지 생생히 그리고 있습니다. 우리 역사에서 가장 역동적인 시기인 개화기를 이해하는 데 좋은 길잡이가 될 것이고, 어린이들이 개화기 사람들의 삶을 이해하고 오늘날 우리의 일상과 비교해 볼 기회가 될 거예요.

익살스러운 그림과 그 속의 말풍선, 군데군데 들어 있는 개화기 신문의 헤드라인과 기사, 만평 느낌으로 재해석한 유머도 흥미롭습니다. 딱딱하게 느껴질 수 있는 역사적 정보를 색다른 느낌으로 접할 수 있겠지요?

함께 읽으면 좋은 책

비슷한 주제

○ 운현궁과 인사동: 격동의 개화기 현장 속으로 | 김보영 글, 허라영 그림, 이이화 감수, 주니어김영사, 2019(개정판)

○ 가자! 조선 후기: 운현궁과 인사동 | 오주영 글, 보리앤스토리 그림, 핵교, 2016(개정판)

○ 한국사 편지 4: 조선 후기부터 대한제국 성립까지 | 박은봉 글, 책과함께어린이, 2009(개정판)

○ 왜 강화도 조약은 불평등 조약일까? | 이정범 글, 고영미 그림, 자음과모음, 2012

○ 왜 동학농민운동이 일어났을까? | 성주현 글, 조환철 그림, 자음과모음, 2012

○ 조선 최초의 의사들 제중원 | 동화창작연구회 글, 류탁희 그림, 꿈꾸는사람들, 2010

○ 책과 노니는 집 | 이영서 글, 김동성 그림, 문학동네, 2009

○ 서찰을 전하는 아이 | 한윤섭 글, 백대승 그림, 전국초등사회교과모임 감수, 푸른숲주니어, 2011

같은 작가

○ 그 고래, 번개 | 류은 글, 박철민 그림, 샘터, 2012

1. 역사적 배경 알아보기

아래 정보를 읽어 봅시다.

이렇게 활용해 보세요

　　책의 배경이 되는 역사적 자료를 검색하여 정리해 주세요. 인터넷 검색이 작업에는 편리해요. 읽기 수준에 맞게 편집해 주면 좋아요. 활동지와 별도의 읽을거리처럼 만들 수도 있습니다.

　　읽은 책과 함께 추가해 읽을 텍스트는 참고 자료로서 늘 큰 도움이 됩니다. 이런 경험을 통해 아이들이 의미 있는 학습법을 체화하게 되지요.

2. 인물 비교하기

이 책의 중요 인물 구식이와 개화는 어떤 차이점과 유사점이 있는지 비교해 보세요.

구식이	유사점	개화
남자이다. 서당을 다녔다. 새로운 문화를 받아들이려고 하지 않는다.	같은 또래이다. 나라를 사랑한다. 신분층이 비슷하다.	여자이다. 학교에 다닌다. 외국에서 온 새로운 문화를 쉽게 수용한다.

이렇게 활용해 보세요

　　벤 다이어그램의 기본 형식을 이용해서 대비되는 두 인물을 비교, 대조해 보는 활동입니다. 도입 활동으로 적절해요.

3. 내용 파악해 요약하기

다음의 각 주제에 대해서 개화기에 어떤 변화가 일어났는지 한 문장으로 간단히 요약해 보세요.

농산물	농산물을 일본으로 보냈다.
재혼	조선 시대 말기부터는 재혼이 가능해졌다.
과거제/교육 제도	과거 제도가 폐지되었고, 다양한 학교가 생겼으며, 여자도 교육받을 수 있게 되었다.
남녀 신분	남녀 간의 큰 신분 차이가 줄어들기 시작했다.
우편, 통신	우편 업무가 생기고 전화가 도입되었다.
의료	서양 의술이 들어오고 제중원이 생겼다.
노비제	노비 제도가 철폐되었고, 노비들이 일자리를 찾을 수 있게 되었다.
신문물	기차, 사진기, 활동사진 같은 신문물이 도입되었다.

> **이렇게 활용해 보세요**

이 책은 논픽션이라 할 수 없을 만큼 이야기 위주로 재미나고 실감나게 쓰였어요. 그러면서도 개화기의 다양한 사회 변화를 충실하게 담고 있죠. 각 측면에서 어떤 변화가 있었는지 찾아내어 말 그대로 요약해 보는 활동이에요.

이렇게 스스로 한 문장으로 답해 보면 확실히 자신의 지식이 될 가능성이 훨씬 높아집니다. 장기 기억으로 전환되는 거죠.

4. 나를 대입해 생각해 보기

만약 내가 개화기로 돌아간다면 바꾸고 싶은 과거가 있나요? 원고지에 써 보세요.

> **이렇게 활용해 보세요**

독후 활동으로 감상문 쓰기가 기다리고 있으면 대부분의 아이들이 싫어해요. 의무적인 숙제로 여기고 글의 형식도 따분하다고 생각되어서겠지요. 저도 '독후감' 쓰기 숙제는 싫었답니다.

고학년의 책동아리 활동을 글쓰기로 마무리하는 건 바람직해요. 다양한 주제에 대해 자꾸 써 보고 피드백 받아야 이 시기 글쓰기 능력이 향상되거든요. 그러니 매번 다양한 질문과 과제를 주는 게 좋아요. 아이들의 생각을 유도하고 재단할 수는 없다는 점도 기억해 주세요. 적어도 책동아리 시간만큼은 아이가 자유롭게 상상해서 친구들과 이야기 나눌 수 있도록 도와주세요.

1. 역사적 배경 알아보기

아래 정보를 읽어 봅시다.

강화도조약

1876년(고종 13) 2월 강화도에서 조선과 일본 사이에 체결된 불평등 조약

이 조약의 체결로 조선은 개항 정책을 취하게 되어 점차 세계 무대에 등장하는 계기가 되기는 하였으나, 불평등조약이었기에 일본의 식민주의적 침략의 시발점이 되었다. 중요 내용은 다음과 같다.
① 양국은 수시로 사신을 파견하여 교제 사무를 협의한다
② 조선은 부산 이외에 두 항구를 개항하여 통상을 해야 한다
③ 조선은 일본 항해자로 하여금 해안 측량을 허용한다
④ 개항장에서 일어난 일본인의 범죄 사건은 일본의 법에 의하여 처리한다

갑신정변

1884년(고종 21) 개화당이 청국의 속방화 정책에 저항하여 조선의 완전 자주독립과 자주 근대화를 추구하여 일으킨 정변

개화당(김옥균, 박영효, 서광범, 홍영식, 서재필 등)은 우정국 낙성식 축하연을 계기로 정변을 일으켰다. 그러나 청군의 무력공격에 패배함으로써 개화당의 집권은 '3일 천하'로 끝나고 말았다.

갑오개혁

1894년(고종 31) 7월부터 1896년 2월까지 추진되었던 개혁 운동

정치·행정·관료 제도를 개혁하고, 오랫동안 조선 사회의 폐단으로 지목되어 왔던 여러 제도 및 관습도 크게 바꾸었다. 신분제와 노비제를 폐지하고, 조혼을 금지하였다. 도량형을 통일하는 등 경제 제도도 바꾸었다. 친일적 성격 때문에 국민들의 반발에 부딪혔기 때문에 약 19개월 동안 지속된 갑오개혁은 성과를 거두지 못하고 중도에서 좌절되고 말았다.

을사조약

1905년 일본이 한국의 외교권을 박탈하기 위해 강제로 체결한 조약

이 조약에 따라 한국은 외교권을 일본에 박탈당하여 외국에 있던 한국 외교 기관이 전부 폐지되고 영국·미국·청국·독일·벨기에 등의 주한공사들은 공사관에서 철수하여 본국으로 돌아갔다. 이에 대해 우리 민족은 여러 형태의 저항으로 맞섰다.

※ 출처: 한국민족문화대백과사전 http://encykorea.aks.ac.kr
한국정신문화연구원 편집부(1991),《한국민족문화대백과사전》, 한국정신문화연구원.

2. 인물 비교하기

이 책의 중요 인물 구식이와 개화는 어떤 차이점과 유사점이 있는지 비교해 보세요.

구식이	유사점	개화

3. 내용 파악해 요약하기

다음의 각 주제에 대해서 개화기에 어떤 변화가 일어났는지 한 문장으로 간단히 요약해 보세요.

농산물	
재혼	
과거제/교육 제도	
남녀 신분	
우편, 통신	
의료	
노비제	
신문물	

4. 나를 대입해 생각해 보기

만약 내가 개화기로 돌아간다면 바꾸고 싶은 과거가 있나요? 원고지에 써 보세요.

6학년을 위한
책동아리 활동

6학년 때는 특정 분야에 대한 관심이 뚜렷해져 독서 주제가 좁아질 수 있습니다. 책을 통해 전문적인 지식을 얻고, 진로도 탐색해 볼 수 있어요. 문학 작품도 더 분석적으로 읽는 습관을 들이면서 중학교 진학에 대비할 수 있고요.

독서가 공부의 바탕이라고 해서 중학교 교과서 문학을 미리 읽게 하는 경우가 있는데 조심해야 합니다. 그러느라 다른 책 읽을 시간을 못 내게 되고, 글의 양과 어휘 수준에 질려 책을 멀리 하게 될 수 있어요. 이 시기에 읽어야 할 책들을 즐겁게 충실히 읽는 것이 이후 학습에도 더 큰 도움이 됩니다.

이 시기 아이들은 친구 관계가 가장 중요해 스마트폰을 손에서 놓지 못하고, 학원 다니기 바빠 시간이 없어서 책을 못 읽는다고 해요. 하지만 중고등학교 시기와 비교한다면 책 읽기 정말 좋은 때입니다. 매일 조금씩 읽는 것이 습관화되어 있어야 해요.

초등학교 6학년 문해력 성장을 위한
책동아리 도서 목록

어느 날 미란다에게 생긴 일

우리 밖의 난민, 우리 곁의 난민

오이대왕

The Giver 기억 전달자

실패 수업

어린이를 위한 서양 미술사 100

와일드 로봇

나의 첫 세계사 여행 중국·일본

모모 MOMO

START

함께 한
날짜를 적어 보세요✿

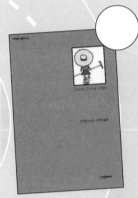

GOAL

어느 날 미란다에게 생긴 일

원제: When you reach me, 2010년

#시간 여행 #우정 #편견
#한부모 가정 #독립심

글 레베카 스테드
옮김 최지현
출간 2010년
펴낸 곳 찰리북
갈래 외국문학(미스터리 동화)

📖 이 책을 소개합니다

성장 소설과 SF 소설이 결합된 흥미진진한 이야기를 소개합니다. 1970년대 뉴욕에서 엄마와 단 둘이 사는 열두 살 평범한 소녀 미란다가 주인공이에요. 어느 날 갑자기 시작된 수수께끼를 풀어 가며 우정을 배우고 성장하는 이야기랍니다.

하나뿐인 친구 샐과의 관계가 틀어지고, 싫어하던 줄리아를 포함해 새로운 친구들과 관계를 맺게 된 미란다는 엄마의 TV 퀴즈쇼 출연을 돕고 아르바이트도 하며 학교를 다녀요. 하지만 이상한 쪽지를 받고 혼란에 휩싸이지요. 거리에는 '웃는 남자'로 불리는 이상한 노숙자가 나타나고요. 미란다는 주변 사람들에게 관심을 기울이게 되고, 그들에게 자신이 보지 못했던 비밀이 숨어 있을 수도 있음을 깨달아요. 모든 것이 맞물려 이야기의 수수께끼가 풀리고 나면 '아하, 그랬구나' 하며 처음부터 다시 읽어 보고 싶어질 거예요.

도서 선정 이유

2010년 뉴베리 상 수상작으로, 출간되자마자 주목을 받은 작품이에요. 저도 궁금증이 생겨 바로 구입해 읽었는데 그때부터 레베카 스테드의 후속작(다 좋아요!)을 기다리게 되었지요. 사실주의와 SF가 너무나도 자연스럽게 결합된 점이 매력이에요. 1970년대 미국 도시에서 성장한 소녀의 일상을 생생하게 전달하면서도 시간 여행을 건드리는 과감함이 놀라웠어요. 원서는 문장도 더 멋지답니다(아이와 함께 원서 읽기에 도전해 보세요).

우정과 친구 관계에 대해 고민하기 쉬운 또래 아이들에게 도움이 될 메시지도 만날 수 있어요. 아무리 친해도 거리가 필요하고, 내가 친구에 대해 먼저 가진 편견은 무엇인지 생각해 보아야 한다는 것이죠.

등장인물들의 입장과 상황이 맞물리면서 궁금하던 수수께끼가 풀리는 순간, '이 작가는 천재구나'라고 생각할 수 있어요. 숨겨 있던 단서를 다시 확인해 보고 싶어지죠. 책 속의 책,《시간의 주름》을 읽고 나서 보면 더 좋을 책이에요.

함께 읽으면 좋은 책

비슷한 주제

○ **수리 가족 탄생기** | 황종금 글, 이영림 그림, 파란자전거, 2019

○ **차별은 세상을 병들게 해요** | 오승현 글, 백두리 그림, 개암나무, 2018

○ **거짓말 언니** | 임제다 글, 애슝 그림, 그린북, 2020

○ **타임 시프트** | 김혜정 글, 김숙경 그림, 푸른숲주니어, 2013

○ **타임머신** | 허버트 조지 웰스 글, 한영순 옮김, 전성보 그림, 계몽사, 2014

같은 작가

○ **거짓말쟁이와 스파이** | 레베카 스테드 글, 천미나 옮김, 책과콩나무, 2013

문해력을 키우는 엄마의 질문

1. 제목의 의미 생각하기

이 책의 원제는《When you reach me》입니다.

- 원제는 무슨 뜻일까요?

  마커스가 미란다에게 (시간 여행을 해서) 오는 것을 의미하는 것 같다.

- 번역본의 국문 제목에 대해 어떻게 생각하나요?

  별로 흥미가 들지 않는다. 미란다가 누구인지도 모르는데…….

- 내가 제목을 짓는다면 어떻게 하고 싶나요?

  웃는 남자

> **이렇게 활용해 보세요**

번역본과 원서의 제목 간에 차이가 큰 경우가 있지요. 제목은 번역이라는 역할에 대해 간단히 생각해 보기 좋은 소재예요.

원제의 의미는 무엇일지, 우리말 번역자는 왜 이렇게 바꾸었을지, 내가 바꾼다면 어떻게 바꾸고 싶은지 의견을 나누어 보세요. 특히 각자의 새 제목에 대해서 함께 평가해 볼 수 있어요.

2. 배경과 인물 파악하기

- 이야기의 시간적, 공간적 배경은 어떠한가요?

  1978~1979년, 미국 뉴욕이다.

- 미란다의 가정 환경을 묘사해 보세요.

  엄마랑 살고, 가정 형편이 경제적으로 여유롭지는 않다. (퀴즈 대회 상금을 필요로 한다.)

- 미란다와 엄마의 성격을 비교해 보세요.

미란다는 밝고 명랑하며, 엄마는 끝까지 노력하는 성격이다.

- 성인 마커스에 대해 묘사해 보세요.

과학자가 되어서 시간 여행을 하는 법을 알게 되었다.

이렇게 활용해 보세요

　　어떤 소설을 읽기 시작해서 얼마 동안 이야기의 배경과 인물 간의 관계를 파악하는 것, 좋아하시나요? 아는 게 없는 상황에서 퍼즐 끼워 맞추기처럼 정신적 게임을 하는 느낌이지요. 저는 그런 느낌을 아주 좋아해서 소설의 첫 부분을 읽을 때마다 두근두근 설렌답니다.

　　아동의 독서 이력이 짧으면 이런 것을 두려워하거나 피하고 싶어 해요. 다 읽고 나서도 관련된 질문에 정확히 답하기 어려워하죠.

3. 판타지 동화의 장치와 전개 이해하기

- 책을 읽으며 호기심을 일으킨 부분은 무엇이었나요?

미란다가 받은 쪽지에 쓰여 있는 내용이 실제로 맞아떨어졌을 때

- 노숙자인 웃는 남자의 이상한 행동은 어떻게 설명할 수 있을까요?

미래에서 왔기 때문에 이상한 행동을 한 것이다. 그는 이유 없이 웃어서 웃는 남자라고 불린다. 이상한 말을 반복해서 중얼거리는데, 그건 미란다에게 보낼 쪽지를 넣을 장소와 그 순서였다.

- 마커스는 왜 과거로 갔을까요?

죄책감을 느껴서(샐이 사고로 죽게 되는 것을 막기 위해서)

이렇게 활용해 보세요

　　추리 소설이나 미스터리 소설은 흥미진진해서 술술 읽히지요. 독서를 아직 좋아하지 않는 아동이 책 읽는 맛을 들이기 딱 좋은 장르예요.

　　그런데 이야기 전개에 마음이 급해서 빨리 읽다 보면 중요한 단서를 놓치거나 스스로 추리하지 못하고 결말만 받아들이게 되기 쉽답니다. 중요 포인트마다 자신의 말로 설명을 할 수 있어야 제대로 이해한 거예요.

4. 상호텍스트성 파악하기

이 책은 우리가 5학년 때 읽었던 《시간의 주름》과 관련이 있어요. 그 관련성에 대해 설명해 보세요.

이 책에 《시간의 주름》에 대한 이야기가 많이 나온다. 두 책 모두 시간 여행을 다룬 아동문학이다. 뉴베리 상 수상 소감을 읽어 보니 이 책의 작가가 어릴 때 제일 좋아했던 책이 《시간의 주름》이라고 한다. 그래서 영향을 받아 이 책을 구상하고, 존경의 마음을 담아 책에서 언급도 한 것 같다.

이렇게 활용해 보세요

《시간의 주름》은 아동문학의 역사에서 빼놓을 수 없는 걸작으로 평가받아요. 《어느 날 미란다에게 생긴 일》의 작가 레베카 스테드도 큰 영향을 받았나 봐요.

이렇게 두 책을 관통하는 공통점을 찾아내는 것은 상호텍스트성을 이해하는 좋은 방법입니다.

5. 책의 줄거리 재정리하기

시간 여행을 주제로 하는 이 책은 흥미진진한 전개를 보여 줍니다. 결말 전까지 제대로 파악하기 힘들었을 수도 있어요. 그래서 이 책은 '처음부터 다시 읽게 되는 책'으로 유명하지요. 시간의 흐름에 따라 줄거리를 다시 정리해 보세요.

이 책은 과학자가 된 한 남자(마커스)가 어릴 때 자기 때문에 죽은 샐이라는 친구를 살리기 위해 시간 여행을 하는 이야기이다. 뉴욕에 사는 샐과 단짝친구 미란다가 집에 가는데 마커스가 샐을 때렸다. 그때부터 샐은 미란다를 피하고 둘의 우정은 깨졌다. 어느 날 미란다에게 의문의 쪽지가 오기 시작하는데, 미래를 예측하거나 일어나는 일에 대해 편지를 쓸 것을 부탁하는 것이었다. 미란다는 쪽지의 비밀을 풀어 가며 다른 친구들과 관계를 맺기 시작한다. 수차례 과거로 시간 여행을 온 어른 마커스(=노숙자)는 샐에게 사과하려다 생긴 사고에서 샐의 목숨을 구하고 희생한다.

이렇게 활용해 보세요

이 책은 미스터리 아동문학으로서 매우 탄탄하게 설계되어 있고, 여러 가지 에피소드가 동시에 진행되며 서로 맞물려 있어요. 그래서 결말까지 다 읽고 내용을 이해했더라도 줄거리를 요약하기는 어려울 거예요.

어떤 내용이 꼭 필요한지 생각해 보고, 불필요한 부분은 빼는 연습도 필요하고요(아이들이 취약한 부분이 바로 이거랍니다. TMI, 사족). 연대기순으로 써야 하므로 문장의 순서도 옮겨 가며 최종본을 만들어 내게 합니다(문장을 썼다 지웠다 하는 게 어렵다면 포스트잇에 하나씩 써서 순서를 정해 배열하는 방법도 있어요).

1. 제목의 의미 생각하기

이 책의 원제는 《When you reach me》입니다.

원제는 무슨 뜻일까요?

번역본의 국문 제목에 대해 어떻게 생각하나요?

내가 제목을 짓는다면 어떻게 하고 싶나요?

2. 배경과 인물 파악하기

이야기의 시간적, 공간적 배경은 어떠한가요?

미란다의 가정 환경을 묘사해 보세요.

미란다와 엄마의 성격을 비교해 보세요.

성인 마커스에 대해 묘사해 보세요.

3. 판타지 동화의 장치와 전개 이해하기

책을 읽으며 호기심을 일으킨 부분은 무엇이었나요?

노숙자인 웃는 남자의 이상한 행동은 어떻게 설명할 수 있을까요?

마커스는 왜 과거로 갔을까요?

4. 상호텍스트성 파악하기

이 책은 우리가 5학년 때 읽었던《시간의 주름》과 관련이 있어요. 그 관련성에 대해 설명해 보세요.

5. 책의 줄거리 재정리하기

시간 여행을 주제로 하는 이 책은 흥미진진한 전개를 보여 줍니다. 결말 전까지 제대로 파악하기 힘들었을 수도 있어요. 그래서 이 책은 '처음부터 다시 읽게 되는 책'으로 유명하지요. 시간의 흐름에 따라 줄거리를 다시 정리해 보세요.

우리 밖의 난민, 우리 곁의 난민

#난민 #세계 #세계사
#전쟁과 평화 #인권 #평등 #이념
#종교 #빈곤 #용기 #회복력

글 메리 베스 레더데일
그림 엘리노어 셰익스피어
옮김 원지인
출간 2019년
펴낸 곳 보물창고
갈래 비문학(사회)

📖 이 책을 소개합니다

최근 많은 나라에서 고민하고 있는 사회 문제인 난민 수용에 관한 책입니다. 안전과 평화를 찾아 목숨을 걸고 바다를 건너는 다섯 난민 아이들의 실제 이야기를 담고 있어요. 독일에 살던 유대인 루스는 나치의 공격을 피해 대서양을 건너고, 베트남의 푸와 코트디부아르의 모하메드는 전쟁에서 목숨을 잃지 않으려고 홀로 고향을 떠납니다. 호세는 쿠바의 공산주의 정부로부터, 그리고 나지바는 아프가니스탄에서 탈레반의 위협으로부터 벗어나기 위해 작은 배에 몸을 싣게 되고요. 이들은 인종, 성별, 종교가 다 다르지만, 모두 최소한의 인간다운 생활을 향한 간절함 하나로 목숨을 걸고 배에 오릅니다. 그 배 위에서 어떤 일들을 겪고, 어떻게 새로운 곳에 정착해 나가는지, 그리고 후에 어떠한 삶을 살게 되는지까지 알 수 있습니다.

이 책은 다섯 난민 아이들의 생생한 목소리로 각각의 상황과 배경을 설명하고, 난민의 역사를 요약하며, 세계 정세나 국제 분쟁에 대한 간략한 정보까지 줍니다. 눈길을 잡아끄는 시각적인 요소도 장점이고, 마지막 '진짜 우리 곁의 이야기'에서는 더 생각해 볼 거리를 제공하여 함께 읽을 책도 소개하고 있네요.

 ## 도서 선정 이유

세계에서 약 6천 5백만 명이 전쟁, 굶주림, 박해, 자연재해 등의 이유로 익숙한 삶의 터전을 떠난대요. 이들 중 거의 2천만 명은 다른 나라에 망명을 요청하고요. 이 난민들의 절반 이상이 이 책의 다섯 주인공과 같은 어린아이와 청소년들이라니 충격적이지요. 이 책은 정치, 종교, 경제 등의 갈등이 난민들의 삶에 어떤 문제를 일으켰는지 설명해 줘요. 시대 상황을 이해하기 쉽게 알려 주고, 지도와 사진 등의 이미지 장치를 곳곳에 넣어 다양하게 편집한 일러스트는 페이지마다 모두 다르게 꾸며져, 흥미를 유발하는 동시에 인물들이 겪는 참상과 그 안에서 느끼는 감정들을 더욱 사실적으로 느끼게 합니다.

의식주가 보장된 편안한 곳에서 보살핌을 받으며 사는 것이 당연한 아이들도 우리의 세상에서 일어나고 있는 난민 문제에 대해 진지하게 생각해 볼 필요가 있어요. 사실주의 도서의 역할 중 하나가 바로 그것(나는 경험해 보지 못했지만, 세상 어디에선가 일어나고 있는 일에 대한 이해)이니 이 책이 도움을 줄 거예요. 특히 또래 아이들의 이야기가 생생하게 전달되어 더욱 공감할 수 있을 거예요. 이 책의 제목처럼, 난민 문제가 더 이상 그들만의 문제가 아닌 우리의 문제라는 것을 알게 되면서요.

 ## 함께 읽으면 좋은 책

비슷한 주제

○ 나도 난민이 될 수 있다고요? | 베랑제르 탁실·에밀리 르냉 글, 하프밥 그림, 이정주 옮김, 개암나무, 2020

○ 초콜릿어 할 줄 알아? | 캐스 레스터 글, 장혜진 옮김, 봄볕, 2019

○ 난민 말고 친구 | 최은영 글, 신진호 그림, 마주별, 2020

○ 마땅히 누려야 할 인권 탐구생활 | 이기규 글, 하완 그림, 파란자전거, 2018

○ 우리 학교에 시리아 친구가 옵니다 | 카트린느 마쎄 글, 그웨나엘 두몽 그림, 김연희 옮김, 천개의바람, 2016

○ 503호 열차 | 허혜란 글, 오승민 그림, 샘터, 2016

○ 제노비아 | 모르텐 뒤르 글, 라스 호네만 그림, 윤지원 옮김, 지양어린이, 2018

○ 터널 | 장경선 글, 최정인 그림, 평화를품은책, 2020

○ 어서 와, 알마 | 모니카 로드리게스 글, 에스테르 가르시아 그림, 김정하 옮김, 풀빛미디어, 2019

문해력을 키우는 엄마의 질문

1. 제목 곱씹기

- 제목에서 '밖'과 '곁'을 함께 쓴 이유는 무엇일까요?

  난민들은 다른 나라에서 오는 외부인이지만 우리나라에도 와서 같이 살 수 있음을 강조하기 위해

- 이 책의 부제(난민은 왜 폭풍우 치는 바다를 떠도는가?)는 어떤 역할을 하나요?

  주제목을 더 설명해 주어 무엇에 대한 책인지 명확하게 한다. 독자가 읽기 전에 이 주제를 생각해 보게 만들고 더 인상적인 느낌을 준다.

이렇게 활용해 보세요

제목부터 같이 생각해 봐야 할 책들이 있어요. 대구를 이루는 이 책의 제목이 가진 의미와 '난민은 왜 폭풍우 치는 바다를 떠도는가?'라는 부제가 달린 배경을 함께 이야기해 봅니다.

이런 경험을 하고 나면 다음에 책 제목 바꿔 짓기나 부제 달기 등을 해 볼 수 있어요.

2. 정의 내리기

- 이 책의 주제인 '난민'이 무엇인지 정의를 내려 보세요.

  한 나라에서 도망쳐 나와 다른 나라로 탈출하는 사람들

- 사전에서 '난민'의 정의를 찾아 그대로 옮겨 보세요. 나의 정의와 어떤 점이 다른가요?

  사전 속 정의: 생활이 곤궁한 국민, 전쟁이나 천재지변으로 곤궁에 빠진 이재민, 집, 재산, 나라를 잃은 사람

  다른 점: 꼭 도망치지 않아도 해당한다는 점이 다르다. 그리고 요즘의 난민은 주로 인종, 종교, 사상 등과 관련된 정치적 이유로 다른 지역으로 향하는 집단적 망명자를 난민이라고 말한다.

이렇게 활용해 보세요

난민에 대한 정보책이니 정의부터 분명히 하고 시작하는 게 좋겠죠. 책을 다 읽어도 단어 하나를 정의 내린다는 게 쉽지는 않아요. 이럴 때도 집단 지성의 힘이 작동하죠. 각자의 생각을 모아 하나

의 정의를 만들어요.

요즘엔 사전 찾아보는 일이 드물죠. 그래도 초등학생일 때 실물 사전으로 찾아보는 경험을 충분히 해 보는 게 좋다네요. 가나다순도 자연스럽게 반복하여 익히고, 궁금한 단어가 생길 때 찾아보려는 마음을 먹게 되며, 사전식 표현에 익숙해질 수도 있죠. 이 활동을 통해 사전식 정의를 확인하고 우리가 만든 정의와 무엇이 다른지 비교합니다.

3. 공통점 뽑아내기

6~7쪽에서 '보트를 타고 온 사람들의 간단한 역사'를 훑어보세요. 난민들이 발생한 주요 원인은 어떻게 요약할 수 있나요? 몇 개의 단어들로 표현해 보세요.

전쟁, 기근, 경제 침체, 종교 박해

이렇게 활용해 보세요

텍스트를 읽고 요약해 핵심 내용을 찾아내는 것은 아무리 강조해도 지나치지 않을 중요한 능력입니다. 평생 요구되는 문해력의 기본이니까요.

4. 논픽션 주인공들을 통해 배우기

• 17쪽 세인트루이스 호에 승선했던 사람들의 후기를 살펴보면 무엇을 알 수 있나요? 내가 얻은 결론의 형태로 표현해 보세요.

다른 나라로 망명이 된 사람도 있지만 자기 나라에서 죽음을 당하게 되었다.

• 26쪽 베트남전을 생각한다면 베트남을 떠나 미국에 간 푸가 어떤 청소년 시절을 보냈을 것 같나요?

인종, 가난함, 미국과도 전쟁 중인 나라에서 왔다는 이유 등으로 미국에서 차별을 당했을 것 같다.

• 36쪽 쿠바는 독일에서 온 난민들을 받아들이지 않았어요. 하지만 쿠바인들이 난민으로 떠나도 좋다고 허용했지요. 호세를 포함한 쿠바인들은 왜 미국으로 떠났나요?

쿠바의 정치 체계가 마음에 들지 않아서

• 36쪽 아프가니스탄을 떠나 호주로 간 나지바는 잘못을 저지른 게 아니지만 수용소에 갇혀 지내게 되었어

요. 왜 그랬을까요?

합법적으로 입국한 것이 아니기 때문에 수용소에 갇혀서 지내게 되었다. 하지만 수용소는 너무하다는 생각이 든다.

- 57쪽 모하메드가 이탈리아에 도착하기까지의 여정을 읽고 어떤 느낌이 들었나요?

생명의 위협을 무릅쓰고 외로움을 견디며 이동 경비를 마련하기 위해 노력한 것이 참 대단하고 불쌍하게 느껴졌다.

> **이렇게 활용해 보세요**

이 책은 실제 난민의 생생한 사례를 통해 정보를 전달하고 있어요. 위인전기와는 다른 인물 실화인 셈이죠. 실제 인물들의 이야기이기 때문에 정보만 받아들이는 게 아니라 정서까지 강하게 느낄 수 있고, 나이가 비슷한 어린 인물에게 공감할 수도 있을 거예요.

페이지를 명시하면서 책에서 나온 내용에 대한 질문을 하면 아이들이 정보책을 다시 훑어보면서 필요한 정보를 찾는 데에 도움이 돼요. 이런 읽기-쓰기 방식은 청소년기 이후에도 중요한 문해 기술입니다.

5. 입장 정해 설득하는 글쓰기

아래의 글을 읽고 〈제주도에 온 예멘 난민들을 받아들여야 할까?〉에 대한 내 생각을 원고지에 한 문단으로 써 보세요.

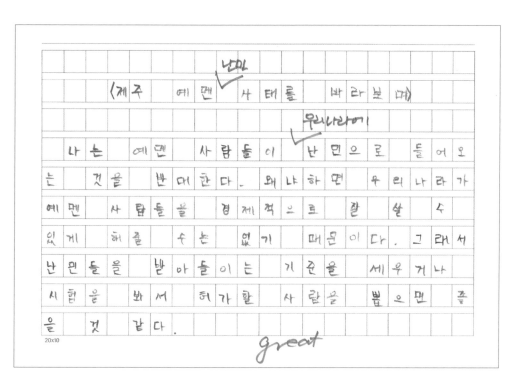

최근의 신문 기사를 검색해서 우리가 보다 가깝게 느낄 수 있는 내용을 뽑고 필요하면 약간의 편집을 해 보세요. 읽은 책과 신문 기사를 연결하는 NIE 독서 활동입니다.

　　이런 기사가 6학년생에게 조금 어렵게 느껴질 것 같더라도 괜찮아요. 신문 기사에 조금씩 익숙해질 만한 나이이고, 이해하기 어려운 텍스트도 읽어 보는 것이 좋답니다. 모르는 단어마다 멈추어 찾아볼 필요는 없어요. 읽기의 유창성은 이해의 기반이 되고, 주어진 맥락을 활용해 의미를 유추해 보는 것도 중요한 읽기 연습이기 때문이에요.

　　중요하다고 생각되는 내용이나 중심 문장에는 형광펜으로 표시하면서 읽어 보게 해도 좋아요. 질문이 있으면 언제든 받아 주시고요. 조금 어려운 내용이어도 당황하지 마시고 같이 검색해서 해결하면 됩니다.

　　찬성-반대 의견을 정해 글을 쓸 때 어린이들은 좋은/착한/일반적인 쪽으로 쏠리는 경향이 있어요. 예를 들면 '난민들이 불쌍하니 우리가 받아 주어야 한다'고 동정심을 근거로 판단하기 쉽다는 것이죠. 하지만 이런 사안은 정답을 가리기 힘든 문제인 만큼 모든 아이들이 처음부터 같은 생각만 하지 않고 균형 있는 생각을 해 볼 수 있도록 질문을 던져 주세요. "그렇다면 발생할 수 있는 문제점은 없을까?"와 같이요.

1. 제목 곱씹기

‘밖’과 ‘곁’을 함께 쓴 이유는 무엇일까요?

이 책의 부제는 어떤 역할을 하나요?

2. 정의 내리기

이 책의 주제인 ‘난민’이 무엇인지 정의를 내려 보세요.

사전에서 ‘난민’의 정의를 찾아 그대로 옮겨 보세요. 나의 정의와 어떤 점이 다른가요?

- 사전 속 정의:

- 나의 정의와 다른 점:

3. 공통점 뽑아내기

6~7쪽에서 ‘보트를 타고 온 사람들의 간단한 역사’를 훑어보세요. 난민들이 발생한 주요 원인은 어떻게 요약할 수 있나요? 몇 개의 단어들로 표현해 보세요.

4. 논픽션 주인공들을 통해 배우기

17쪽 세인트루이스 호에 승선했던 사람들의 후기를 살펴보면 무엇을 알 수 있나요? 내가 얻은 결론의 형태로 표현해 보세요.

26쪽 베트남전을 생각한다면 베트남을 떠나 미국에 간 푸가 어떤 청소년 시절을 보냈을 것 같나요?

36쪽 쿠바는 독일에서 온 난민들을 받아들이지 않았어요. 하지만 쿠바인들이 난민으로 떠나도 좋다고 허용했지요. 호세를 포함한 쿠바인들은 왜 미국으로 떠났나요?

46쪽 아프가니스탄을 떠나 호주로 간 나지바는 잘못을 저지른 게 아니지만 수용소에 갇혀 지내게 되었어요. 왜 그랬을까요?

57쪽 모하메드가 이탈리아에 도착하기까지의 여정을 읽고 어떤 느낌이 들었나요?

5. 입장 정해 설득하는 글쓰기

아래의 글을 읽고 〈제주도에 온 예멘 난민들을 받아들여야 할까?〉에 대한 내 생각을 원고지에 한 문단으로 써 보세요.

제주 예멘 난민 사태 (2018)

예멘 난민 사태는 2018년 500명이 넘는 예멘인들이 제주도로 입국, 난민 신청을 하면서 우리 사회에 큰 이슈를 일으킨 사건이다. 특히 예멘인들의 입국에 내국인 브로커가 개입돼 있다는 가짜 난민 여부가 쟁점이 되면서, 이들의 난민 수용 여부를 두고 전 국민적 논쟁이 일었다. 이에 따라 6월 13일 청와대 국민청원 및 제안 게시판에 올라온 '난민 신청 허가 폐지' 청원은 5일 만에 그 동의 수가 청와대 답변 필요 수인 20만 명을 넘어선 22만 건을 돌파하는 등 전 국민의 관심사가 됐다. 난민 수용을 반대하는 측에서는 급증하는 난민으로 국내 치안이 우려되는 것은 물론 무사증 제도와 난민법을 악용하는 사례가 있다는 주장을 내놓았지만, 찬성하는 측에서는 우리나라가 아시아 최초로 난민법을 제정한 국가이니만큼 인도주의를 우선해야 한다며 양측이 팽팽히 맞섰다.

제주출입국·외국인청에 따르면 2018년 제주도에 들어온 500명이 넘는 예멘인 중 481명이 난민 신청을 했다. 법무부는 제주에 예멘 난민 신청자가 급증하자 2018년 4월 30일자로 제주도에서 육지로 빠져나가는 것을 막는 출도(出道) 제한 조치를 취한 데 이어, 6월 1일자로 예멘인에 대해서는 무사증 입국 불허 조치를 내리면서 추가적인 예멘 난민의 입국은 중단됐다.

한편, 사우디아라비아 반도 끝에 있는 예멘은 종파 갈등으로 시작된 내전이 3년 넘게 지속되고 있는 국가다. 2015년 시작된 내전을 피해 예멘을 떠난 난민들은 이후 비자 없이 90일간 체류가 가능한 말레이시아로 탈출했다가, 체류 기한 연장이 안 되자 무사증(무비자) 입국이 가능한 제주도로 들어왔다. 현행 난민법에 따르면 제주도는 비자 없이 30일 체류가 가능하며, 이후 난민 신청을 하면 수개월 걸리는 심사 기간에 체류할 수 있는 외국인등록증을 발급해 주고 있다.

예멘 난민 신청자, 난민 심사 결과는?

법무부 제주출입국·외국인청은 난민 신청을 한 예멘인 481명 중 2018년 9월 1차 심사에서는 23명에게 인도적 체류 지위를 부여했다. 이후 10월 2차 심사선 339명에게 인도적 체류, 34명은 단순 불인정, 85명은 판단 보류했다. 그리고 12월 14일에는 2명을 난민으로 인정하고 50명은 인도적 체류 허가, 22명은 단순 불인정하는 내용의 예멘 난민 최종 심사 결과를 발표했다. 이로써 제주에 들어와 난민 신청을 한 예멘인 484명에 대한 심사가 6개월 만에 모두 종료됐다. 제주 예멘 난민신청자 484명은 ▷난민 인정 2명 ▷인도적 체류 허가 412명 ▷단순 불인정 56명 ▷난민 신청을 철회했거나 출국했을 때 이뤄지는 직권 종료 14명으로 결정됐다.

난민으로 인정된 예멘인 2명은 언론인 출신으로, 이들은 후티 반군과 관련된 비판적인 기사를 작성해 납치·살해 협박을 받았고 향후에도 박해 가능성이 높은 것으로 판단됐다. 제주 예멘 난민신청자 중 난민 지위가 인정된 것은 이들이 처음으로, 난민으로 인정받으면 사회보장·기초생활보장 등에서 대한민국 국민과 같은 수준의 보장을 받게 된다.

인도적 체류 허가는 난민협약과 난민법상 난민 인정 요건을 충족하지는 못하지만 강제 추방할 경우 생명과 신체에 위협을 받을 위험이 있어 인도적 차원에서 임시로 체류를 허용하는 제도를 말한다. 또 난민과 같이 생계비 보장이나 사회 보장 혜택을 받지 못하지만, 취업 활동은 가능하다. 하지만 난민과 같이 국내로 본국의 가족을 초청할 수 없으며 예멘의 국가 상황이 좋아져 본국으로 돌아갈 수 있게 되거나 국내외 범죄 사실이 발견 또는 발생될 경우 체류 허가가 취소된다.

※ 출처: 박문각 시사상식사전 https://terms.naver.com/entry.naver?docId=5704924&cid=43667&categoryId=43667

오이대왕

원제: Wir pfeifen auf den Gurkenkönig, 1972년

#가족 #의사소통 #독재 #갈등 해결 #권위

글 크리스티네 뇌스틀링거
그림 유타 바우어
옮김 유혜자
출간 2009년(개정판)
펴낸 곳 사계절
갈래 외국문학(판타지 동화)

 이 책을 소개합니다

부활절 연휴에 할아버지, 아버지, 엄마, 누나, 동생과 함께 사는 볼프강네 집에서 생긴 이야기입니다. 지하실에 사는 오이 모양의 생명체 오이대왕이 신하들의 반란으로 볼프강의 집에 쫓겨 오게 된 거죠. 교활하고 야비한 오이대왕 때문에 겉으로는 평범하고 안정적인 이 가정에 숨어 있던 비밀과 불신이 적나라하게 파헤쳐집니다. 어머니의 거짓말, 누나의 교우 관계, 볼프강의 학교 성적 문제, 권위 없는 할아버지의 소외, 막내가 숨기고 있는 것들이 차례로 드러나지요. 오이대왕이라는 민폐덩어리를 해결하자 문제가 자연스럽게 해결되고 가족은 정상을 회복하게 됩니다.

작가는 가부장적인 가족 관계의 위선을 폭로하기 위해 오이대왕이라는 가상의 생명체를 등장시켰어요. 축축하

고 물컹하고 싹 난 감자 따위나 먹는 불쾌한 존재인 오이대왕을 이용해 아버지의 권위에 눌려 문제를 숨기기만 하는 가족들의 모습을 표현했답니다. 이러한 문제나 갈등은 극단적이거나 공격적이지 않고, 유머로 포장되어 있어요. 이 작가와 많은 작품에서 호흡을 맞춘 화가 유타 바우어의 삽화도 재미를 더해 줍니다.

도서 선정 이유

우리 아이들과 비슷한 또래인 중학교 1학년 볼프강이 오이대왕의 갑작스런 출현과 이후의 사건들을 보고문 형식으로 전개해 나가는 독특한 형식의 책이에요. 오이대왕과 함께 펼쳐지는 괴상하고 흥미로운 이야기가 가족의 의미를 되새기게 해 줍니다. 전형적인 동화다운 제목과 유머러스한 삽화 이면에 현대 사회와 가족 관계에 대한 날카로운 진단을 담고 있어요. 이 책을 읽고 오이대왕이 무엇을 상징하는지, 가족 갈등의 원인과 결과, 해결 방법은 무엇인지, 볼프강네는 우리 사회/우리 가족과 무엇이 같고 다른지 생각해 볼 수 있어요.

독일 청소년 문학상과 한스 크리스티안 안데르센 상을 수상한 작품입니다. 1997년 우리나라에 처음 소개되었는데, 이후 번역을 꼼꼼히 재검토하고 변화한 청소년 문학 감각에 맞도록 표지도 재구성하여 2009년에 개정판이 출간되었어요.

함께 읽으면 좋은 책

비슷한 주제

○ 파워북: 누가, 왜, 어떻게 힘을 가졌을까? | 클레어 손더스 외 글, 조엘 아벨리노·데이비드 브로드벤트 그림, 노지양 옮김, 천개의바람, 2020

○ 아빠 로봇 프로젝트 | 정소영 글, 에스더 그림, 푸른책들, 2019

○ 어떤 아이가 | 송미경 글, 서영아 그림, 시공주니어, 2020

○ 내가 나인 것 | 야마나카 히사시 글, 고바야시 요시 그림, 햇살과나무꾼 옮김, 사계절, 2003

같은 작가

○ 깡통 소년 | 크리스티네 뇌스틀링거 글, 프란츠 비트캄프 그림, 유혜자 옮김, 미래엔아이세움, 2005

○ 친절한 악마 씨 | 크리스티네 뇌스틀링거 글, 전은경 옮김, 한호진 그림, 밝은미래, 2018

○ 수호 유령이 내게로 왔어 | 크리스티네 뇌스틀링거 글, 김경연 옮김, 풀빛, 2005

문해력을 키우는 엄마의 질문

1. 이야기 이해하기

• 볼프강이 하슬링거 선생님을 오해했던 부분은 무엇인가요?

자신이 한 못된 짓 때문에 선생님이 처음부터 자신을 싫어하신다고 생각했다.

• 오이대왕은 지하 세계에서 어떤 통치자였나요?

무능력한 독재자였다.

• 아버지는 왜 오이대왕에게 친절히 대했을까요?

오이대왕이 가부장인 자신과 비슷하다고 생각했다. 또한 그가 지하 세계의 통치자이므로 잘 대해 주었을 때 뭔가 혜택이 있을 거라고 여겼다.

• 오이대왕은 왜 가족들의 비밀을 캐고 다녔을까요?

자기를 싫어하는 가족들의 비밀을 서로에게 이르고 가족 관계를 파탄 내려고

• 닉이 형, 누나와 달리 아빠를 잘 따르는 이유는 무엇일까요?

막내라 아직 어려서 아버지가 별 간섭을 하지 않기 때문이다.

> **이렇게 활용해 보세요**

　　이야기책을 읽으며 줄거리만 대강 파악하는 것은 수준이 낮은 독서예요. 에피소드의 전후 맥락 파악하기, 간결한 말로 인물, 사건, 배경을 표현하기, 행동의 이유 추론하기처럼 종합적인 사고를 하면서 읽는 것을 목표로 해야죠. 그러다 보니 '왜'라는 질문이 많이 만들어져요.

　　부모님이 먼저 책을 읽으면서 아이들이 이해했을까 싶은 부분은 꼭 기록해 두세요. 그리고 가볍게 물으며 모임을 시작하거나 이런 질문들을 뽑아 활동지에 활용하는 거죠. 물론 단 한 줄의 정답은 없지만 이야기의 전반을 깊이 있게 파악하기 위해 짚고 넘어가야 할 질문들이에요. 텍스트에 분명히 드러나지 않아 행간을 읽어야 함을 보여 주지요.

미처 몰랐던 아이라도 친구의 말을 듣고 같이 이해하게 돼요. 어른이 바로 알려 주는 것보다 효과적입니다.

2. 뒷이야기 예측하기

• 지하세계의 쿠미-오리들은 앞으로 어떻게 살게 될까요?

더 이상 독재자가 정치를 할 수 없게 민주주의 사회를 만들 것이다.

• 볼프강네 가족들이 사는 방식은 앞으로 어떻게 달라질까요?

아버지가 태도를 바꿀 것이다. 그렇지 않으면 가족들에게 쫓겨날 수도 있다.

이렇게 활용해 보세요

뒷이야기가 특히 궁금한 이야기가 있어요. 사건의 극적 해결에 따라 이전과는 다른 상황이 기대되는 거겠죠. 이 책이 대표적인 경우입니다.

이렇게 질문에 간단히 답하게 하거나 뒷이야기를 줄거리처럼 써 보거나 아예 한두 장면을 작가처럼 써 보게 할 수 있어요.

3. 이야기의 주제 곱씹기

이 책은 볼프강네 가족과 쿠미-오리 세계를 통해 '가부장제의 권위주의', '독재의 불합리성', '가족 간 의사소통의 필요성'에 대해 이야기를 들려줍니다. 책을 읽은 독자로서 상담자의 역할을 해 볼까요?

오이대왕, 쿠미-오리 대표, 아버지, 어머니, 할아버지, 누나, 볼프강, 닉 중 한 명을 골라 충고나 조언의 메시지를 써 보세요. 구체적인 사건에 대해 '그때 어떻게 하는 것이 필요했다', 앞으로의 삶에서 '이렇게 하는 게 좋겠다'와 같은 생각을 담아 보세요.

호겔만 아저씨께

호겔만 씨, 당신의 이야기를 잘 읽었습니다. 당신은 오이대왕과 같은 독재자예요. 회사에서 지위가 낮아 쌓인 스트레스를 가족에게 풀고 있습니다. 가족들은 모두 공평해야 하는데 당신은 전통적인 가부장제에 빠져 있습니다. 이제 앞으로는 그렇게 살지 않으시길 바랍니다. 가족 간의 행복이 우선이잖아요.

단순한 편지 쓰기가 아니고 '충고'나 '조언' 메시지라는 게 중요해요. 지시문을 읽고 잘 이해해서 따르는 연습도 필요합니다. 입시에서의 논술 고사도 거기서부터 시작하지요. 여기에서는 '상담자의 역할', '구체성' 등이 강조되었어요.

아이들이 모두 같은 인물을 고르지 않도록 안배하는 것도 좋아요. 쓴 결과물을 함께 나눌 때를 위해서요.

1. 이야기 이해하기

볼프강이 하슬링거 선생님을 오해했던 부분은 무엇인가요?

오이대왕은 지하 세계에서 어떤 통치자였나요?

아버지는 왜 오이대왕에게 친절히 대했을까요?

오이대왕은 왜 가족들의 비밀을 캐고 다녔을까요?

닉이 형, 누나와 달리 아빠를 잘 따르는 이유는 무엇일까요?

2. 뒷이야기 예측하기

지하세계의 쿠미-오리들은 앞으로 어떻게 살게 될까요?

볼프강네 가족들이 사는 방식은 앞으로 어떻게 달라질까요?

3. 이야기의 주제 곱씹기

이 책은 볼프강네 가족과 쿠미-오리 세계를 통해 '가부장제의 권위주의', '독재의 불합리성', '가족 간 의사소통의 필요성'에 대해 이야기를 들려줍니다. 책을 읽은 독자로서 상담자의 역할을 해 볼까요?

오이대왕, 쿠미-오리 대표, 아버지, 어머니, 할아버지, 누나, 볼프강, 닉 중 한 명을 골라 충고나 조언의 메시지를 써 보세요. 구체적인 사건에 대해 '그때 어떻게 하는 것이 필요했다', 앞으로의 삶에서 '이렇게 하는 게 좋겠다'와 같은 생각을 담아 보세요.

명절 속에 숨은 우리 과학

#명절 #풍습 #전통문화 #문화재
#과학

글 오주영
그림 허현경
출간 2009년
펴낸 곳 시공주니어
갈래 비문학(과학, 역사, 문화)

📖 이 책을 소개합니다

　요즘 '명절'이라고 하면 설날과 추석만 떠올리거나 그저 공휴일이라고 생각하기 쉬워요. 하지만 우리 조상들은 달마다 의미 있는 시기를 찾아 명절을 정했고, 그 시기에 알맞은 여러 가지 풍습을 만들어 지키며 살았지요. 농경 사회의 우리 조상들은 계절의 변화와 농사 시기에 맞게 여러 가지 일과 놀이를 하면서 살아왔어요. 그래서 명절의 풍습 속에는 우리 조상들의 삶의 모습과 고유의 전통 문화가 잘 녹아 있답니다. 그런데 명절 풍습 속에 무궁무진한 과학 원리가 숨어 있다니 놀랍지요.

　이 책은 1월부터 12월까지 우리 명절 풍속에 담긴 과학 원리와 함께 조상들의 과학적인 생활 모습을 보여 줍니다. 열두 달의 순서대로 한 해 명절 흐름을 쉽게 알 수 있고, 명절의 의미와 유래뿐 아니라 옷, 음식, 물건, 놀이 등

명절의 풍속까지 모두 소개해 조상들의 슬기, 정성, 장인 정신을 엿볼 수 있어요. 과학적 특성이 강한 우리 문화재인 첨성대, 거북선, 포석정, 해인사 장경판전, 앙부일구, 석빙고, 측우기, 화성, 훈민정음, 고려청자, 봉수, 에밀레종 등에 숨은 과학 원리도 설명하고요.

도서 선정 이유

논픽션 책도 다양하게 읽어 보는 게 좋은데, 명절과 과학의 조합이라니 참신하지요? 아이들이 인문학과 자연과학이 결합된 융복합적 접근에 친숙해졌으면 해서 골라 봤습니다. 초등학교 교과서에 나오는 개념들이 명절 풍속과 함께 폭넓게 다루어져 교과 학습과도 연관이 되겠지만, 더 중요한 건 창의적인 사고방식을 키우는 거죠.

《명절 속에 숨은 우리 과학》은 전통에만 초점을 둔 명절 이야기가 아닌, 우리 조상들의 지혜로움에 감탄하게 하는 과학 이야기를 담은 책이랍니다. 낯설게만 느껴졌던 우리 전통 문화에 흥미로운 과학 원리를 녹여 내었어요. 이야기책이 아니니 한 권을 한 번에 다 읽지 않고, 소장해 두고 달마다 한 주제씩 읽어도 좋겠어요. 관련된 다른 책과 연계 독서할 수도 있고요.

함께 읽으면 좋은 책

비슷한 주제

○ 바람을 품은 집, 장경판전 | 조경희 글, 김태현 그림, 개암나무, 2020

○ 의산문답 | 홍대용 원작, 김성화 · 권수진 글, 박지윤 그림, 파란자전거, 2020

○ 하늘, 땅, 사람을 담은 세종대왕의 과학 이야기 | 김연희 글, 김효진 그림, 사계절, 2018

○ 세상 모든 과학의 비밀 과학 문화재에서 찾아라! | 박은정 글, 정현진 그림, 한솔수북, 2007

○ 10대들을 위한 나의 문화유산답사기(1~2권) | 유홍준 원작, 김경후 글, 이윤희 그림, 창비, 2019

○ 전통 속에 살아 숨 쉬는 첨단 과학 이야기 | 윤용현 글, 교학사, 2012

문해력을 키우는 엄마의 질문

1. 메타인지 활용하기

메타인지란 '자신의 인지 과정에 대해 한 차원 높은 시각에서 관찰·발견·통제하는 정신 작용'을 말해요. 즉, 내가 무엇을 알고 모르는지 판단하는 게 출발점이지요. 여러분의 학습에서 아주 중요한 부분입니다.

이 책에서는 열두 달 명절을 삶의 과학과 연결 지어 보여 줍니다. 책을 읽기 전에 내가 이미 잘 알고 있었던 명절이 있는 반면, 생소하게 느껴지는 명절도 있었을 거예요. 내 사전 지식의 정도에 따라 배열해 보세요. (1 몰랐음↔12 잘 알고 있음)

이렇게 활용해 보세요

정보책을 읽으며 새로운 정보를 접할 때 내가 이미 알고 있던 정보인지, 처음 알게 된 정보인지 평가 과정을 거치게 돼요. 메타인지는 공부하는 순서, 시간, 방법을 스스로 결정하는 데에 영향을 주어, 학습에 크게 기여하는 부분이니 초등 과정에서 단단히 다질 필요가 있어요.

책동아리 POINT

아이들마다 배열 순서가 조금씩 다를 거예요. 서로의 차이를 찾아보는 것도 의미 있어요.

2. 과정을 설명하는 글쓰기

아래 내용 중에서 가장 재미있었던 내용을 하나 골라 보세요. 무언가를 만드는 것처럼 우리가 일을 할 때는 과정이 필요해요. 순서를 잘 살려 과정을 설명하는 글을 써 보세요.

16쪽-물들이기, 54쪽-활 만들기, 68쪽-한지 만들기, 86쪽-부채 만들기, 102쪽-누룩 만들기, 120쪽-우물 청소하기, 136쪽-길쌈하기, 152쪽-옹기 만들기, 170쪽-김장하기, 184쪽-설피 만들기, 196쪽-구들 놓기

우물 청소하기

먼저, 우물 안의 물을 퍼내고 사람이 들어가서 물길을 막는다. 다음으로, 돌에 낀 이끼나 때를 짚수세미로 닦고

우물 밑에 깔아 두었던 자갈과 숯을 밖으로 내보낸다. 그러고 나서 우물 바닥을 짚으로 닦은 뒤 물을 걸러 줄 새 숯을 바닥에 깐다. 마지막으로, 자갈을 다시 깔고 막았던 물길을 뚫는다. 우물 청소가 끝났으면 큰 두레박을 타고 우물 밖으로 나가면 된다.

이렇게 활용해 보세요

설명하는 글쓰기 중에서 과정에 초점을 맞추는 쓰기 연습이에요. 이런 주제의 책을 다룰 때 활동으로 적합하지요.

위의 예시에서는 '우물 청소하기'를 골랐네요. 순서가 중요하므로 순서를 나타내는 표지와 연결어를 잘 활용하도록 도와주세요.

3. 정보 활용해 퀴즈 내기

정보책인 이 책은 우리 고유의 명절과 삶의 모습을 자세히 다룹니다. 돌아가며 친구들을 위한 퀴즈를 하나씩 내 보세요. 퀴즈왕을 가려 봅시다!

- 측우기는 언제 발명되었을까?
- 수표교는 1420년 세종대왕 때 청계천에 세운 다리야. 원래는 근처에 말과 소를 사고파는 시장이 있어서 '말 시장이 있는 다리'라는 뜻으로 '○○○'라고 했대. 뭐였을까?

이렇게 활용해 보세요

정보책도 한 번 스쳐 읽고 말면 정보는 곧 기억에서 사라지고 말 뿐 남는 게 별로 없어요. 하지만 단기 기억을 장기 기억으로 전환시키면 오래도록 유용한 정보로 남죠. 그 과정에서 중요한 요인은 정보를 스스로 조직했는지의 여부예요. 아이들이 직접 퀴즈를 내고 풀면 바로 정보의 조직화가 이루어진답니다.

가끔 초등학교 교실이나 도서관에서 '독서골든벨'이라는 행사가 열려 수상자를 가리기 위해 내용상 중요하지 않은 사소한 정보까지 암기했는지(예-○○이가 입은 옷(삽화에서)은 무슨 색이었을까?) 확인하던데, 그런 접근은 지양해야 한다고 생각해요. 하지만, 아이들 스스로 중요하다고 생각하는 정보는 얘기가 다르죠. 문제를 맞히는 데에만 집중하지 말고 어떤 문제가 좋은지에 대한 평가도 같이 해 보세요. 예시에서 연도를 묻는 첫 문제보다는 추론이 가능한 아래 문제가 더 바람직한 퀴즈라고 볼 수 있어요. 기록표에 문제를 내고, 친구가 낸 문제를 들으며 간단히 기록하면 좋아요.

4. 설명문 쓰기

이 책의 각 장에는 과학적 특성이 강한 우리 문화재가 소개되고 있습니다. 글을 읽으면서 가장 놀라웠던 것은 무엇인가요? 자랑스러운 그 문화재에 대해 잘 모르는 친구, 또는 외국인에게 설명하는 글을 원고지에 써 보세요.

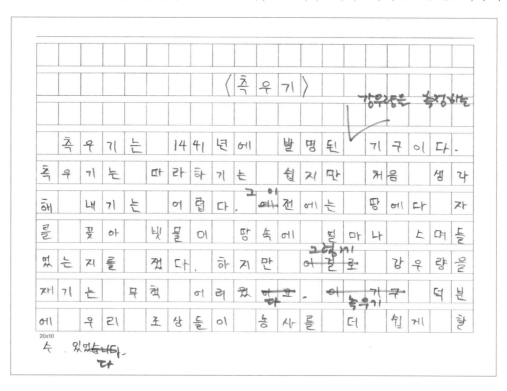

이렇게 활용해 보세요

글의 소재를 아이가 직접 고르면 글을 쓰기 조금 더 쉽습니다. 책에서 본 다양한 소재 중에서 인상적이었던 것은 글로 풀어 낼 거리가 많다는 뜻이거든요.

원고지에 쓰는 것이 익숙하지 않을 때는 제목 쓰기, 띄어쓰기 등 규범적인 부분도 어려울 수 있어요. 문장의 어미도 왔다갔다하죠. 지칭어인 주어의 사용도 어색하고요. 간단한 첨삭으로 이런 부분을 도와주세요. 다시 읽어 보도록 하고, 때로는 아이들끼리 돌려 읽거나 소리 내어 읽어 보게 하는 것도 좋아요. 잘 쓴 부분을 잔뜩 칭찬하시는 것 잊지 마시고요.

1. 메타인지 활용하기

메타인지란 '자신의 인지 과정에 대해 한 차원 높은 시각에서 관찰·발견·통제하는 정신 작용'을 말해요. 즉, 내가 무엇을 알고 모르는지 판단하는 게 출발점이지요. 여러분의 학습에서 아주 중요한 부분입니다.

이 책에서는 열두 달 명절을 삶의 과학과 연결 지어 보여 줍니다. 책을 읽기 전에 내가 이미 잘 알고 있었던 명절이 있는 반면, 생소하게 느껴지는 명절도 있었을 거예요. 내 사전 지식의 정도에 따라 배열해 보세요(1 몰랐음 ↔12 잘 알고 있음).

순위	1	2	3	4	5	6	7	8	9	10	11	12
명절												
달												

2. 과정을 설명하는 글쓰기

아래 내용 중에서 가장 재미있었던 내용을 하나 골라 보세요. 무언가를 만드는 것처럼 우리가 일을 할 때는 과정이 필요해요. 순서를 잘 살려 과정을 설명하는 글을 써 보세요.

16쪽-물들이기, 54쪽-활 만들기, 68쪽-한지 만들기, 86쪽-부채 만들기, 102쪽-누룩 만들기, 120쪽-우물 청소하기, 136쪽-길쌈하기, 152쪽-옹기 만들기, 170쪽-김장하기, 184쪽-설피 만들기, 196쪽-구들 놓기

3. 정보 활용해 퀴즈 내기

정보책인 이 책은 우리 고유의 명절과 삶의 모습을 자세히 다룹니다. 돌아가며 친구들을 위한 퀴즈를 하나씩 내 보세요. 퀴즈왕을 가려 봅시다!

문제	정답

4. 설명문 쓰기

이 책의 각 장에는 과학적 특성이 강한 우리 문화재가 소개되고 있습니다. 글을 읽으면서 가장 놀라웠던 것은 무엇인가요? 자랑스러운 그 문화재에 대해 잘 모르는 친구, 또는 외국인에게 설명하는 글을 원고지에 써 보세요.

첨성대, 거북선, 포석정, 해인사 장경판전, 앙부일구, 석빙고,
측우기, 화성, 훈민정음, 고려청자, 봉수, 에밀레종

트리갭의 샘물

원제: Tuck Everlasting, 1975년

#시간과 영원 #삶과 죽음
#영원한 생명 #가족

글 나탈리 배비트
옮김 최순희
그림 윤미숙
출간 2018년
펴낸 곳 대교북스주니어
갈래 외국문학(판타지 동화)

이 책을 소개합니다

《트리갭의 샘물》은 영원한 삶을 보장하는 신비의 샘물에 관한 이야기입니다. 터크 가족은 우연히 숲속의 샘물을 마시고 영원한 삶을 얻게 됩니다. 가족 안에서도 운명을 받아들이는 태도는 각기 다양합니다. 열일곱 살인 제시는 인생은 즐기기 위한 것이라고 말하고, 제시의 형은 언젠가 중요한 일을 할 길을 찾고 싶다고 말합니다. 반면 아버지인 터크는 변함없이 영원토록 한 자리에 멈추어 있는 것은 의미 없다고 여기고 어머니 매는 싫든 좋든 자기에게 주어진 운명을 받아들여 최선을 다해 묵묵히 하루하루를 살아가려는 태도를 보여 줍니다. 또 노란 양복의 사나이는 이 샘물을 이용해 일확천금을 꿈꾸며 터크 가족을 위협하지요.

터크 가족과 관계를 맺게 된 소녀 위니도 샘물에 대해 알게 되는데, 제시는 위니에게 자신과 동갑이 되었을 때 그 샘물을 마시고 영원히 함께 살아가자고 제안합니다. 과연 위니는 어떤 선택을 할까요? 터크 가족과 노란 양복의 사나이는 어떻게 될까요?

 도서 선정 이유

이 책은 한스 크리스티안 안데르센 상, 미국도서관협회 도서상을 비롯한 여러 문학상을 받았고, 풍부한 상상력과 아름다운 문장으로 미국의 초등학교와 중학교에서 필독서로 선정되어 현대 고전으로 널리 읽히고 있습니다. 저도 미국/캐나다의 아동문학 교재에서 워낙 자주 등장하는 이 책을 뒤늦게 알고 어른이 되어 재미있게 읽었지요. 두 차례나 영화로 만들어졌고 뮤지컬로 공연되기도 한 이 작품은 1992년에 처음 국내에 소개된 후 오랜 시간 많은 독자들의 사랑을 받아 왔습니다.

사춘기를 맞이하는 무렵의 아이들은 아직 삶과 죽음의 의미에 대해서 깊이 생각해 보지 않았을 가능성이 큽니다. 과연 삶과 생명의 의미가 무엇인지, 영원한 삶은 좋은 것일지, 재미있는 책을 통해 간접 경험해 보기 좋을 때죠. 죽음의 의미와 가치 있고 행복한 삶에 대해서도 생각하게 될예요.

 함께 읽으면 좋은 책

비슷한 주제

○ 복제인간 윤봉구 2: 버킷리스트 | 임은하 글, 정용환 그림, 비룡소, 2018

○ 삶과 죽음에 대한 커다란 책 | 실비 보시에 글, 상드라 푸아로 셰리프 그림, 배형은 옮김, 성태용 감수, 톡, 2012

○ 사람이 죽지 않으면 어떻게 될까요 | 브리지뜨 라베·미셸 퓌엑 글, 자크 아잠 그림, 장석훈 옮김, 소금창고, 2001

○ 나는 기다립니다 | 다비드 칼리 글, 세르주 블로크 그림, 안수연 옮김, 문학동네, 2007

○ 여름이 준 선물 | 유모토 가즈미 글, 이선희 옮김, 푸른숲주니어, 2005(개정판)

○ 오늘상회 | 한라경 글, 김유진 그림, 노란상상, 2021

○ 마지막 이벤트 | 유은실 글, 강경수 그림, 비룡소, 2015

○ 피터 팬 | 제임스 매튜 배리 글, 메이블 루시 애트웰 그림, 김영선 옮김, 시공주니어, 2005

○ 여행 가는 날 | 서영 글·그림, 위즈덤하우스, 2018

같은 작가

○ 악마와 세 가지 소원 | 나탈리 배비트 글·그림, 최순희 옮김, 대교출판, 2009(개정판)

○ 매머드 산의 비밀 | 나탈리 배비트 글·그림, 최순희 옮김, 미래엔아이세움, 2005

문해력을 키우는 엄마의 질문

1. 제목의 의미 생각하기

이 책의 원제는 《Tuck Everlasting》입니다.

• 원제는 무슨 뜻일까요? 'Tuck'과 'Everlasting'이라는 두 단어에 대해 각각 생각해 보세요. '작가와의 대화'도 참고하세요.

• 번역본의 국문 제목에 대해 어떻게 생각하나요?

• 만약 내가 번역가로서 제목을 짓는다면 어떻게 하고 싶나요?

이렇게 활용해 보세요

　　번역은 외국문학을 읽을 때 중요한 부분이지요. 특히 제목은 이야기의 내용을 함축하면서 흥미도 이끌어야 하는 아주 중요한 요소이고요. 원제와 번역된 제목 간에 거리가 멀 때도 많은데, 이런 부분을 모임 초반에 다루면 좋아요.

　　원제가 무엇이었는지 말해 주고, 번역 제목에 대해 어떻게 생각하는지, 내가 제목을 우리말로 바꾼다면 뭐라고 지을지 등을 생각해 볼 수 있어요.

2. 배경과 인물 파악하기

• 이야기의 시간적, 공간적 배경은 어떠한가요?

18세기부터 20세기까지, 미국의 어느 시골 마을 트리갭

• 아버지이자 남편인 터크는 뭐라고 불려야 맞나요?

앵거스 터크이므로 앵거스나 Mr. Tuck(터크 씨), 터크 아저씨라고 불려야 한다. 가족들이 모두 터크인데 이 사람만 그렇게 불리는 건 이상하다. 문화 차이와 번역의 문제 같다.

• 어머니이자 아내인 매는 어떤 성격을 가지고 있나요?

용감하고 모성애가 강하다. 현실에 순응한다.

- 마일스와 제시는 어떤 점이 서로 다른가요?

마일스는 책임감 있고 성실하다. 제시는 모험을 좋아하고 낙천적이다.

- 위니는 어떤 소녀로 그려지고 있나요?

처음에는 나약했지만 여러 경험을 하면서 용감해졌다. 사랑의 마음이 큰 소녀이다.

- 포스터 가정의 분위기는 어떠한가요?

자존심 강하고 엄격하며 폐쇄적이다.

이렇게 활용해 보세요

    배경과 인물은 '사건'을 제외하면 전부라고 할 수 있을 만큼 중요해요. 이야기 속에 정직하게 드러나지 않기에 독자가 읽으면서 파악해야 하지요.

    배경은 특히 책의 초반에서 잘 파악해야 하는데, 우리 삶과 문화적으로 차이가 있는 공간이거나 다른 시대의 이야기일 경우 쉽지 않을 수 있어요.

    인물에 대해서는 읽는 내내 근거를 모아 가며 판단을 하게 돼요. 이런 이야기책을 읽는 경험이 쌓이면서 늘어 가는 능력 중 하나입니다. 특정 인물에 대해 형성한 어렴풋한 인상을 적절한 어휘로 표현하는 연습이 될 수 있어요.

3. 이야기의 구성 이해하기

- 프롤로그는 어떤 기능을 하나요?

이야기의 시작을 알리면서 독자들의 호기심을 불러일으킨다.

- 에필로그는 어떤 기능을 하나요?

결말을 훨씬 더 감동적으로 전달한다.

이렇게 활용해 보세요

    이 책뿐 아니라 다른 책에서도 종종 볼 수 있죠. 본격적인 이야기에서 떨어져 나와 시작과 끝을 색다르게 표현하는 방법인 프롤로그와 에필로그의 기능을 이 책을 기준으로 생각해 봅니다.

4. 장면에 감정 이입하기

• 매에게 맞고 쓰러진 노란 옷의 남자를 바라보는 터크의 심정이 어땠을까요?

> 자기는 경험할 수 없는 죽음을 부러워한다. 이상한 느낌이지만 그라면 그렇게 느낄 수 있을 것 같다.

• 위니의 묘비를 본 터크는 "잘했다(Good girl)"라고 짤막하게 말합니다. 이 말은 어떤 의미를 담고 있을까요? 작가는 왜 이렇게 짧게 표현했을까요?

> 위니가 마법의 샘물을 마시지 않아 영생을 택하지 않았으므로 묘비가 있는 것이다. 터크 아저씨는 그 선택을 칭찬한 것이다. 쉽지 않지만 지혜로운 선택이라고 생각해서. 이 한 마디로만 표현한 게 더 쿨하다. 더 인상적이라고 생각한다. 영어 표현이 더 멋있다.

> **이렇게 활용해 보세요**

글을 잘 이해하기 위해서는 인물들의 말과 행동에 감정을 이입해야 해요. 좋은 작품을 읽을 때는 이런 일이 자연스럽게 일어나죠.

첫 번째 질문의 경우, 일반적이지 않은 상황에서의 감정이므로 생각하기 어려울 수 있어요. 그만큼 이 책에서만 나타날 수 있는 독특한 상황인 거지요.

두 번째 질문은 아동문학 교과서에 예시로 실릴 만큼 영향력 있는 장면이에요. 이 짧은 한 마디에 담긴 의미를 이해할 수 있는 힘을 키워야겠죠.

5. 이야기의 주제 곱씹기

이 책에는 '순환'과 '순리'에 대한 표현이 자주 등장합니다. 다음 질문에 대한 내 생각을 정리해 보세요. 마음에 드는 질문을 골라(혹은 몇 개 연결해서) 원고지에 글을 써 보세요.

• 만약 내가 트리갭의 샘물에 대해 알게 되었다면 그 샘물을 마실 건가요?

• 만약 누군가 그 샘물을 마신다면 몇 살 때가 적절할까요?

• 영원히 사는 기분은 어떨까요?

• 노란 옷의 사나이가 숲을 이용해 샘물 장사를 했다면 어떻게 되었을까요?

• 이야기에 등장하는 두꺼비는 어떻게 살고 있을까요?

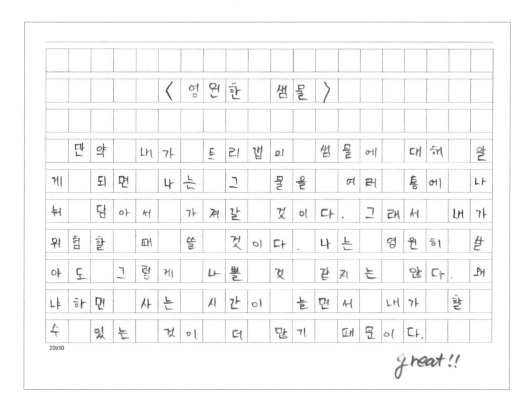

〈 영원한 샘물 〉

　　만약 내가 트리펍의 샘물에 대해 알
게 되면 나는 그 물을 여러 통에 나
눠 담아서 가져갈 것이다. 그래서 내가
위험할 때 쓸 것이다. 나는 영원히 받
아도 그렇게 나쁠 것 같지는 않다. 왜
냐하면 사는 시간이 늘면서 내가 할
수 있는 것이 더 많기 때문이다.

20x10

great!!

이렇게 활용해 보세요

　글의 결말이나 중간 사건이 바뀌었을 때를 자유롭게 상상해 볼 수 있는 흥미로운 질문을 준비합니다. 질문들을 다 훑어보는 것도, 그중 가장 관심이 가는 내용을 고르는 것도 의미 있는 경험이에요.

　첫 번째 질문을 고른 친구의 글입니다. 작품의 메시지와는 반대지만, 자신의 관점과 생각이니 문제없다고 봐요.

1. 제목의 의미 생각하기

이 책의 원제는《Tuck Everlasting》입니다.

원제는 무슨 뜻일까요? 'Tuck'과 'Everlasting'이라는 두 단어에 대해 각각 생각해 보세요. '작가와의 대화'도 참고하세요.

번역본의 국문 제목에 대해 어떻게 생각하나요?

만약 내가 번역가로서 제목을 짓는다면 어떻게 하고 싶나요?

2. 배경과 인물 파악하기

이야기의 시간적, 공간적 배경은 어떠한가요?

아버지이자 남편인 터크는 뭐라고 불려야 맞나요?

어머니이자 아내인 매는 어떤 성격을 가지고 있나요?

마일스와 제시는 어떤 점이 서로 다른가요?

위니는 어떤 소녀로 그려지고 있나요?

포스터 가정의 분위기는 어떠한가요?

3. 이야기의 구성 이해하기

프롤로그는 어떤 기능을 하나요?

에필로그는 어떤 기능을 하나요?

4. 장면에 감정 이입하기

매에게 맞고 쓰러진 노란 옷의 남자를 바라보는 터크의 심정이 어땠을까요?

위니의 묘비를 본 터크는 "잘했다(Good girl)"라고 짤막하게 말합니다. 이 말은 어떤 의미를 담고 있을까요? 작가는 왜 이렇게 짧게 표현했을까요?

5. 이야기의 주제 곱씹기

이 책에는 '순환'과 '순리'에 대한 표현이 자주 등장합니다. 다음 질문에 대한 내 생각을 정리해 보세요. 마음에 드는 질문을 골라(혹은 몇 개 연결해서) 원고지에 글을 써 보세요.

• 만약 내가 트리갭의 샘물에 대해 알게 되었다면 그 샘물을 마실 건가요?

• 만약 누군가 그 샘물을 마신다면 몇 살 때가 적절할까요?

• 영원히 사는 기분은 어떨까요?

• 노란 옷의 사나이가 숲을 이용해 샘물 장사를 했다면 어떻게 되었을까요?

• 이야기에 등장하는 두꺼비는 어떻게 살고 있을까요?

조선 왕이 납신다

#국사 #조선 시대 #왕과 백성

글 어린이역사연구회
그림 김규택
출간 2016년
펴낸 곳 위즈덤하우스
갈래 비문학(역사)

 이 책을 소개합니다

조선을 빼고 우리 역사를 말할 수 있을까요? 이 책은 조선을 상징하던 왕들을 주인공으로, 반드시 알아야 할 역사적 사실을 초등학생의 눈높이에 맞추어 쉽고 재미있게 엮었습니다. 왕의 일거수일투족이 기록으로 남아 있는 《조선왕조실록》이 전해 주는 왕들의 모습을 해석하여 27명의 조선 왕들을 독특한 캐릭터로 부활시켰습니다. 각 임금의 개성 있는 표정과 말풍선은 목소리를 더욱 생생하게 전달해 줍니다. 《조선왕조실록》은 태조에서 철종에 이르는 25대, 472년, 17만 2천여 일의 역사를 기록한 조선 왕조 공식 기록물입니다. 이 책에서는 그 방대한 기록 가운데 어린이들이 알아야 할 각 시대의 핵심만으로 흐름을 연결했고요.

1대 태조부터 27대 순종까지 어떻게 왕이 되었는지, 잘한 일과 잘못한 일은 무엇인지, 훗날의 역사가 이들을 어떻게 평가하는지 읽어 볼 수 있어요. 왕으로서, 아버지나 자식으로서 감추고 싶은 일, 반성하고 후회하는 일, 후손들에게 부탁하고 싶은 것까지 진술하게 털어놓았습니다. 아이들은 옛이야기를 듣듯이 조선의 임금들과 그들을 둘러싼 역사에 빠져들 수 있을 거예요.

📖 도서 선정 이유

태정태세문단세, 예성연중인명선……. 이렇게 암기하셨던 것 기억하시죠? 그런데 각 임금이 어떤 인물이었는지, 어떻게 왕이 되었는지, 그 시대의 특징은 무엇인지도 기억나시나요? 국사를 암기 과목으로만 여겨 마음에 새기며 공부하지 않았던 것이 후회되지는 않으세요?

국사에서 상당히 중요한 조선의 역사에 아이들이 이해하기 쉽고 재미있게 접근하도록 해 주는 책이라 골라 봤어요. 한 명씩 만나게 되는 왕을 떠올리면 그 시대와 관련된 역사적 사실들이 저절로 줄줄이 연상되고, 조선 역사가 파노라마처럼 펼쳐질 거예요. 한 왕의 기록이 모여 한 시대가 되고, 27명의 왕이 다스린 시대가 모여 500여 년이 넘는 긴 조선 역사를 이루지요. 《조선왕조실록》의 기록을 보면 볼수록 꼬리에 꼬리를 무는 작가들의 궁금증이 모여 만들어진 책이래요. 역사를 공부하는 좋은 방법을 선보인 셈입니다.

📖 함께 읽으면 좋은 책

비슷한 주제

○ 이야기 교과서 한국사 8: 개혁 군주 정조~조선의 멸망 | 문재갑 글, 최승협 그림, 아름주니어, 2018

○ 조선 시대 춘향은 어떻게 살았을까? | 김향금 글, 한상언 그림, 토토북, 2018

○ 땡그랑! 엽전이 들려주는 조선 경제 이야기 | 서선연 글, 김도연 그림, 미래엔아이세움, 2018

○ 실록을 지키는 아이 | 이향안 글, 김호랑 그림, 현암주니어, 2020(개정판)

○ 왕과 함께 펼쳐 보는 조선의 다섯 궁궐 | 황은주 글, 양은정 그림, 허균 감수, 그린북, 2020

○ 초정리 편지 | 배유안 글, 홍선주 그림, 창비, 2013

○ 책과 노니는 집 | 이영서 글, 김동성 그림, 문학동네, 2009

같은 작가

○ 고려 왕이 납신다: 34명의 왕이 들려주는 고려의 역사 | 어린이역사연구회 글, 유승하 그림, 위즈덤하우스, 2018

1. 다양한 관점에서 바라보기

이 책에서 소개하는 조선 왕조의 왕 27명 중에서 가장 존경스러운 왕과 가장 마음에 들지 않는 왕을 한 명씩 골라 보세요. 존경스러운 왕에게는 과오가 없었을까요? 마음에 들지 않는 왕은 성과가 없었을까요? 아래 표에 정리해 보세요.

	+ 긍정적 평가 (장점, 성과, 존경스러운 점)	− 부정적 평가 (단점, 과오, 아쉬운 점)
내가 가장 좋아하는 왕: 영조	탕평책으로 정치적 안정을 이루었다. 군포를 한 필로 줄여 백성들의 부담을 줄였다. 청계천 바닥을 파냈다. 잔인한 형벌을 없앴다. 우수한 인재들을 등용했다. 불필요한 서원 수를 줄였다. 상민과 노비의 경계를 허물었다. 문화를 발전시키는 데 힘을 기울였다. 균역법을 시행했다.	사도 세자를 죽였다.
내가 가장 싫어하는 왕: 연산군	사치 풍조를 단속했다. 암행어사를 보내 관리들을 감독했다. 백성들을 위해 곡물 가격을 내렸다.	본인은 사치를 했다. 사람들을 많이 죽였다.

> **이렇게 활용해 보세요**

이 책에는 정말 많은 왕이 등장하죠. 각자의 '최고'와 '최악'을 꼽아 봄으로써 얻은 정보를 평가해 봅니다. 그리고 그 평가의 근거인 역사적 사실들을 다시 떠올려 보는 거예요. 내가 왜 그 임금을 존경하는지, 왜 그 임금은 싫은지에 대해서요. 이렇게 해 보면 최고에도 단점이, 최악에도 장점이 있음을 깨달을 수 있어요.

2. 정보책에서 정보 찾기

《조선왕조실록》에 따르면 조선 시대의 왕위 계승은 어떻게 이루어졌나요? 다양한 경우를 나열해 보세요.

적장자, 적장자가 아닌 아들, 손자, 또는 친척의 계승

이렇게 활용해 보세요

책에서 텍스트로 제시하지 않는 정보를 스스로 추출해 내는 연습입니다. 읽어 본 내용을 정리해서 결론을 끌어내는 과정이에요.

3. 비판적으로 사고하기

이 책에 나타난 다음의 요소들에 대한 의견을 말해 보세요.

• 적장자 우선의 왕위 계승

꼭 적장자만 왕위 계승을 할 필요는 없다. 정치를 잘할 능력 있는 인재가 왕이 되면 된다고 생각한다.

• 대리청정, 수렴청정

왕이 어릴 때 이러한 방법이 필요는 했겠지만 주변 사람 개인의 욕심을 위해 하면 안 된다고 생각한다.

• 어린 왕

어른이 아닌 경우는 왕이 되기에는 너무 이르다고 생각한다. 왕의 자식에게 바로 왕위를 물려주기 위해 무리를 한 것 같다.

• 붕당 정치

필요 없다고 생각한다. 의미 없는 싸움만 하기 때문이다. 백성들을 위해서 싸우는 게 아니라 자기들 힘자랑을 하려고 싸우는 것 같다. 요즘 정당들과 똑같다.

• 조선 시대의 신분제

필요하지 않다. 타고난 신분이 낮으면 희망이 없고 자신이 원하는 대로 행동할 수 없기 때문이다. 불공평한 제도였다.

• 성리학과 유교의 예법

나는 성리학보다는 실학이 훨씬 낫다고 생각한다. 우리가 실제 사는 데 더 유용하기 때문이다. 성리학은 이론만 따지는 것 같다.

이렇게 활용해 보세요

조선 시대의 사회, 정치, 문화에 대한 비판적 사고를 해 보는 거예요. 당시의 상황과 지금의 사회를 비교하는 기회가 되기도 해요.

역사책이 과거의 사실들을 나열하는 데 그치지 않고, 후세에 교훈을 준다는 것을 알 수 있어요. 아이들도 이 책을 읽으면서 나름대로 판단을 했을 거예요.

4. 책의 구멍 메우기

역사 교과서에는 역사 소설과 달리 '사람'이 없다고 해요.《조선왕조실록》은 왕의 역사를 다룬 책이고,《조선 왕이 납신다》는 그 역사에 대한 정보책이에요. 왕과 왕족, 신하들에 대한 이야기는 있어도 다수의 백성들이 겪었을 일상적인 삶은 다루지 않아요. 이 책의 내용을 통해 유추해 보면 조선 시대 사람들은 어떻게 살았을까요?

27명의 왕 중 한 명을 고르고, 내가 그 시대의 백성이었다고 가정해 보세요. 양반, 중인, 상민, 천민의 신분을 고르고 나이대도 결정해 보세요. 왕조의 국정 운영과 시대상을 고려해서 백성인 나의 삶이 어땠을지 상상하는 글을 원고지에 써 보세요.

> 〈영조를 만난 백성으로서〉
>
> 요새는 부쩍 붕당 싸움이 줄어들었다. 아마도 임금님이 탕평책글 시랭하신 것 같다. 정치적 안정을 찾기 위한 일 것이다. 나는 청계천을 파내려고 멸시미 일하고 있다. 몸은 고되지만 돈을 벌어서 기쁘다. 이전보다는 살미 훨씬 더 편해지고 희망이 생긴다. good.
>
> 20x10

이렇게 활용해 보세요

아동문학 중에서도 역사를 담은 책들이 있어요. 특정 시대와 역사적 사건들을 배경으로 활용하되 인물들이 다양하게 등장하는 이야기책이죠. 이런 책들에는 역사책과 비교하여 '사람'이 담겨 있다고 평가해요. 역사책에서 일반적인 사람들(특히 어린이)의 삶은 조명 받지 못한다는 점에 주목하여 상상하고 글을 써 보는 거예요.

평민의 글이라 일부러 철자를 틀리게 썼다고 해서 눈감아 주었습니다.

1. 다양한 관점에서 바라보기

이 책에서 소개하는 조선 왕조의 왕 27명 중에서 가장 존경스러운 왕과 가장 마음에 들지 않는 왕을 한 명씩 골라 보세요. 존경스러운 왕에게는 과오가 없었을까요? 마음에 들지 않는 왕은 성과가 없었을까요? 아래 표에 정리해 보세요.

	+ 긍정적 평가 (장점, 성과, 존경스러운 점)	- 부정적 평가 (단점, 과오, 아쉬운 점)
내가 가장 좋아하는 왕: _____		
내가 가장 싫어하는 왕: _____		

2. 정보책에서 정보 찾기

《조선왕조실록》에 따르면 조선 시대의 왕위 계승은 어떻게 이루어졌나요? 다양한 경우를 나열해 보세요.

3. 비판적으로 사고하기

이 책에 나타난 다음의 요소들에 대한 의견을 말해 보세요.

적장자 우선의 왕위 계승

대리청정, 수렴청정

어린 왕

붕당 정치

조선 시대의 신분제

성리학과 유교의 예법

4. 책의 구멍 메우기

역사 교과서에는 역사 소설과 달리 '사람'이 없다고 해요. 《조선왕조실록》은 왕의 역사를 다룬 책이고, 《조선왕이 납신다》는 그 역사에 대한 정보책이에요. 왕과 왕족, 신하들에 대한 이야기는 있어도 다수의 백성들이 겪었을 일상적인 삶은 다루지 않아요. 이 책의 내용을 통해 유추해 보면 조선 시대 사람들은 어떻게 살았을까요? 27명의 왕 중 한 명을 고르고, 내가 그 시대의 백성이었다고 가정해 보세요. 양반, 중인, 상민, 천민의 신분을 고르고 나이대도 결정해 보세요. 왕조의 국정 운영과 시대상을 고려해서 백성인 나의 삶이 어땠을지 상상하는 글을 원고지에 써 보세요.

키다리 아저씨

원제: Daddy-Long-Legs, 1912년

#성장 #고아 #후원 #기부 #우정
#꿈 #사랑

글 진 웹스터
옮김 이주령
출간 2003년
펴낸 곳 시공주니어
갈래 외국문학(서간 문학)

이 책을 소개합니다

한 고아 소녀가 후견인의 도움으로 대학 생활을 하게 되면서 펼쳐지는 이야기입니다. 소녀의 글 솜씨를 알아본 게 발단이 되었기에 '작가 준비를 하기 위해, 대학 생활에 대한 편지를 보낼 것'이 조건이었죠. 그래서 이 책은 편지글로 이루어진 독특한 형식을 띠고 있어요. 100년도 더 된 이 책이 단순히 연애 소설이라고 생각하는 사람도 있지만, 세대를 뛰어넘는 감동과 재미를 주어서 고전이 되었습니다. 작가 특유의 활기와 유머 감각, 매력적인 등장인물들, 어려운 상황을 긍정적으로 이겨 내고 세상을 남다른 시선으로 바라보며 주체적으로 성장하는 주인공 주디, 또 이 소녀의 후견인이 된 신비주의 캐릭터 키다리 아저씨 덕분이기도 하겠죠.

주디는 대학에서 새로운 친구들을 사귀고, 새로운 것들을 원 없이 배우고, 글쓰기를 통해 정체성을 확립하며 마침내 아슬아슬한 '밀당'을 거쳐 사랑까지 쟁취하게 됩니다. 신데렐라와 거리가 먼 당당한 여자 주인공 덕분에 당시 독자들에게 신선한 충격을 던져 주었다고 해요. 여성의 권리 신장을 주장하고, 고아들의 열악한 환경을 고발하는 것도 이 책이 지닌 또 다른 매력입니다.

 ## 도서 선정 이유

어릴 적에 《키다리 아저씨》 읽었던 경험 있으시죠? 그런 책을 아이들과 나눈다는 것은 축복이라고 생각해요. 오래전 이야기이고 어찌 보면 어른들의 관계에 대한 내용이지만, 아이들도 흥미롭게 읽을 수 있는 편지 소설이라 함께 읽고 싶었어요. 이런 책들은 (특히 남자)아이들이 초등학교를 졸업해 버리면 영영 읽어 볼 기회가 없다는 것도 중요한 선정 이유고요. 고전인데 애니메이션, 뮤지컬로만 접하는 것은 좀 아쉽지요.

서간 문학의 가장 큰 특징은 구체적인 독자가 설정되어 있다는 점이어서, 묘사가 치밀하고 이야기가 생생하며 엿보는 것 같은 재미를 줍니다. 요즘 아이들에게 낯선 문화를 경험하게 해 주는 점에서도 의미가 있지요. 오늘날의 의사소통 방식과 비교하여 이야기해 볼 수도 있어요.

사실주의 문학의 특징으로서 독자가 직접 경험하지 못하지만 세상 어딘가에서 누군가 경험하는 일(예: 고아원 생활)을 들여다볼 수 있게 해 주기도 하지요. 책 속 인물의 삶은 어땠을까 생각해 보는 계기가 될 거예요. 저는 오랜만에 이 책을 읽고 새삼 감동을 받아 후속편 《키다리 아저씨 그 후 이야기》까지 단숨에 읽었답니다.

 ## 함께 읽으면 좋은 책

시리즈

○ 키다리 아저씨 그 후 이야기 | 진 웹스터 글·그림, 김기태 옮김, 푸른나무, 2008

비슷한 주제

○ 소공녀 | 프랜시스 호즈슨 버넷 글, 에델 프랭클린 베츠 그림, 전하림 옮김, 보물창고, 2012
○ 빨간 머리 앤 | 루시 모드 몽고메리 글, 조디 리 그림, 김경미 옮김, 시공주니어, 2015
○ 작가가 되고 싶어! | 앤드루 클레먼츠 글, 정현정 옮김, 남궁선하 그림, 사계절, 2006

같은 작가

○ 말괄량이 패티 | 진 웹스터 글, 이선혜 옮김, 한현주 그림, 을파소, 2008

문해력을 키우는 엄마의 질문

1. '작가-주인공-작가'로의 연결 고리

이 책의 앞부분에 실린 작가의 이야기를 읽어 보세요. 작가 진 웹스터와 주인공 주디의 공통점을 발견했나요? 또, 작가로 성장한 주디의 소설은 작가 자신과 어떤 관계가 있나요?

작가 진 웹스터	주인공 주디	주디의 첫 연재소설
유복하고 문학적인 환경에서 자랐다. 고아에 관심이 많았다. 작가이다.	불우한 환경에서 성장했다. 고아이다. 작가가 되고 싶어 한다.	웹스터가 자신이 잘 알고 있는 부분과 자기 이야기를 살려 이 책을 쓴 것처럼, 주디도 고아원 생활에 대한 소설을 써서 처음으로 팔게 되었다. 자신의 과거를 부끄러워하지 않게 되자 드디어 작가가 된 것이다.
책을 많이 읽고, 공부를 열심히 한다. 여자대학교에 다녔다. 운명적인 사랑을 했다.		

이렇게 활용해 보세요

들어가는 활동으로 작가와 주인공을 연결해 보기로 했습니다. 바퀴가 돌아가듯 순환적인 면이 있어 재미있어요. 많은 작가들이 자신의 관심 분야를 파고들거나 자전적인 소설을 씁니다. 이 책에서는 작가에 대한 소개 글이 있어서 이야기 자체와 함께 활용하기 좋아요. 때로는 인터넷을 활용하여 작가에 대한 정보를 검색해서 보여 주세요.

2. 글의 앞부분 상상하기

고등학생 때까지 고아원에서 자란 제루샤의 삶은 어땠을까요? 일상의 이모저모를 상상해서 간략히 써 보세요.

이렇게 활용해 보세요

이야기는 주인공이 고등학교를 졸업하는 무렵부터 시작되지요. 하지만 그 앞의 이야기는 어땠을지 상상해 볼 수 있는 근거는 많이 있어요. 요즘 아이들의 삶과는 많이 다른 오래전 고아원의 일상을 상상해 봄으로써 이야기에 더 몰입할 수 있게 됩니다.

3. 행간의 정보 읽기

주디의 편지들을 통해 많은 내용을 유추할 수 있어요. 드러나진 않았지만 알 수 있는 내용에 대해 생각해 봅시다.

- 키다리 아저씨가 주디를 맥브라이드 씨네가 아닌 록 윌로우 농장에 가라고 한 까닭은 무엇일까요?

  주디를 좋아하기 때문에 지미를 질투해서. 주디와 지미가 더 가까워질까 봐 불안했을 것이다. 대신 주디가 농장에 가 있으면 자신과 만날 수 있기 때문에 작전을 쓴 것이다.

- 주디의 편지를 받은 키다리 아저씨는 어떤 마음으로 편지를 읽었을까요?

  발랄하고 귀엽다고 생각했을 것 같다. 그만큼 자신과의 나이 차이는 좀 느꼈을 것이다. 주디의 편지를 자꾸 기다리게 되었을 것이다.

이렇게 활용해 보세요

소설을 읽는 재미 중 하나는 독자로서 문장으로 드러나지 않은 내용을 건져 내는 것 아닐까요? 이 질문들은 어렵진 않지만 내용의 이해에 필수적인 부분을 짚고 있어요.

책동아리 POINT

너무 단순하게 대답하지 않도록 도움을 주기 위해서는 아이들의 대답을 모두 수용하여 함께 종합적인 대답을 만들어 가면 돼요. 자기 생각만 적지 않고, 친구들의 말도 받아 적으면 더 근사한 답이 된다는 것을 경험할 수 있어요.

4. 사회문화적으로 접근하기

- 이 책은 서간 문학으로, 대부분의 내용이 편지글로 이루어져 있습니다. 이 작품이 쓰인 110여 년 전에는 손으로 쓴 편지가 먼 거리를 거쳐 전해지려면 시간이 한참 걸렸어요. 요즘의 의사소통 방식과 비교하여 당시의 '편지 문화'에 대한 생각을 정리해 보세요. 요즘이라면 이러한 이야기가 가능했을까요?

  그때의 편지는 손으로 써서 주고받는 데에 오래 걸렸겠지만, '반가움'과 '기다림'이라는 행복이 있었을 것이다. 요즘은 이메일, 문자, 카톡으로 메시지를 전달하기 때문에 빠르고 간단하고 편하다. 하지만 정은 좀 없다.

  요즘이라면 키다리 아저씨는 단번에 들통났을 것이다. 홈페이지, SNS도 있고, 이메일로 사진도 볼 수 있으니까. 그만큼 비밀스러운 재미는 없지만……

• 주디는 후원자 덕분에 대학에 다니게 되었어요. 당시에 흔치 않은 여자대학, 여성을 위한 고등교육의 내용이 소개되고 있습니다. 또한 당시는 여성에게 참정권도 없었습니다. 그렇다면 요즘은 성 평등의 시대라고 생각하나요? 내 생각을 말해 보세요.

오늘날에는 교육이나 정치 같은 대부분의 영역에서 성평등이 이루어졌다. 그러나 여전히 일부 나라나 일부 영역에서는 여성이 더 불리한 경우가 있다. 사우디아라비아 같은 어떤 나라에서는 여자들의 생활이 자유롭지 못하다고 한다. 우리나라에서도 여자들이 아이 키우는 데 더 고생을 많이 하고, 취업도 힘들다. 그런데 또 어떤 면에서는 남성이 더 불리한 경우도 생겼기 때문에 과거와는 차이가 많다.

이렇게 활용해 보세요

소설의 내용 파악에서 그치지 않고, 그 배경을 활용해 지금, 여기의 상황과 비교해 봄으로써 논리적, 비판적 사고를 키울 수 있어요. 특히 시간차가 있는 과거의 이야기나 문화적으로 크게 다른 환경을 다룬 이야기가 도움이 되지요. 이 책도 고전인 만큼 그런 접근에 잘 맞아요.

《키다리 아저씨》의 작가 진 웹스터는 이 책을 통해 여성이 교육받고 정치에 참여할 권리를 당당하게 주장하고, 고아들의 복지 향상에도 기여했다는 평을 받아요.

우리가 경험하는 삶과 이 책에서 엿볼 수 있는 일상을 비교해 보고 자기 생각을 정리해 말하거나 써 봅니다. 아이들 간에 토의가 이루어지면 더 좋고요.

5. 글에 어울리는 삽화 그리기

주디의 편지에는 삽화가 있는 경우가 많았지요(일기로 이루어진 '윔피 키드' 시리즈도 참고). 주디의 쾌활한 성격과 흥미로운 사건에 어울리는 유머러스한 그림이에요. 원고지에 최근에 내게 일어난 사건을 기술하고, 재미있는 삽화를 그려 보세요.

이렇게 활용해 보세요

주디의 편지는 내용도 사랑스럽지만, 간략한 펜화로 그려진 삽화가 웃음을 자아내요. 내가 경험한 사건을 주제로 짧은 글을 쓰며 시간의 흐름과 상황 묘사에 집중합니다.

그리고 어떤 그림을 그리는 게 가장 적합할지 생각해 효과적인 삽화를 그려 보는 활동이에요. 간단한 선으로 인물과 배경을 묘사하고 필요하면 말풍선도 쓸 수 있어요.

1. '작가-주인공-작가'로의 연결 고리

이 책의 앞부분에 실린 작가의 이야기를 읽어 보세요.
작가 진 웹스터와 주인공 주디의 공통점을 발견했나요? 또, 작가로 성장한 주디의 소설은 작가 자신과 어떤 관계가 있나요?

작가 진 웹스터	주인공 주디	주디의 첫 연재소설

2. 글의 앞부분 상상하기

고등학생 때까지 고아원에서 자란 제루샤의 삶은 어땠을까요? 일상의 이모저모를 상상해서 간략히 써 보세요.

3. 행간의 정보 읽기

주디의 편지들을 통해 많은 내용을 유추할 수 있어요. 드러나진 않았지만 알 수 있는 내용에 대해 생각해 봅시다.

키다리 아저씨가 주디를 맥브라이드 씨네가 아닌 록 윌로우 농장에 가라고 한 까닭은 무엇일까요?

주디의 편지를 받은 키다리 아저씨는 어떤 마음으로 편지를 읽었을까요?

4. 사회문화적으로 접근하기

이 책은 서간 문학으로, 대부분의 내용이 편지글로 이루어져 있습니다. 이 작품이 쓰인 110여 년 전에는 손으로 쓴 편지가 먼 거리를 거쳐 전해지려면 시간이 한참 걸렸어요. 요즘의 의사소통 방식과 비교하여 당시의 '편지 문화'에 대한 생각을 정리해 보세요. 요즘이라면 이러한 이야기가 가능했을까요?

주디는 후원자 덕분에 대학에 다니게 되었어요. 당시에 흔치 않은 여자대학, 여성을 위한 고등교육의 내용이 소개되고 있습니다. 또한 당시는 여성에게 참정권도 없었습니다. 그렇다면 요즘은 성 평등의 시대라고 생각하나요? 내 생각을 말해 보세요.

5. 글에 어울리는 삽화 그리기

주디의 편지에는 삽화가 있는 경우가 많았지요(일기로 이루어진 '윔피 키드' 시리즈도 참고). 주디의 쾌활한 성격과 흥미로운 사건에 어울리는 유머러스한 그림이에요. 원고지에 최근에 내게 일어난 사건을 기술하고, 재미있는 삽화를 그려 보세요.

광고, 그대로 믿어도 될까?

원제: Advertising Attack, 2010년

#광고 #비판적 수용

글 로라 헨슬리
옮김 김지윤
감수 심성욱
출간 2014년
펴낸 곳 내인생의책
갈래 비문학(사회)

 ## 이 책을 소개합니다

오늘날 우리는 '광고의 홍수' 속에서 살고 있습니다. 반복해서 쏟아지는 TV 광고는 말할 것도 없고 스팸 문자, 배너 광고, 드라마와 영화 속의 간접 광고까지, 현대인이 받는 스트레스에는 분명 광고도 한몫하고 있다고 봐요. 광고는 새로운 제품을 소비자에게 알리고 그 정보를 통해 소비를 촉진시켜 경제가 활발하게 돌아가도록 하는 순기능이 있는 반면, 역기능도 만만치 않지요. 제품 판매를 위해 단점은 슬쩍 감추고 장점만을 과장하는 경우도 있고, 광고가 아닌 것처럼 속여 사람들의 구매를 유도하는 경우도 많기 때문이에요.

광고의 홍수 속에서 지혜롭게 살아가기 위해서는 어떻게 해야 할까요? 소비자로서 우리는 광고의 공격에 어떻게 대응해야 할까요? 광고의 화려한 겉모습에 현혹되지 않을 방법은 무엇일까요? 이 책은 광고의 긍정적-부정적인 측면을 균형 잡힌 시각으로 설명해 줍니다. 광고의 역사를 훑어보고, 광고의 제작 과정, 다양한 광고 기법과 판매 촉진을 위한 교묘한 속임수도 알려 줍니다. 이 책을 통해 광고에 왜 예쁜 모델이 등장하는지, 인터넷 배너에 어떻게 내가 갖고 싶은 제품이 나타나는지 등을 생각하면서 지금까지 무분별하게 수용했던 광고를 비판적으로 바라보게 될 거예요.

도서 선정 이유

이 책은 광고에 대한 지식과 관점을 무조건 주입하듯이 설명하지 않고 계속 질문을 던져서 아이들이 스스로 비판적 시각을 가지고 광고를 바라볼 수 있게 도와줍니다. 한 사람의 소비자이기도 한 아이들에게 꼭 필요한, 광고에 대한 비판적 수용의 경험을 제공해요. 6학년쯤 되면 꽤 영향력 있는 소비자이지만, 아직 광고를 객관적으로 바라보긴 쉽지 않으니 읽어 보기에 딱 좋은 때라고 생각했습니다.

아이들은 이 책을 통해 광고의 개념을 잘 이해하고, 광고의 속임수를 꿰뚫어 볼 수 있는 눈을 가질 수 있어요. 더 나아간다면 광고가 사회에 미치는 긍정적인 영향을 더욱 확대·발전시켜 주기를 기대하며 광고와 관련된 진로에 관심을 가질 수도 있겠지요.

함께 읽으면 좋은 책

비슷한 주제

○ 광고는 왜 10대를 좋아할까? | 샤리 그레이든 글, 미셸 라모로 그림, 김루시아 옮김, 오유아이, 2014

○ 경제 속에 숨은 광고 이야기 | 프랑크 코쉠바 글, 야요 가와루마 그림, 강수돌 옮김, 초록개구리, 2013(개정판)

○ 광고의 비밀: 왜 자꾸 사고 싶을까? | 김현주 글, 강희준 그림, 미래아이, 2012

○ 어린이를 위한 슬기로운 미디어 생활 | 권혜령 외 6인 글, 이희은 그림, 우리학교, 2020

○ 생각이 크는 인문학 17: 미디어 리터러시 | 금준경 글, 이진아 그림, 을파소, 2019

문해력을 키우는 엄마의 질문

1. 찬반 토론하기

36쪽 〈담배 광고에 대한 논쟁〉을 읽고 담배 광고의 금지와 허용에 대한 의견을 말해 봅시다.

이렇게 활용해 보세요

비교적 쉬운 토론 주제로 시작해요. 이 주제는 찬성과 반대가 분명히 나뉘고 근거도 찾기 어렵지 않은 편이지요. 청소년들과도 밀접하게 관련된 주제라 좋아요. 3~5분 이내로 간단하게 해 보는 워밍업 활동이에요.

2. 적절한 예 들기

37쪽 브랜딩(branding)이 무엇인지 이해했나요? 적절한 예를 생각해 보세요.

브랜딩이란 한 종류의 여러 상품 중 특정 기업의 상품만 소비자의 뇌리에 남도록 하는 것이다. 예를 들면, 반창고-대일밴드, 자동연필-샤프, 복사기-제록스, 트렌치코트-버버리 등의 브랜드 제품을 말한다.

이렇게 활용해 보세요

비문학 작품을 읽을 때 새로운 정보를 많이 받아들이다 보면 머리에 남지 않고 바로 잊게 되는 경우가 많아요. 모여서 다시 한번 짚고 넘어 가면 확실히 알게 되지요.

책을 펼쳐 해당 정보를 다시 찾는 것도 좋은 연습이 되니 적절한 시간을 주세요. 정의를 찾고, 예를 생각해 보는 활동이에요.

3. 정보 요약하기

이 책에서 알려 주는 광고 전략(기술, 속임수 포함)의 종류를 전부 적어 보세요.

애매한 표현, 브랜딩, 소비자의 욕망 파악하기, 게릴라 마케팅, 설문조사, 소비자의 감정 이용하기, 티저 광고, 장소 기반형 광고, 조작된 이미지 이용하기, 노이즈 마케팅, 스팸 메일, 추천의 말, TV 홈쇼핑, 협찬 광고, 광고 기사, 언더커버 마케팅, 인터넷 광고(배너와 팝업 광고), 스폰서 링크, 개인 정보 이용한 맞춤형 광고, 바이럴 마케팅, 허위 광고, 유명인의 보증, 제품 이미지 형성하기, 유머 사용하기, 기만적인 말 사용하기, 주의사항 작게 쓰기, 고객 찾기 등

이렇게 활용해 보세요

목차와 소제목을 이용하면 좋아요. 특정 내용이 내가 찾는 정보가 맞는지 아닌지 기본적인 판단을 하는 과제예요. 찾아보면서 이해를 못 했거나 기억이 안 나는 내용은 다시 읽어 볼 수 있어요. 아이들끼리 서로 이야기하며 확인해 보면 더욱 좋고요.

4. 실제 문해 자료 활용하기

일간 신문을 살펴보세요. 신문은 우리 사회에서 일어나는 매일의 정보를 담고 있는 실제적인(authentic) 텍스트입니다.

- 얼마나 많은 광고를 찾을 수 있나요?
- 〈전면 광고〉라는 표시를 찾았나요?
- 신문 기사처럼 보이는 광고가 있나요?
- 모호하거나 의심이 가는 광고 문구가 있나요?

이렇게 활용해 보세요

NIE 활동이에요. 일간지를 아동당 한 장씩 나누어 주세요. 광고가 포함된 면으로요.
주어진 질문을 살펴보고 답을 찾기 위해 신문을 잘 관찰하도록 하세요. 책 읽기에 비해 더 실제적인 경험이 될 거예요. 우리 삶에 광고가 이렇게 깊숙이 들어와 있구나 실감할 수 있어요.

5. 카피라이터가 되어 보자!

짧고 강렬한 광고 카피는 영향력이 강합니다. 내가 좋아하는 상품(과자, 의류, 자동차 등) 한 가지를 골라 어울리는 카피를 써 보세요.

- 상품명: Adidas
- 카피: Adidas 빼고는 Adios!
- 카피의 의미: Adidas 제품만 사라는 뜻이다.

책을 읽고 카피와 카피라이터에 대해 잘 알게 되었으니, 간단한 도전을 해 보는 거예요. 아이들이 재미있어 했지요. 한창 관심을 가진 제품들을 활용하려고 할 거예요.

6. 내 의견 표현하기 & 주장하는 글쓰기

광고와 관련된 다음 현상에 대해서 어떻게 생각하나요? 내 의견을 정리해서 친구들에게 말해 보세요. 그리고 하나의 주제를 골라 원고지에 주장하는 글로 표현해 보세요.

주제 1) 높은 출연료의 유명 광고 모델

주제 2) 노이즈 마케팅

주제 3) 광고 모델이 키 크고 날씬하게 보이게 하는 편집

주제 4) PPL(Product Placement)

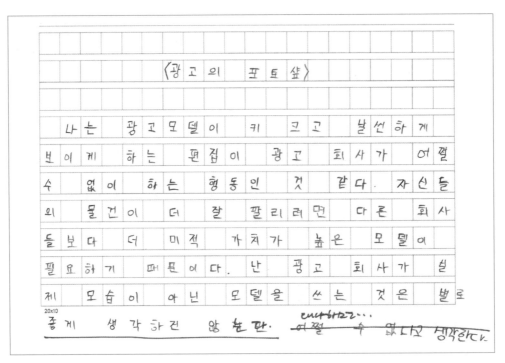

책에서 나왔던 논점 중, 토의해 보기에 좋은 것들을 한 번 더 골랐어요. 찬성과 반대로 나누어 토론해 보기에도 좋은 주제랍니다. 먼저 함께 가볍게 이야기해 보고, 자신만의 글쓰기로 연결하고 싶은 주제를 각자 고르게 합니다. 주장, 설득하는 글을 쓰는 과제이므로 중심 문장부터 써 보게 하세요. 그리고 주장을 뒷받침하는 근거 문장들을 충분히 써서 한 문단(원고지 200자 한 장)을 완성합니다.

1. 찬반 토론하기

36쪽 〈담배 광고에 대한 논쟁〉을 읽고 담배 광고의 금지와 허용에 대한 의견을 말해 봅시다.

담배 광고, 허용 / 금지해야 한다. 그 이유는

2. 적절한 예 들기

37쪽 브랜딩(branding)이 무엇인지 이해했나요? 적절한 예를 생각해 보세요.

3. 정보 요약하기

이 책에서 알려 주는 광고 전략(기술, 속임수 포함)의 종류를 전부 적어 보세요.

4. 실제 문해 자료 활용하기

일간 신문을 살펴보세요. 신문은 우리 사회에서 일어나는 매일의 정보를 담고 있는 실제적인(authentic) 텍스트입니다.

- 얼마나 많은 광고를 찾을 수 있나요?
- 〈전면 광고〉라는 표시를 찾았나요?
- 신문 기사처럼 보이는 광고가 있나요?
- 모호하거나 의심이 가는 광고 문구가 있나요?

5. 카피라이터가 되어 보자!

짧고 강렬한 광고 카피는 영향력이 강합니다. 내가 좋아하는 상품(과자, 의류, 자동차 등) 한 가지를 골라 어울리는 카피를 써 보세요.

- 상품명:

- 카피:

- 카피의 의미:

6. 내 의견 표현하기 & 주장하는 글쓰기

광고와 관련된 다음 현상에 대해서 어떻게 생각하나요? 내 의견을 정리해서 친구들에게 말해 보세요. 그리고 하나의 주제를 골라 원고지에 주장하는 글로 표현해 보세요.

주제 1) 높은 출연료의 유명 광고 모델
주제 2) 노이즈 마케팅
주제 3) 광고 모델이 키 크고 날씬하게 보이게 하는 편집
주제 4) PPL(Product Placement)

구덩이

원제: Holes, 1998년

#운 #가족 #친구 #법과 제도
#범죄 #낙천성 #인종 차별

글 루이스 쌔커
옮김 김영선
출간 2007년
펴낸 곳 창비
갈래 외국문학(판타지 동화)

이 책을 소개합니다

뚱뚱한 왕따 소년 스탠리 옐네츠 4세는 지독히도 운이 없어요. 유명 야구 선수의 운동화를 훔쳤다는 누명을 쓰고 사막에 있는 '초록호수 캠프'라는 소년원에 가게 됩니다. 그곳은 문제아들이 모여 하루 종일 모래 구덩이를 파야 하는 곳이었어요. 소년원의 강제 노동, 대대손손 이어지는 가문의 저주, 인종 차별로 인한 비극적인 사랑 등 언뜻 보기에는 서로 상관이 없어 보이는 인물과 장소, 사건이 질긴 인연과 운명의 끈으로 이어지면서, 이야기는 예상을 뛰어넘어 반전을 거듭합니다. 주인공이 진정한 성장과 우정에 행운까지 얻게 되는 흥미로운 이야기예요.

주인공은 비참한 상황 속에서도 낙천성을 잃지 않고, 최악의 상황에서도 포기하지 않으며, 몸과 마음이 단단해집니다. 옐네츠 가문은 약속을 지키지 못해 대대손손 나쁜 운수에 시달리게 되었는데, 백여 년이 지나 스탠리와 소년원 친구 제로는 운명을 탓하지 않고 노력해 마침내 불운의 고리를 끊고, 보물까지 차지해 저주의 늪에서 벗어나지요. 구덩이 파기에 얽힌 흥미진진한 비밀과 통쾌한 반전, 그리고 해피엔딩이라는 최고의 선물을 주는 책입니다. 1999년 전미도서상과 뉴베리 상 수상작이에요.

도서 선정 이유

제가 미국에서 연구 휴가를 보낼 때 읽고 반했던 책이에요. 그 후로 이 작가의 팬이 되었지요. 아들이 커서 이 책을 함께 읽을 날을 기다렸는데, 드디어 6학년이 되어 친구들과 함께 읽게 되었습니다. 문장이 쉽고 간결한 데다 꼬리에 꼬리를 무는 반전이 이어지기 때문에 손에서 놓지 않고 흥미진진하게 읽을 수 있는 이야기예요. 영어 원서로도 인기가 많습니다.

자칫 어두울 수도 있는 분위기는 작가 특유의 유머러스한 문체로 뒤집힙니다. 아동의 성장, 모험, 사회 고발, 유머, 감동을 모두 녹여 낸 이야기로, 온몸으로 고난에 부딪히면서도 낙천성을 잃지 않고, 진실하며, 우직한 스탠리를 응원하게 될 거예요.

이야기의 퍼즐 조각이 하나씩 맞춰지는 즐거움은 물론이고, 마지막에는 가문의 운명이 대역전되는 통쾌한 클라이맥스가 기다리고 있어요. 2003년에 디즈니에서 영화화되기도 했답니다. 뒷이야기가 궁금하면《작은 발걸음》을 펼쳐 보세요.

함께 읽으면 좋은 책

시리즈

○ 작은 발걸음 | 루이스 쌔커 글, 김영선 옮김, 창비, 2011

비슷한 주제

○ 더 보이 | 캐서린 길버트 머독 글, 이안 숀허 그림, 김영선 옮김, 다산기획, 2019

○ 차별 없는 세상을 위한 평등 수업 | 소피 뒤소수와 글, 자크 아잠 그림, 권지현 옮김, 다림, 2019

○ 뉴 키드(1~2권) | 제리 크래프트 글·그림, 조고은 옮김, 보물창고, 2020, 2021

같은 작가

○ 수상한 진흙 | 루이스 새커 글, 김영선 옮김, 창비, 2015

○ 웨이싸이드 학교가 무너지고 있어 | 루이스 쌔커 글, 김영선 옮김, 김중석 그림, 창비, 2008

○ 웨이사이드 학교와 저주의 먹구름 | 루이스 새커 글, 김영선 옮김, 김중석 그림, 창비, 2021

문해력을 키우는 엄마의 질문

1. 이야기 이해하기

- 캐서린 선생님은 왜 범죄자 케이트 바로우가 되었나요?

  자기가 사랑하던 흑인 쌤이 인종 차별 때문에 총에 맞고 죽게 되자 분노를 참을 수 없어 여러 범죄를 저질렀다.

- 옐네츠 가문의 저주는 어떻게 풀리게 되었나요?

  스탠리가 결국 마담 제로니의 예전 부탁(산꼭대기에 데려가 주기)을 그 후손인 제로에게 들어주게 되어서

- 스탠리와 제로가 도마뱀에 물리지 않은 이유는 무엇인가요?

  스탠리와 제로는 먹을 게 없어 양파만 2주 동안 먹었는데, 지독한 양파 냄새가 도마뱀이 다가오지 못하게 했다.

- 제로는 번 돈으로 왜 사립 탐정을 고용했을까요? 그리고 마지막 장면에 나오는 여성은 누구일까요?

  제로가 자신의 엄마를 찾으려고. 마지막 파티 장면에 나오는 여성이 제로의 엄마이다.

> **이렇게 활용해 보세요**

이 책은 흥미로운 이야기 전개가 쉴 틈 없이 이어지다 보니 읽다 보면 중요한 단서나 설명을 놓치기 쉬워요. 각자 읽고 모여서 그 이해를 확인하는 것으로 시작해요.

무엇이, 왜, 어떻게 등의 확산적 질문에 대답하기 위해 문장을 간결하고도 정확하게 만들어 보는 연습이 되기도 해요.

2. 인물 분석하기

- 초록호수 캠프에 가기 전과 후의 스탠리는 어떻게 다른지 비교해 보세요.

전	후
뚱뚱하고 둔했다. 운이 없었다. 친구가 없었다. 소심했다. 가난했다.	체력이 강해졌다. 저주가 풀렸다. 절친이 생겼다. 자신감이 생겼다. 보물도 찾고 발명품 덕분에 부자가 되었다.

• 스탠리와 제로의 인연은 과거와 현재에 각각 어떻게 이어지나요?

	스탠리	제로
과거	고조할아버지 때부터 가족들이 저주에 씌어 가난하게 살았다. 비싸고 유명한 운동화를 훔쳤다는 누명을 썼다. 운이 없고 학교에서 왕따 당한다.	그 운동화를 실제로 훔친 장본인이다. 집이 없고 흑인이다. 마담 제로니의 후손이다.
현재	소년원 캠프에서 제로를 만난다. 제로에게 읽는 방법을 가르친다. 제로를 구하러 캠프를 탈출하고 결국 구한다.	구덩이를 잘 판다. 제로에게 읽는 방법을 배운다. 캠프의 선생을 공격하고 달아난다.
	둘이 목숨을 건 모험을 하게 된다. 서로 도와주고 친해진다. 둘을 통해 가문의 저주가 풀린다.	

• 캠프 소장은 어떤 사람인가요? 가족 배경과 성격 측면에서 생각해 보세요.

가족	성격
가족들이 다들 악랄하다. 유전적으로 못되고 악독한 성격을 물려받았다.	무섭다. 냉정하다. 자비가 없다. 잔인하다. 돈을 밝힌다.

이렇게 활용해 보세요

　　첫 번째 질문을 통해 아주 기본적인 도표로 내용을 정리해서 이해를 심화시킬 수 있습니다. T 차트라고 하는 이 표에 특정 시점을 전후로 인물이 어떤 변화를 겪었는지 적어 보게 합니다. 내용을 무작위로 말하기보다는 한 요소가 전과 후에 어떻게 달라졌는지 생각하는 게 더 체계적이에요(예: 가난했다 → 부자가 되었다).

　　이 이야기의 주인공인 두 인물의 인연은 생각보다 복잡해요. 가문까지 이어지는 극적인 설정이지요. 두 번째 질문으로 책의 줄거리를 아우르는 두 아이들의 관계에 대해 생각해 봐요.

　　끝으로, 읽는 내내 마음에 안 들었던 반동 인물인 어른을 분석해 보는 질문이에요. '가족', '성격' 이런 식으로 배경과 같은 분석의 틀을 살짝 마련해 주면 답하기 더 쉬워요.

3. 이야기의 요소 - 문체, 어조와 분위기

이 책에는 저주, 범죄, 소년원, 폭력, 죽음 등의 내용이 등장합니다. 하지만 이야기의 전반적인 분위기는 어둡지 않죠. 그 이유가 무엇일지 이야기 나눠 보세요.

이렇게 활용해 보세요

활동지에 문장으로 답을 쓰는 칸 없이 질문만 제공하는 것도 좋아요. 아이들이 더 좋아하지요. 쓰지 않고 서로 대화만 하는 게 더 부담이 없나 봐요.

시종일관 흥미진진하게 읽게 되는 이 책은 다루는 소재에 비해 분위기가 가볍고 경쾌해요. 황당한 에피소드가 등장하거나 유머가 자주 등장해서 그럴 거예요. 작가 루이스 새커가 쓴 작품들의 특성이지요. 원서로 읽으면 그 문체를 더 제대로 느낄 수 있답니다.

초등학생이 원서를 읽기 시작할 때 한두 권은 번역서와 나란히 두고 보는 것도 좋아요. 전문 번역가는 이 문장을 우리말로 어떻게 옮겼을까 생각해 보고, 확인을 하는 거죠.

4. 독자 반응 나누기

이 책의 여러 에피소드에 대해 자신만의 느낌이 들었을 거예요. 어떤 생각을 했는지 이야기 나눠 보세요.

에피소드 1) 스탠리가 초록호수 캠프에 도착해서 적응하는 초반

에피소드 2) D조 아이들끼리 티격태격하는 가운데 대장 노릇을 하는 엑스레이

에피소드 3) 캐서린과 흑인 쌤의 관계에 분노하며 공격하는 초록호수 마을 사람들

에피소드 4) 아이들을 학대하는 소장과 미스터 선생님의 행동

에피소드 5) 트럭을 훔쳐 제로를 구하러 가고 아픈 제로를 들쳐 메고 산에 오르는 스탠리

이렇게 활용해 보세요

흥미로운 이야기라 술술 읽히는 사이사이, 강렬한 반응을 느낄 수 있는 책이에요. 하지만 짚고 넘어가지 않으면 느꼈는지도 모를 수 있다는 게 함정이지요. 어린이들은 스토리 전개에만 몰두하기 쉽거든요.

중요한 장면들을 골라 놓고 그 부분에서 어떤 느낌이 들었고 어떤 생각을 했는지 이야기 나누도록 해 보세요. 예를 들어, 1번 상황을 읽는 내내 저는 목이 말랐어요. 이름은 초록호수이지만 실제로는 사막인 곳에 있는 낯선 소년원에서 주인공이 안 하던 육체노동을 하며 물도 못 마시는 상황에 완전히 감정 이입이 되더라고요. 이 책을 한여름에 읽기로 배정한 이유이기도 하답니다.

5. 이야기의 주제

이 책의 주제는 무엇일까요? 스탠리의 최대 장점은 무엇이라고 생각하나요?

이러한 내용을 담아 스탠리에게 편지를 써 보세요.

스탠리야, 안녕? 요즘은 행복하게 지내고 있니? 사실 넌 아주 불행하지는 않았던 것 같지만⋯⋯. 누구나 불행할 수밖에 없는 상황에서도 넌 이상하게 괜찮아 보였거든. 난 너의 최대 장점이 낙천성과 의리라고 생각해. 나도 낙천적이긴 하지만 넌 정말 최고야. 친구 제로를 위한 의리도 대단하고.

그리고 나는 너의 이야기 주제가 '노력하면 안 되는 일이 없다'라고 생각해. 왜냐하면 네가 노력해서 제로를 위험에서 구해 냈고, 너의 아버지도 노력해서 결국 발명품을 만들어 냈기 때문이야. 실패가 오랫동안 계속되더라도 포기하지 않고 노력하면 언젠가는 성공할 수 있다는 걸 보여 줘서 고마워. 너의 이야기 아주 재미있었어!

이렇게 활용해 보세요

스탠리는 정말 매력 있는 주인공입니다. 책동아리 친구들의 또래이기도 하고요. 이런 경우는 오랜만에 주인공에게 쓰는 편지글로 마무리해도 괜찮죠. 안부 인사 같은 싱거운 말만 쓰지 말고 책의 주제나 짤막한 감상과 연결시킬 수 있게 도와주세요.

1. 이야기 이해하기

캐서린 선생님은 왜 범죄자 케이트 바로우가 되었나요?

옐네츠 가문의 저주는 어떻게 풀리게 되었나요?

스탠리와 제로가 도마뱀에 물리지 않은 이유는 무엇인가요?

제로는 번 돈으로 왜 사립 탐정을 고용했을까요? 그리고 마지막 장면에 나오는 여성은 누구일까요?

2. 인물 분석하기

• 초록호수 캠프에 가기 전과 후의 스탠리는 어떻게 다른지 비교해 보세요.

전	후

• 스탠리와 제로의 인연은 과거와 현재에 각각 어떻게 이어지나요?

	스탠리	제로
과거		
현재		

• 캠프 소장은 어떤 사람인가요? 가족 배경과 성격 측면에서 생각해 보세요.

가족	성격

3. 이야기의 요소 문체, 어조와 분위기

이 책에는 저주, 범죄, 소년원, 폭력, 죽음 등의 내용이 등장합니다. 하지만 이야기의 전반적인 분위기는 어둡지 않죠. 그 이유가 무엇일지 이야기 나눠 보세요.

4. 독자 반응 나누기

이 책의 여러 에피소드에 대해 자신만의 느낌이 들었을 거예요. 어떤 생각을 했는지 이야기 나눠 보세요.

에피소드 ❶ 스탠리가 초록호수 캠프에 도착해서 적응하는 초반

에피소드 ❷ D조 아이들끼리 티격태격하는 가운데 대장 노릇을 하는 엑스레이

에피소드 ❸ 캐서린과 흑인 쌤의 관계에 분노하며 공격하는 초록호수 마을 사람들

에피소드 ❹ 아이들을 학대하는 소장과 미스터 선생님의 행동

에피소드 ❺ 트럭을 훔쳐 제로를 구하러 가고 아픈 제로를 들쳐 메고 산에 오르는 스탠리

5. 이야기의 주제

이 책의 주제는 무엇일까요? 스탠리의 최대 장점은 무엇이라고 생각하나요?

이러한 내용을 담아 스탠리에게 편지를 써 보세요.

생명 윤리 논쟁

#생명 윤리 #인권 #입장 차이
#토론과 논쟁

글 장성익
그림 박종호
출간 2021년(개정판)
펴낸 곳 풀빛
갈래 비문학(사회, 과학)

 이 책을 소개합니다

 과학 기술의 발달로 인간을 포함한 모든 생명을 인위적으로 조작하고, 변형하고, 이용할 수 있게 되면서 생명에 대한 가치관이 흔들리고 있지요. 그래서 우리는 인간의 존엄성과 인권, 자연과 생명의 가치를 지키기 위해 노력해야 해요. 이 책은 토론과 논쟁을 통해 이러한 문제들에 접근하여 생명 윤리를 이해할 수 있게 해 줍니다.

 이 책에는 요즘 논란이 되는 유전자 변형 먹거리(GMO), 생명 복제, 줄기세포, 장기 이식, 안락사, 동물 실험 등 생명 윤리에 관한 논쟁이 담겨 있어요. GMO가 식량 위기의 대안일지 아니면 생태계와 인간의 건강을 파괴할 것인지, 동물 복제로 인한 문제는 없는지, 나아가 인간 복제까지 실현되면 '나'라는 존재를 어떻게 설명할 수 있는지, 뇌 기능이 멈춘 뇌사자의 장기를 이식할 경우, 뇌사를 진짜 죽음으로 인정할 수 있는지, 회복 불가능한 환자의 생명을 연장하는 치료를 중단하는 것이 과연 옳은 선택인지, 동물 실험이 효과가 있는지, 대안은 없는지 깊이 있게 고민해 볼 수 있어요. 아이들이 인간의 존엄성, 생명과 자연의 가치, 삶과 죽음의 의미를 진지하게 생각해 볼 기회가 될 거예요.

 도서 선정 이유

생명 공학을 비롯한 과학 기술의 눈부신 발전으로 우리의 생활은 풍요롭고 편리해졌지만, 예전에는 고민할 필요가 없던 새로운 문제들이 많이 발생하고 있어요. 특히 우리 몸과 건강에 직접 연관된 의학과 생명 과학 분야에서 사회적으로나 윤리적으로 심각한 문제가 발생해 새로운 토론거리를 다양하게 만들어 내고 있지요.

토론과 논쟁은 혼자서 고민하며 답을 찾는 것보다 생각을 더 깊고 풍부하게 만들어 줘요. 특히 나와 다른 입장을 만났을 때 내 의견만 주장하기보다 생각의 차이를 이해해서 내 생각의 부족한 부분을 채우고 다른 입장을 설득하는 힘을 얻게 됩니다.

실제 토론을 보듯이 쉽게 읽으면서 주제에 흥미롭고 재미있게 접근할 수 있어요. '함께 정리해 보기' 코너에서는 논쟁이 되는 문제가 무엇이고 찬성-반대 입장에서 각각 어떻게 생각하고 있는지를 다시 한번 정리해 주어서 이해를 돕고요. 특히 안락사 문제나 최근에 대두되고 있는 동물 학대 문제까지 살펴볼 수 있어서 다양한 주제 선정이 마음에 들어요. 토론 기술뿐 아니라 아이들의 생명 윤리 의식을 키우는 데 큰 도움이 될 거예요.

함께 읽으면 좋은 책

비슷한 주제

○ 생명의 릴레이 | 가마타 미노루 글, 안도 도시히코 그림, 오근영 옮김, 양철북, 2013

○ 동물실험, 왜 논란이 될까?: 세상에 대하여 우리가 더 잘 알아야 할 교양 13 | 페이션스 코스터 글, 김기철 옮김, 한진수 감수, 내인생의책, 2012

○ 안락사, 허용해야 할까?: 세상에 대하여 우리가 더 잘 알아야 할 교양 21 | 케이 스티어만 글, 장희재 옮김, 권복규 감수, 내인생의책, 2013

○ 줄기세포, 꿈의 치료법일까?: 세상에 대하여 우리가 더 잘 알아야 할 교양 22 | 피트 무어 글, 김좌준 옮김, 김동욱·황동연 감수, 내인생의책, 2013

○ 개 재판 | 이상권 글, 유설화 그림, 웅진주니어, 2018

○ 녹색 인간 | 신양진 글, 국민지 그림, 별숲, 2020

○ GMO: 유전자 조작 식품은 안전할까? | 김훈기 글, 서영 그림, 풀빛, 2017

○ 유전자 조작 반려동물 뭉치 | 김해우 글, 김현진 그림, 책과콩나무, 2019

문해력을 키우는 엄마의 질문

1. 토론 자세 준비하기

이 책에서 또래 친구들이 토론하는 모습을 보면, 토론의 기본자세에 대해 알 수 있어요. 토론자와 중재(사회)자에게 요구되는 자세는 각각 어떠한지 말해 보세요. '-해야 한다' 또는 '-하지 말아야 한다'의 형태로 적어 보세요.

토론자	중재자
남의 의견을 존중해야 한다. 발언권을 얻어서 말해야 한다. 존댓말로 말해야 한다. 의견 차이가 있어도 상대에게 나쁜 감정을 갖지 말아야 한다. 감정을 누그러뜨리고 말해야 한다.	자기 의견을 강하게 제시하지 않아야 한다. 모두에게 공정해야 한다. 분위기를 조절하는 역할을 해야 한다. 각 팀의 의견을 주의 깊게 들어야 한다. 주제에서 벗어난 이야기를 하지 말아야 한다.

> **이렇게 활용해 보세요**

'역지사지 생생 토론 대회' 시리즈를 포함해 토론 관련 책을 볼 때는 주제와 내용 중심으로만 읽기 쉬워요. 찬성, 반대 중 어느 쪽 편을 들어야 할까? 각각 어떤 근거를 들어 주장해야 할까? 같은 부분이지요.

하지만 초등학생이 처음 토론을 접할 때는 토론이 무엇인지, 토론을 왜 하는지, 토론이란 어떤 자세로 해야 하는지, 토론의 기본적 규칙은 무엇인지 아는 것이 더 중요해요. 그런 부분을 누군가 일목요연하게 알려 주는 것보다 이런 책을 읽고 친구들과 함께 찾아 나가면 더 효과적이겠지요.

2. 메타인지를 활용해 주제 정리하기

이 책에 소개된 생명 윤리 관련 주제에 대해 얼마나 알고 있었나요? 책을 읽고 나서는 머릿속에 얼마나 남아 있나요? 1~5점으로 스스로의 지식을 평가해 봅시다. (1 전혀 모른다↔5 잘 안다)

다양한 주제를 다루는 토론에 대한 책을 읽으면서도 정보를 꽤 얻을 수 있어요(물론 각 주제에 대한 독립적인 정보책을 읽는다면 지식의 깊이가 더 깊어지겠지만요.) 메타인지(상위인지)란 인지에 대한 인지, 즉, 내가 무엇을 얼마나 알고 모르는지에 대한 감각을 말해요. 학습과 학업 성취에 직결되는 중요한 부분이죠. 책을 읽을 때도 내가 얼마나 잘 알고 있던 내용인지, 읽으면서 얼마나 더 알게 되었는지 느낄 수 있어야 하므로 이렇게 연습을 해 봅니다.

3. 토론의 특성 파악하기

- 토론의 결론은 보통 어떻게 나나요?

　어느 한 편만의 승리가 아니다. 누가 '이겼다'고 판정하기 어렵다.

- 토론은 왜 할까요?

　서로의 의견을 듣고 무엇이 더 옳은지 비교해 보기 위해서

- 토론을 통해 무엇을 얻을 수 있나요?

　어떤 주제에 대한 전문적인 지식, 공감 능력, 경청하는 자세, 논리적 사고 능력, 자기 주도 학습 능력, 말을 잘하는 기술 등을 얻게 된다.

　　앞의 '토론 자세 준비하기'와 통하는 부분이에요. 토론에 대한 이 책(혹은 시리즈)을 읽고 나서 '아하, 그런 거구나!' 하고 알게 되는 측면을 묻는 거지요. 이 질문에 대한 생각을 통해 토론이라는 행위의 배경과 의미에 다가갈 수 있어요.

4. 토론왕 뽑기

　1장 〈유전자 변형 먹거리(GMO)〉 편에서 등장인물들의 발언을 다시 살펴보세요. 내가 토론왕을 한 명 뽑는다면 누구인가요? 찬성팀인가요, 반대팀인가요? 왜 그 친구를 뽑았나요?

토론왕 이름	혜은
팀	찬성팀
선정 이유	구체적인 사례를 잘 준비해 와서 발표했기 때문이다.

이렇게 활용해 보세요

　　토론을 실제로 잘하는 것도 중요하지만, 다른 사람의 토론을 읽고 평가해 보는 것도 상당한 연습이 된답니다. 이 책에는 그런 토론의 예시가 잔뜩 있으니 읽으며 예행연습을 할 수 있어요. 모델들이 무엇을 잘했는지, 무엇이 부족했는지 찾아보면서요.

5. 찬반 근거 평가하기

　　4장 〈장기 이식〉 편에서 찬성팀과 반대팀의 주장 근거를 하나씩 접착식 메모지에 적어 보세요. 근거들을 비교하면서 적합하다고 생각하는 순서대로 붙여 보세요. 어느 팀이 이긴 것 같나요?

찬성 근거	반대 근거
장기를 파는 쪽과 사는 쪽 모두에게 이익이다.	사람의 몸을 상품 취급하는 것이므로 비도덕적이다.
필요한 장기를 대량 생산할 수 있고 사람의 능력과 신체 기능도 향상될 수 있다.	장기를 사거나 거래할 수 있는 부자만 혜택을 보게 된다.
사람에게 안전한 장기를 제공할 수 있는 동물을 대량으로 키우면 된다.	뇌사는 완전히 죽은 게 아니라 죽음에 이르는 전체 과정의 한 단계일 뿐이다.
장기 기증은 용기 있는 선행이다.	신중하고 합리적으로 결정해야 할 중대한 문제이다.
뇌사자의 장기가 꼭 필요하므로 뇌사를 적극적으로 인정해야 한다.	

접착식 메모지는 독서 활동에서 유용하게 쓰여요. 띠 모양의 작은 사이즈를 준비해 주세요. 한 장에 한 가지의 생각을 적고, 유형에 따라 나누거나 순서를 바꾸어 가며 떼었다 붙였다 하기 좋아요. 처음부터 확정적인 생각을 할 필요는 없으니까요.

6. 실제 토론하기

6장 〈동물 실험〉 편을 읽고, 충분한 정보를 얻었나요? 먼저 한 가지 입장을 정해 주장하는 글을 써 보세요. 그리고 찬성팀과 반대팀으로 나누어 토론을 해 봅시다.

토론 책을 읽었으면 잠깐이라도 실제로 해 보는 게 좋겠죠? 어른이 주제를 정해 주기보다는 아이들이 가장 흥미를 느낀 주제를 고르도록 하는 게 좋아요. 짝수의 아이들이 반반으로 갈리는 주제가 좋겠고요.

시작하기 전에 정리하는 글을 먼저 쓰게 하세요. 각자 강조할 논점을 준비할 수 있으니까요. 책에 나온 것처럼 처음부터 끝까지 할 필요는 없어요(그럴 시간도 부족하지만요). 아이마다 돌아가며 중심 아이디어를 이용해 의견을 주장하고, 상대 팀을 반박하는 정도로 충분할 것 같아요.

1. 토론 자세 준비하기

이 책에서 또래 친구들이 토론하는 모습을 보면, 토론의 기본자세에 대해 알 수 있어요. 토론자와 중재(사회)자에게 요구되는 자세는 각각 어떠한지 말해 보세요. '-해야 한다' 또는 '-하지 말아야 한다'의 형태로 적어 보세요.

토론자	중재자

2. 메타인지를 활용해 주제 정리하기

이 책에 소개된 생명 윤리 관련 주제에 대해 얼마나 알고 있었나요? 책을 읽고 나서는 머릿속에 얼마나 남아 있나요? 1~5점으로 스스로의 지식을 평가해 봅시다. (1 전혀 모른다 ↔ 5 잘 안다)

주제	유전자 변형 먹거리	생명 복제	줄기세포	장기 이식	안락사	동물 실험
전						
후						

3. 토론의 특성 파악하기

토론의 결론은 보통 어떻게 나나요?

토론은 왜 할까요?

토론을 통해 무엇을 얻을 수 있나요?

4. 토론왕 뽑기

1장 〈유전자 변형 먹거리(GMO)〉 편에서 등장인물들의 발언을 다시 살펴보세요. 내가 토론왕을 한 명 뽑는다면 누구인가요? 찬성팀인가요, 반대팀인가요? 왜 그 친구를 뽑았나요?

토론왕 이름	
팀	
선정 이유	

5. 찬반 근거 평가하기

4장 〈장기 이식〉 편에서 찬성팀과 반대팀의 주장 근거를 하나씩 접착식 메모지에 적어 보세요. 근거들을 비교하면서 적합하다고 생각하는 순서대로 붙여 보세요. 어느 팀이 이긴 것 같나요?

찬성 근거	반대 근거

6. 실제 토론하기

6장 〈동물 실험〉 편을 읽고, 충분한 정보를 얻었나요? 먼저 한 가지 입장을 정해 주장하는 글을 써 보세요. 그리고 찬성팀과 반대팀으로 나누어 토론을 해 봅시다.

안녕, 우주

원제: Hello, Universe, 2017년

#자기 긍정 #관계 맺기와 우정
#용기 #학교 폭력 #다문화

글 에린 엔트라다 켈리
그림 이자벨 로하스
옮김 이원경
출간 2018년
펴낸 곳 밝은미래
갈래 외국문학(판타지 동화)

이 책을 소개합니다

《안녕, 우주》는 2018년 뉴베리 대상을 받은 현대적 모험 이야기예요. 창조적인 등장인물 조합이 돋보이고 챕터가 바뀔 때 시점이 자연스럽게 변해 읽는 재미가 있어요. 중학교 입학을 앞둔 동갑내기 여자아이 둘과 남자아이 둘, 네 명이 겪는 놀라운 하루를 기록한 책이랍니다. 6학년 책동아리에서 함께 읽기 딱이지요!

소심하고 생각이 많고 학습이 느린 버질 살리나스, 귀가 잘 들리지 않아 보청기를 끼지만 영리하며 고집이 센 발렌시아 소머싯, 앞날을 내다볼 수 있다고 믿으며 점성술을 좋아하는 카오리 타나카, 동네에서 가장 못된 골목대장 쳇 불런스. 이들은 서로 친구도 아니고 서로의 존재를 전혀 알지 못하지만 제각각의 우주를 가지고 있어요. 쳇이 버질과 반려동물 걸리버에게 끔찍한 장난을 치던 날, 이들 네 명의 우주는 상상하기 힘든 방식으로 얽혀 서로 만나게 된답니다. 묘하게 엇갈리는 넷을 이어 주는 우물을 중심으로 일어난 그 하루 동안의 일은 우연이라기보다 운명에 가까워요. 네 명의 목소리로 듣는 이야기라 공감이 잘 되고 심리도 이해되는 특성이 있어요.

도서 선정 이유

뉴베리 상 수상작이라면 자연스럽게 호기심이 생겨요. 얼마나 근사한 작품이기에 그런 영예를 얻었을까 하고요. 그동안의 수상작들을 읽고 많은 감동을 받아서겠지요. 이 책은 아시아계 미국인인 작가의 성장 경험이 투영된 이야기 같아요. 문화적 다양성, 따돌림, 폭력, 외로움 등의 주제가 버무려져 심각하거나 우울할 수도 있지만, 아이들의 시점과 목소리로 전달되는 이야기는 꽤 유머러스해요. 인물들의 감정선을 따라갈 수 있어 어른도 빠져서 읽게 됩니다.

상상하기 힘든 일을 현실적인 사건으로 그려 낸 솜씨가 놀라워요. 부모 독자는 사춘기에 접어든 10대 초반 아이들의 심리 변화를 엿볼 수 있고, 아동 독자는 그 심리에 공감할 수 있어 좋은 책입니다. 저는 이 책의 엔딩이 특히 좋았어요.

함께 읽으면 좋은 책

비슷한 주제

○ 비밀 친구 데이비 | 맬로리 블랙맨 글, 헬렌 반 블리엣 그림, 정유경 옮김, 북뱅크, 2015
○ 나무가 된 아이 | 남유하 글, 황수빈 그림, 사계절, 2021
○ 마지막 레벨 업 | 윤영주 글, 안성호 그림, 창비, 2021
○ 나는 강물처럼 말해요 | 조던 스콧 글, 시드니 스미스 그림, 김지은 옮김, 책읽는곰, 2021
○ 붉은 실 | 이나영 글, 이수희 그림, 시공주니어, 2017
○ 나는 설탕으로 만들어지지 않았다 | 이은재 글, 김주경 그림, 잇츠북, 2019

같은 작가

○ 우리는 우주를 꿈꾼다 | 에린 엔트라다 켈리 글, 고정아 옮김, 밝은미래, 2021
○ 먼바다의 라라니 | 에린 엔트라다 켈리 글, 리안 초 그림, 김난령 옮김, 밝은미래, 2021

문해력을 키우는 엄마의 질문

1. 작가의 특성 발견하기

이 책의 작가인 에린 엔트라다 켈리의 뉴베리 대상 수상 소감을 읽었나요? 그녀의 개인적 특성이 이 책에 어떻게 녹아들어 있는지 생각해 보세요.

이 작가는 필리핀계 미국인이어서 주인공의 감정을 잘 이해할 수 있다. 할머니에게 들었다는 필리핀 설화가 이 이야기에서 핵심적인 역할을 한다.

> **이렇게 활용해 보세요**

뉴베리 상 수상작으로서 작가의 수상 소감도 실려 있어 의미가 있어요. 그런 부가적인 텍스트도 놓치지 말고 독후 활동과 엮어서 이용할 필요가 있어요. 책을 더 깊이 이해할 수 있습니다.

2. 등장인물 분석하기

이 이야기는 여러분과 똑같은 나이의 네 친구들이 여름방학에 겪은 사건을 들려줍니다. 인물들의 특성을 적절한 단어들로 표현해 보세요. 외면적으로 분명한 사실과 내면적 성격을 모두 생각하면 됩니다.

소심하다. 학교에서 보충반에 다닌다. 키가 작다. 피부가 까무잡잡하다. 필리핀계 미국인. 수학을 못한다.	버질	발렌시아	당당하다. 청각장애가 있다. 학교에서 보충반에 다닌다. 동물을 좋아한다.
일본계 미국인. (짝퉁) 점성술사. 타인에 대해 관심이 많다. 자기만의 세계에 산다.	카오리	쳇	골목대장. 무식하다. 덩치가 크다. 폭력적이다. 과시하고 싶어 한다. 운동선수가 되고 싶어 한다.

본격적으로 내용에 대해 이야기하기에 앞서 인물들의 특성을 분석해 보는 거예요. 생각하기 쉬운 외면적 특성부터 시작해서 행동적 특성이나 정서적 특성(성격)으로 확장해 가면 좋아요. 외적-내적 특성이 서로 연결되게 인물이 설정되어 있는지도 말해 볼 수 있어요.

3. 인물 심층 탐구

각 인물에 대해 이야기에서 드러나지 않은 배경까지 생각해 봅시다.

• 쳇은 왜 못된 행동을 일삼을까요?

남들에게 인정받고 싶은 욕구가 충족되지 못해서. 심지어 아빠에게도 무시당하는 면이 있다.

• 발렌시아는 왜 혼자 있는 게 좋다고 여길까요?

친한 친구들한테 배신을 당해서 자신에게는 친구가 필요 없다고 생각한다.

• 버질은 우물 안에서 왜 파와 루비를 만나게 되었을까요?

위급한 상황에서 버질은 정신을 잃지 않고 파와 루비를 상상했다. 알고 있는 이야기로부터 힘을 얻은 것 같다.

어린이 독자는 자신보다 어린 아이가 등장하는 책은 별로 좋아하지 않아요. 그래서 동년배가 등장하는 책에 주목해야 합니다. 그때 안 읽으면 놓쳐 버리게 되거든요.

또한 또래이기 때문에 저절로 이해되는 심리를 이용해 등장인물을 깊이 있게 탐구할 수 있어요. '왜?'라는 질문에 대해 많이 생각해 볼 수 있어 좋은 시간입니다.

4. 시점 변화 파악하기

이 책은 1인칭과 3인칭 시점이 장마다 엇갈리며 반복됩니다. 다시 한번 훑어보며 이러한 시점 변화의 효과를 느껴 보세요. 각 부분을 읽을 때 시점에 따라 느낌이 어떻게 다른가요?

1인칭 시점일 때는 인물의 눈으로 외부를 보는 것 같다. 인물과 더 가깝게 느껴진다. 더 두근두근 긴장이 될 때도 있다. 반면에, 3인칭 시점일 때는 많은 사람들의 생각을 직접 알 수 있다.

이렇게 활용해 보세요

　　이 책의 포인트는 챕터마다 화자나 시점이 달라지는 거죠. 무의식적으로 읽으면 그런 변화를 눈치채지 못한 채 책장을 덮을 수도 있어요. 독자로서 이런 맛을 놓치지 않고 잘 느낄 수 있게 도와주면 됩니다.

5. 뒷부분 상상하기

버질은 친구들의 도움으로 우물에 갇힌 곤경에서 벗어났어요. 이후 인물들의 삶은 어떤 변화를 겪을 것 같나요?

- 버질과 쳇의 관계는 어떻게 될까요?

　버질이 쳇한테 더는 괴롭힘을 당하지 않을 것이다.

- 버질과 발렌시아의 관계는 어떻게 될까요?

　엄청난 일을 함께 겪어서 친한 친구가 될 것이다.

- 발렌시아와 카오리의 관계는 어떻게 될까요?

　서로 잘 이해하는 베스트 프렌드가 될 것이다.

- 버질의 가족들은 버질을 어떻게 대할까요?

　더 이상 어린아이 취급하지 않고 전보다 훨씬 더 어른스럽게 대해 줄 것이다.

이렇게 활용해 보세요

　　열린 결말이거나 후기가 궁금한 책이 많죠. 그럴 때 이용하기 좋은 질문들이에요. 끝난 줄 알았던 영화에서 엔딩 크레디트가 다 올라간 뒤 몇 년 후의 이야기가 펼쳐질 때가 있는 것처럼 상상 속에서 후일담을 지어 보는 거예요. 단, 이것도 역시 적절할 때만요(모든 이야기에서 반복하는 건 금물!). 특히 한 인물이나 인물들 간의 관계가 심상치 않게 변할 것이라 예상되는 경우가 좋겠죠.

6. 제목과 맥락 고려해 감상문 쓰기

이 책의 제목은《안녕, 우주(Hello, Universe)》입니다. 이런 제목이 붙은 이유를 생각해서 원고지에 감상문을 써 보세요.

- 이 책에서 '안녕'은 어떤 의미인가요?
- 내용 중에 '우주'가 등장한 맥락을 찾아보세요.

- 아이들이 겪은 일은 우연일까요, 운명일까요?

이렇게 활용해 보세요

 신간 소식을 처음 접했을 때부터 궁금했던 부분이에요. '여기서 '우주'가 과연 뭘 의미할까?' 하고요. 그런데 역시나 읽는 동안에도, 다 읽고 나서도 쉽지 않은 질문이더라고요. 아이들의 다양한 생각을 모아 보세요. 정답이 없는 질문이야말로 책동아리의 보물입니다.

1. 작가의 특성 발견하기

이 책의 작가인 에린 엔트라다 켈리의 뉴베리 대상 수상 소감을 읽었나요? 그녀의 개인적 특성이 이 책에 어떻게 녹아들어 있는지 생각해 보세요.

2. 등장인물 분석하기

이 이야기는 여러분과 똑같은 나이의 네 친구들이 여름방학에 겪은 사건을 들려줍니다. 인물들의 특성을 적절한 단어들로 표현해 보세요. 외면적으로 분명한 사실과 내면적 성격을 모두 생각하면 됩니다.

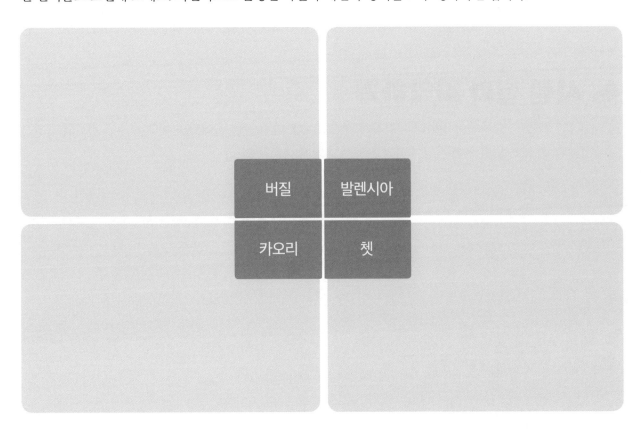

3. 인물 심층 탐구

각 인물에 대해 이야기에서 드러나지 않은 배경까지 생각해 봅시다.

> 쳇은 왜 못된 행동을 일삼을까요?

> 발렌시아는 왜 혼자 있는 게 좋다고 여길까요?

> 버질은 우물 안에서 왜 파와 루비를 만나게 되었을까요?

4. 시점 변화 파악하기

이 책은 1인칭과 3인칭 시점이 장마다 엇갈리며 반복됩니다. 다시 한번 훑어보며 이러한 시점 변화의 효과를 느껴 보세요. 각 부분을 읽을 때 시점에 따라 느낌이 어떻게 다른가요?

5. 뒷부분 상상하기

버질은 친구들의 도움으로 우물에 갇힌 곤경에서 벗어났어요. 이후 인물들의 삶은 어떤 변화를 겪을 것 같나요?

버질과 쳇의 관계는 어떻게 될까요?

버질과 발렌시아의 관계는 어떻게 될까요?

발렌시아와 카오리의 관계는 어떻게 될까요?

버질의 가족들은 버질을 어떻게 대할까요?

6. 제목과 맥락 고려해 감상문 쓰기

이 책의 제목은 《안녕, 우주(Hello, Universe)》입니다. 이런 제목이 붙은 이유를 생각해서 원고지에 감상문을 써 보세요.

- 이 책에서 '안녕'은 어떤 의미인가요?
- 내용 중에 '우주'가 등장한 맥락을 찾아보세요.
- 아이들이 겪은 일은 우연일까요, 운명일까요?

십 대를 위한 실패 수업:
사회·정치·스포츠 편

원제: Fantastic Failures, 2018년

#실패 #역경 #성공 #도전
#자존감 #롤모델

글 루크 레이놀즈
옮김 정화진
출간 2019년
펴낸 곳 청어람e
갈래 비문학(인물, 사회)

이 책을 소개합니다

행복한 미래를 위해 우리 아이에게 꼭 필요한 경험은 무엇일까요? 아이들은 자신이 원하는 길을 어떻게 찾을 수 있을까요? 남들과 다른 자기만의 생각을 하고, 그 생각이 맞는다는 걸 확인하기 위해 진짜 경험을 해 봐야만 하겠지요. 즉, 보호만 받지 않고 도전하고 그에 따른 다양한 실패 경험이 꼭 필요해요.

이 책에는 실패를 경험하고도 포기하지 않고 자신만의 길을 찾아간 여러 인물들이 등장합니다. 17명의 위대한 인물들이 살아오면서 어떤 실수를 경험했고, 어떻게 실패를 이겨 내고 성공했는지 들려주고 있어요. 인권 운동의 상징인 넬슨 만델라는 남아프리카의 인종 분리 정책을 폐지하기 위해 온갖 노력을 다했지만 27년간 감옥에서 지냈고, 노예제 폐지의 선구적인 운동가인 프레더릭 더글러스는 태어날 때부터 노예였지만 자유를 쟁취했어요. 또

에릭 와이헨메이어는 열세 살에 시력을 잃으면서 운동을 시작했고 에베레스트 산의 정상에 올랐지요. 이렇게 크고 작은 실수와 실패가 어떻게 성공과 행복으로 이어졌는지 흥미롭게 읽어 볼 수 있어요.

📖 도서 선정 이유

우리는 아이들이 모험하고 도전하며 다치거나 실패할 가능성을 빼앗고 있습니다. 너무나 소중한 자녀이기 때문이지만 그 부작용은 심각합니다. 위험을 감수하며 도전하려고 하지 않고 실패에서 헤어나지 못하는 어른이 될 수도 있기 때문이죠. 우선 책을 통한 간접 경험으로라도 아이들에게 실패담을 들려줄 필요가 있겠다 싶었어요.

실리콘밸리의 성공 신화 뒤에는 도전과 실패를 중요시하는 문화가 있다고 하죠. 2018년 9월, 한국에서 세계 최초로 '실패박람회'가 열렸다고 해요. 이후 매년 개최되고 있는 이 행사는 실패 경험이 성장의 발판이 되는 사회를 구현하고 실패에 대한 우리 사회의 경직된 인식을 바꾸어 재도전을 응원하기 위한 공공 캠페인이랍니다.

책을 좋아했던 어린 시절의 제가 유일하게 읽기 싫었던 장르는 위인전기였어요. 그 인물이 위대한 건 어렴풋이 알겠는데 어린 독자가 봐도 주인공을 너무 미화한 것 같고, 도무지 인간적으로 느껴지지 않아서였답니다. 그런데 이 책에서 보여 주는 인물들은 처음 듣는 이름이 많고, 아주 현실적으로 묘사되어 있어요. 이 책을 읽은 아이들은 자신의 삶도 위인들의 삶과 크게 다르지 않다는 것을 알게 될 거예요. 나도 실패할 수 있지만, 절망하거나 포기하지 않고 앞으로 나아가면 된다는 것을, 불확실한 미래도 두렵지 않다는 것을 알게 될 것입니다.

📖 함께 읽으면 좋은 책

비슷한 주제

○ 실패 도감: 실패했기 때문에 성공한 세계 위인들 | 오노 마사토 글, 고향옥 옮김, 길벗스쿨, 2020

○ 실패 도감: 실패의 모든 것 | 이로하 편집부 글, 머그니 그림, 강방화 옮김, 웅진주니어, 2020

○ 일론 머스크의 세상을 바꾸는 도전 | 박신식 글, 오승만 그림, 크레용하우스, 2016

○ 그래도 괜찮은 하루 | 구작가 글 · 그림, 위즈덤하우스, 2015

○ 아름다운 실수 | 코리나 루켄 글 · 그림, 김세실 옮김, 나는별, 2018

○ 꼴찌, 전교 회장에 당선되다! | 이토 미쿠 글, 고향옥 옮김, 김명선 그림, 단비어린이, 2017

○ 과학의 우주적 대실수 | 루카 페리 글, 투오노 페티나토 그림, 김은정 옮김, 봄볕, 2020

같은 작가

○ 십 대를 위한 실패 수업: 과학·문화·예술 편 | 루크 레이놀즈 글, 정화진 옮김, 청어람e, 2019

문해력을 키우는 엄마의 질문

1. 작가의 의도 파악하기

저자는 각 인물을 소개할 때 사실과 반대의 내용을 먼저 제시하고 있어요. 그 이유는 무엇일까요?

독자들에게 인물의 실제 상황과 가정된 상황을 잘 대비시켜 부각시켰다.

이렇게 활용해 보세요

책의 구성이 독특할 때 한 번쯤 짚고 넘어가면 좋지요. 17명의 이야기가 공통적인 도입부를 가지고 있어요. '작가가 왜 이런 방식으로 글을 썼을까?' 생각해 보는 기회예요.

2. 편집자의 입장 되어 보기

• 이 책은 논픽션에 해당합니다. 혹시 정보를 읽어 나갈 때 방해가 된 편집 요소가 있었나요? 만약 있었다면 어떤 부분이었나요?

인물이 그려진 말풍선이 불편했다. 본문에 그대로 다 나온 내용인데, 중복적이어서 읽기에 따분하게 느껴졌다.

• 내가 이 책의 편집자라면 구성을 어떻게 바꾸고 싶나요?

말풍선들을 모두 빼거나 말풍선 안에 본문에서 나오지 않은 대화를 집어넣는다.

이렇게 활용해 보세요

이번에는 작가가 아닌 편집자의 입장에서 생각해 보고 비평하는 기회입니다. 골라서 함께 읽은 책이 다 좋을 수는 없죠. 베스트셀러나 고전이더라도 마음에 들지 않는 부분도 있는 거고요. 요즘 아이들은 책의 편집에도 민감해요. 가독성이나 심미성에서 좀 떨어지는 부분은 비평하기 쉬운 특성에 해당해요.

3. 공통점 추출하기

이 책에서 소개하는 이야기의 인물들이 겪은 고난, 실패는 몇 가지 유형으로 나눌 수 있어요. 그들을 힘들게 한 것은 무엇이었나요? 내가 생각하는 몇 가지 요소를 뽑고 그에 해당하는 인물들을 묶어 보세요.

유형	차별	신체적 장애	가난과 결핍
해당 인물	넬슨 만델라 로자 파크스 주리엘 오두월 미셸 카터 힐러리 클린턴 프레더릭 더글러스	에릭 와이헨메이어 임마누엘 오포수 예보아 소니아 소토마요르	옴 프라카쉬 구자르 샤마임 해리스

이렇게 활용해 보세요

이 활동에서는 인물들을 골라서 나열하는 것보다 소집단으로 묶어 유형화하기, 즉, 공통점을 찾아내어 이름 붙이는 것이 중요해요. 17명의 인물들을 다시 한번 훑어보면 어떤 공통점을 가지고 있는지 생각할 수 있지요.

여기에서는 차별, 신체적 장애, 가난과 결핍을 뽑아 보았어요. 당연히 다른 유형, 다른 이름도 가능합니다.

4. 책을 읽고 얻은 정보를 자신에게 적용하기

- 여러분이 12년간 살아오면서 겪은 가장 큰 실패 또는 어려움은 무엇이었나요?

  폐렴에 걸렸던 것. 몸이 아팠던 어려움 외에 별로 실패는 없었던 것 같다.

- 앞으로의 삶에서 훨씬 큰 어려움이나 실패를 겪을 것이라 생각하나요?

  아마도 그럴 것이라고 생각한다.

- 그렇다면 어떻게 극복할 것인가요?

  일단 내 장점을 살려 어려운 상황을 낙천적으로 바라보고, 열심히 노력해서 그 어려움을 이겨 낼 것이다. 병도 치료하면 낫고, 노력하면 실력도 올라간다.

대단한 인물들에 대해 읽고 정보를 얻었다면 거기서 무엇을 배우고 느꼈는지가 중요해요. 읽은 것을 자기화하는 계기를 만들어 주세요.

5. 진심을 담아 편지 쓰기

• 이 책에 실린 인물들 중에서 실패와 성공이 가장 인상적이었던 건 누구인가요? 그 이유는 무엇인가요?

내가 뽑은 인물	그 이유
에릭 와이헨메이어	그는 열세 살이 되었을 때 시력을 완전히 잃었지만, 레슬링, 암벽 등반과 같은 운동을 계속하고 세계에서 가장 높은 에베레스트 산에도 올랐기 때문이다. 시각은 정말 중요한 감각인데 그는 좌절하지 않고 신체적으로 엄청난 도전을 해 성공했다.

• 고무공처럼 바닥을 치고 튀어 오르는 힘을 탄력성이라고 해요. 개인이 어려움에서 회복하는 힘을 '회복 탄력성(resiliency)'이라고 한답니다. 내가 뽑은 인물의 회복 탄력성은 어떠한가요?

단연 최고다. 에릭 와이헨메이어의 회복 탄력성은 매우 뛰어나다고 생각한다. 장애를 이겨 내고 도전에 성공한 것을 보면 알 수 있다.

• 그 인물에게 하고 싶은 말은 무엇인가요? 원고지에 편지를 써 봅시다.

17명이나 되는 인물들에 대해 읽었으니 책동아리 친구들이 서로 다른 인물을 꼽았을 가능성이 높겠죠? 아주 좋습니다! 자기만의 관점으로 가장 멋진 롤 모델을 뽑아 본다면 분명 앞으로의 성장에도 도움이 될 거예요.

그 인물을 '회복 탄력성'의 측면에서 평가해 보는 질문을 했어요. 실패를 이겨 낸 인물들의 이야기이니 아마도 긍정적인 평가를 하게 되겠죠? 그러면서 새로운 개념도 확실히 이해하게 됩니다.

마지막 글쓰기 활동은 앞선 활동의 연장선상에서 편지 쓰기로 해 봤어요. 여러 차례 말했지만, 독후 활동으로 작가나 주인공에게 편지 쓰기를 너무 자주 하는 건 반대예요. 천편일률적 반복 활동이 될 수 있고, 누구인지도 모르는 인물에게 쓰는 비현실적인 편지가 되어 버릴 수 있거든요. 아주 가끔, 마음이 연결될 수 있는 대상에게만 활용하기로 해요.

1. 작가의 의도 파악하기

저자는 각 인물을 소개할 때 사실과 반대의 내용을 먼저 제시하고 있어요. 그 이유는 무엇일까요?

2. 편집자의 입장 되어 보기

이 책은 논픽션에 해당합니다. 혹시 정보를 읽어 나갈 때 방해가 된 편집 요소가 있었나요? 만약 있었다면 어떤 부분이었나요?

내가 이 책의 편집자라면 구성을 어떻게 바꾸고 싶나요?

3. 공통점 추출하기

이 책에서 소개하는 이야기의 인물들이 겪은 고난, 실패는 몇 가지 유형으로 나뉠 수 있어요. 그들을 힘들게 한 것은 무엇이었나요? 내가 생각하는 몇 가지 요소를 뽑고 그에 해당하는 인물들을 묶어 보세요.

유형			
해당 인물			

4. 책을 읽고 얻은 정보를 자신에게 적용하기

여러분이 12년간 살아오면서 겪은 가장 큰 실패 또는 어려움은 무엇이었나요?

앞으로의 삶에서 훨씬 큰 어려움이나 실패를 겪을 것이라 생각하나요?

그렇다면 어떻게 극복할 것인가요?

5. 진심을 담아 편지 쓰기

• 이 책에 실린 인물들 중에서 실패와 성공이 가장 인상적이었던 건 누구인가요? 그 이유는 무엇인가요?

내가 뽑은 인물	그 이유

• 고무공처럼 바닥을 치고 튀어 오르는 힘을 탄력성이라고 해요. 개인이 어려움에서 회복하는 힘을 '회복 탄력성(resiliency)'이라고 한답니다. 내가 뽑은 인물의 회복 탄력성은 어떠한가요?

• 그 인물에게 하고 싶은 말은 무엇인가요? 원고지에 편지를 써 봅시다.

기억 전달자

원제: The Giver, 1993년

#기억 #통제 사회 #정부의 역할
#가족의 기능과 의미 #진정한 행복
#선택 #진로

글 로이스 로리
옮김 장은수
출간 2007년
펴낸 곳 비룡소
갈래 외국문학(판타지 동화)

이 책을 소개합니다

이 책은 미국 청소년 문학의 대표 작가라 불리는 로이스 로리에게 두 번째 뉴베리 상과 보스턴 글로브 혼 북 아너 상을 안겨 준 대표작으로, 통제 사회에서 모두가 잃어버린 감정들을 찾아 나서는 열두 살 소년의 이야기를 그려 내고 있어요. 사회 구성원 간의 갈등을 최소화하고 효율성을 극대화하기 위해 모두가 똑같은 형태의 가족을 가지고 동일한 교육을 받으며 성장하는 미래 사회의 어느 마을이 배경이에요. 열두 살이 되면 위원회가 직위를 정해 주는데, 주인공 조너스는 '기억 보유자'라는 직위를 부여받아요. 기억 보유자는 마을에서 과거의 모든 기억을 가지고 있는 단 한 명이죠. 선임 기억 보유자가 기억 전달자가 되어 조너스에게 과거의 기억을 전해 주며 훈련을 시키기 시작해요. 이 과정에서 놀라운 비밀을 알아가는 조너스에게 일어나는 일들은 정말 흥미진진하답니다.

목적이 무엇이든 극단적인 통제와 질서 추구는 결국 비인간성을 낳는다는 메시지를 전하는 수작이에요. 차이와 평등, 안락사, 장애인, 산아 제한, 가족 구성, 청소년의 진로와 사춘기, 국가의 통제 등 우리 사회에서 논란이 되는 민감한 문제들에 대해 생각하고 토론할 수 있는 기회를 주는 책입니다.

 ## 도서 선정 이유

6학년 아이들에게 강력 추천하는 책입니다. 저는 초등학교 도서관에서 '책 읽어 주는 엄마'들과 만든 '책 읽는 엄마' 모임에서 함께 읽기도 했어요. 부모들에게도 큰 도움이 되는 책이지요. 워낙 유명한 책이라 초·중등 학생들이 원서로 많이 읽더라고요. 일단 배경 설정 자체가 정말 흥미롭고, 작가의 상상력에 계속 놀라며 읽게 됩니다. 문장과 감정 묘사도 훌륭하지요(이 점에서는 저도 번역서보다 원서를 추천합니다). 영화는 다소 아쉬운 면도 있지만 책을 읽고 나서 비교해 봐도 좋을 것 같아요.

모두가 '늘 같음 상태'를 유지하면 우리 모두 행복할까요? 슬픔, 아픔, 고통, 고민이 없는 세상은 진정 유토피아일까요? 나의 행복, 우리의 평화가 누군가의 통제와 희생 위에 세워진 것이라면? 그런 질문들에 답을 찾아 가며 진정 행복한 삶이란 무엇일지 고민하며 읽으면 좋을 책이에요. 결말이 다소 열려 있는데 후속편도 역시 아주 좋아요.

 ## 함께 읽으면 좋은 책

시리즈

○ **파랑 채집가** | 로이스 로리 글, 김옥수 옮김, 비룡소, 2008
○ **메신저** | 로이스 로리 글, 조영학 옮김, 비룡소, 2011
○ **태양의 아들** | 로이스 로리 글, 조영학 옮김, 비룡소, 2013

비슷한 주제

○ **갈매기에게 나는 법을 가르쳐준 고양이** | 루이스 세풀베다 글, 유왕무 옮김, 이억배 그림, 바다출판사, 2021 (개정3판)
○ **앵무새 돌려주기 대작전** | 임지윤 글, 조승연 그림, 창비, 2014

같은 작가

○ **무자비한 윌러비 가족** | 로이스 로리 글, 김영선 옮김, 주니어RHK, 2017
○ **별을 헤아리며** | 로이스 로리 글, 서남희 옮김, 조혜원 그림, 양철북, 2008

문해력을 키우는 엄마의 질문

1. 배경 파악하기

이 책의 시공간적 배경은 어떠한가요? 조너스가 속한 사회에 대해 묘사해 보세요.

과학적 발전이 놀라운 미래이다. 정부에 의해 통제되는 사회이다. 외부 사회와 철저하게 단절된 작은 사회이다.

이렇게 활용해 보세요

도입부에서는 좀 당황스러울지도 몰라요. 시간적, 공간적 배경을 파악하는 데 시간이 걸리지만, 그게 이런 책을 읽는 큰 재미 중에 하나죠. 독서 경험이 쌓이면 배경 파악도 쉬워집니다.

2. 인물 간의 관계 파악하기

조너스네 가족 구성원에 대해 정리해 봅시다.

아버지의 직업	보육사
어머니의 직업	법조인(판사)
부모님은 어떻게 부부가 되었나?	정부(원로들)가 아버지와 어머니를 짝지어 결혼시켰다.
여동생 릴리는 어떻게 가족이 되었나?	산모 역할을 맡은 사람이 낳고 보육 시설에서 길러진 다음 가족과 매칭되어 조너스의 동생으로 보내졌다.
조너스가 열두 살이 되면 어떤 변화를 맞나?	원로들에 의해서 이후 진로와 직업이 정해진다.

이렇게 활용해 보세요

소설을 읽으며 주요 인물의 특징을 파악하는 것도 배경 파악처럼 쉽지 않아요. 집중하지 않고 대충 읽으면 놓치기 쉬운 정보도 있고, 유추해서 이해해야 되는 부분도 있어요. 중요한 내용이라면 이렇게 질문을 하고 넘어가는 게 좋아요.

특히 이 책에서는 가족의 구성 과정이 워낙 독특해서 책의 주제와 직결되는 부분이라 질문으로 구성해 보았습니다.

3. 사건을 넘어 이야기 이해하기

- 조너스가 사과에 대해 이상하게 느낀 점은 무엇이었나요? 이 사건이 무엇을 보여 주나요?

조너스는 사과가 빨간색이라는 것을 보았다. 조너스는 다른 사람들과 달리 빨간색, 즉, 색을 보고 느낄 수 있는 사람이다.

- '임무 해제'란 어떤 경우에 이루어지며, 결국 무엇을 의미하나요?

법을 세 번 어긴 사람, 제대로 못 크는 아기, 나이 든 노인 등에게 임무 해제가 이루어진다. 정부가 사회에 더 이상 필요 없는 사람들을 죽이는 것을 뜻한다.

- 이 책의 원제는 《The Giver》입니다. 무슨 의미일까요? 누구를 지칭할까요?

기억을 전달해 주는 사람이라는 뜻이다. 원래는 나이든 기억 보유자를 지칭했지만 이제는 후계자로 지정된 조너스를 가리킨다. 즉, 두 사람을 모두 나타내는 제목이라고 생각된다.

이렇게 활용해 보세요

본격적으로 2차적인 읽기(텍스트상에 바로 드러나지 않은 정보를 이해하고, 유추하기)가 필요한 부분입니다. 앞뒤의 맥락이 중요한 단서가 되지요. 좋은 책으로 이런 연습을 많이 할 필요가 있어요. '아이들이 이건 꼭 이해해야 한다' 싶은 질문부터 만들어 보세요. 마지막 질문처럼 점점 깊이 있는(토론에 좋고, 정답이 없는) 질문으로 발전시키세요.

4. 자아 성찰하기

조너스네 사회에서 아이들은 성장 과정 내내 관찰됩니다. 놀이, 학교 교육, 자원 봉사 상황 등에서요. 만약 내가 조너스의 친구이며 열두 살 기념식을 맞는다면 위원회의 원로들은 내게 어떤 직위를 줄 것 같나요?

직위	기억 보유자 (전달자)
이유	리더십이 있고 기억력이 좋아서
그에 대한 내 생각	만족스럽다. 좀 힘들 것 같지만 책임감이 느껴지고 뿌듯할 것 같다.

이렇게 활용해 보세요

　이 책은 초기 청소년의 진로 고민과 관련해서도 도움이 되는 자료예요. 엄마들이 이 책을 읽고 아이들의 진로와 관련해 열띤 토론을 했던 게 기억나요. 실제로도 누가 이렇게 정해 주면 좋겠다는 의견도 있어 충격적이었어요.

　과연 동아리 아이들은 자신에 대해 이 책을 어떻게 대입할까 궁금했어요. 은행원, 교사 같은 현실적인 그러면서도 자신에 대한 고민이 녹아든 대답도 있었고, 제 아이처럼 꽤나 충격적인 대답도 있었답니다.

5. 생각 정리하기

다음 표에 내 생각을 정리해 봅시다. 그리고 하나를 골라 원고지에 글로 발전시켜 보세요.

이렇게 활용해 보세요

　이 책에서 던지고 있는 중요한 질문들을 정리해 봤어요. 아이들이 어떤 쪽을 고를까 예측하는 것은 소용없더군요. 어른이 생각하는 정답을 고르지 않을 가능성도 높답니다. 책을 읽고 본인의 가치관을 더해 자신만의 판단을 하는 것이 의미 있는 활동이겠죠. 단, 근거를 가지고 판단하도록 도와주세요. 참 흥미로운 질문들이에요.

1. 배경 파악하기

이 책의 시공간적 배경은 어떠한가요? 조너스가 속한 사회에 대해 묘사해 보세요.

2. 인물 간의 관계 파악하기

조너스네 가족 구성원에 대해 정리해 봅시다.

아버지의 직업	
어머니의 직업	
부모님은 어떻게 부부가 되었나?	
여동생 릴리는 어떻게 가족이 되었나?	
조너스가 열두 살이 되면 어떤 변화를 맞나?	

3. 사건을 넘어 이야기 이해하기

조너스가 사과에 대해 이상하게 느낀 점은 무엇이었나요? 이 사건이 무엇을 보여 주나요?

'임무 해제'란 어떤 경우에 이루어지며, 결국 무엇을 의미하나요?

이 책의 원제는《The Giver》입니다. 무슨 의미일까요? 누구를 지칭할까요?

4. 자아 성찰하기

조너스네 사회에서 아이들은 성장 과정 내내 관찰됩니다. 놀이, 학교 교육, 자원 봉사 상황 등에서요. 만약 내가 조너스의 친구이며 열두 살 기념식을 맞는다면 위원회의 원로들은 내게 어떤 직위를 줄 것 같나요?

직위	
이유	
그에 대한 내 생각	

5. 생각 정리하기

다음 표에 내 생각을 정리해 봅시다. 그리고 하나를 골라 원고지에 글로 발전시켜 보세요.

안전한 것보다 자유로운 것이 낫다.	찬성	반대
괴로운 기억과 경험은 완전히 잊어버리는 게 좋다.	찬성	반대
임무를 수행하지 못해 사회에 더 이상 도움이 되지 않는 개인은 필요 없다.	찬성	반대
개인의 진로는 전문가들의 오랜 관찰에 따라 결정해 주는 것이 낫다.	찬성	반대

어린이를 위한 서양미술사 100

#명화 #서양미술사 #미술관

글 이수
출간 2018년
펴낸 곳 이케이북
갈래 비문학(예술)

이 책을 소개합니다

열 가지 주제로 나누어 미술을 알기 쉽게 설명해 주는 책이에요. 미술 이해하기, 미술의 종류, 색과 미술사, 재미있는 미술사, 세계의 미술관, 시대별 미술의 발전 등에 대해 알아볼 수 있어요. 화가와 미술 작품에 대한 상식과 에피소드를 풀어내고, 역사적으로 중요한 보물들을 보관하고 있는 미술관의 이모저모도 알려 주지요. 시대별 서양 미술의 특징을 역사적 흐름에 따라 사조별로 설명해 주고요. 서양에서 미술이 어떻게 변화해 왔는지, 그리고 그 변화 속에서 예술가들은 어떤 이야기를 하고 있는지 알기 쉽게 해설하고 있어요.

열 개의 장 끝마다 '못다 한 이야기'가 실려 있어 흥미로워요. 미술과 관련된 직업, 나라마다 다른 기본 색, 인공지능 시대의 예술가, 미술 속에 담긴 종교와 신화 등등……. 저자는 미술 작품을 보는 것은 시대의 생각을 만나는 것이라고 말해요. 단순히 명화 해설이 아닌 미술사로 접근하는 의미에 공감이 갑니다.

 ## 도서 선정 이유

자녀와 미술관에 자주 가세요? 그림이나 조각 작품을 바라보며 어떤 대화를 나누세요? 부모님도 아이도 작품 앞에서 알쏭달쏭 어려워만 하다가 기념품만 사서 후다닥 돌아온 적 없나요? 그렇다면 다정한 말투로 친절하게 설명해 주는 미술 선생님을 만나 볼까요?

저는 요즘 '초등학생을 위한……' 이런 제목의 정보책들을 즐겨 봐요. 어릴 때뿐 아니라 어른이 되어서도 몰랐던 온갖 지식을 어찌나 쉽고 재미있게 알려 주는지요. 이 책은 서양미술사에 대한 궁금증을 지니고 있는 어른도 한 번에 다 소화할 수 없을 정도로 방대한 양을 담고 있어요. 아이의 눈높이에서 필요한 부분의 내용만 발췌해 읽어 줄 수도 있고, 서양미술사에 대한 전반적인 지식을 알고 싶은 성인이라면 어려운 용어 없이 쉽게 풀어쓴 서양미술사를 읽으며 한층 더 친숙하게 미술 작품을 접할 수 있을 것 같아요.

함께 읽으면 좋은 책

비슷한 주제

○ 앤서니 브라운의 행복한 미술관 | 앤서니 브라운 글·그림, 서애경 옮김, 웅진주니어, 2004

○ 오르세 미술관: 기차역에서 모인 세계 유명 화가들 | 김소연 글, 심가인 그림, 한솔수북, 2007

○ 모나리자도 반한 서양미술관 | 강은주 글, 거인, 2011

○ 미켈란젤로: 예술가의 위상을 높인 천재 조각가 | 박영택 글, 오세정 미술놀이, 다림, 2018

○ 세상에서 가장 재미있는 서양미술사(1~2권) | 마이옹 오귀스탱 글, 브뤼노 에이츠 그림, 정재곤 옮김, 궁리, 2021

○ 명화 속에 숨겨진 사고력을 찾아라 | 주득선·차오름 글, 주니어김영사, 2006

○ 역사는 왜 명화 속으로 들어갔을까? | 장세현 글, 낮은산, 2012

○ 예술의 거울에 역사를 비춘 루벤스 | 노성두 글, 미래엔아이세움, 2015

○ 미술관에서 읽는 세계사 | 김영숙 글, 휴먼어린이, 2015

문해력을 키우는 엄마의 질문

1. 책동아리 퀴즈 대회: 내가 만드는 문제

이 책을 읽고 얻은 정보를 활용해 퀴즈를 내 보세요.

> 진행 방식
> ❶ 다음 형식에 맞는 질문을 한 가지씩 적어 보세요.
> ❷ 돌아가면서 문제를 내고, 답을 맞힌 친구에게 스티커를 붙여 주세요.
> ❸ 예시 문제까지 포함하여 가장 많은 정답을 맞힌 퀴즈왕을 가려 봅시다.

• OX 퀴즈(동시에 대답해요)

　예) 소조란 돌, 나무, 금속, 플라스틱 등을 깎아 만드는 작품을 말한다. (O , X)

　<진주 귀걸이를 한 소녀>는 1662년 제작되었다. (O / X)

• 단답식 퀴즈

　예) 두 가지 이상의 색을 나란히 놓아 다른 색이 보이도록 하는 방법을 무엇이라고 하나요?

　요하네스 페르메이르의 국적은 어느 나라인가요?

• 의미 퀴즈

　예) 인상주의란 어떤 사조인가요?

　오마주는 무슨 뜻인가요?

• Why? How? 퀴즈

　예) 추상미술이 만들어진 배경은 무엇인가요?

　뭉크가 <절규>를 그린 배경은 무엇인가요?

> 이렇게 활용해 보세요

　　정보책을 함께 읽었을 때, 정보 습득 여부를 어른이 알아보면 시험 같아지는 부작용이 있어요. 초등학교에서 독서 골든벨 행사를 할 때도 마찬가지예요. 마치 암기 능력 테스트 같죠. 그런데 아이들끼리 서로서로 물어보고 답하면 상황이 달라져요. 퀴즈를 내는 것도 연습이 필요한 중요한 활동이니 일석이조랍니다.

여기서는 질문의 유형을 다양하게 하고 예시를 들어 문제를 만드는 연습부터 해 보도록 해요. 스티커 붙이기로 연결하면 신이 나서 몰입하는 걸 보니 6학년들도 아직 그저 어린이랍니다.

2. 설명문을 읽고 정보 이해하기

39쪽 '판화'에 대한 글을 읽고 나무 그림으로 판화의 종류를 나눠 보세요. 무엇에 따른 분류인지 잘 정리해 보세요.

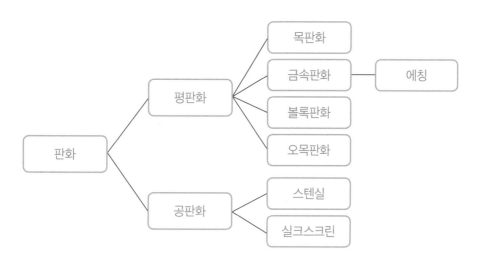

이렇게 활용해 보세요

논픽션을 읽고 정보를 추출하는 것은 시험의 단골 문제지요. 하루아침에 습득되는 게 아닌 역량이므로 꾸준히 읽을 필요가 있습니다. 읽은 내용을 그림이나 도표로 간략화하면 정리에 도움이 돼요. 개념 정의, 종류 설명, 예시, 비교와 대조 등의 성격이 분명한 글일 때 이런 활동을 시도해 보세요.

3. 내 경험과 연결하기

이 책에서 알려 준 미술관 중 가 본 곳이 있나요? 앞으로 가장 가 보고 싶은 미술관도 하나 정해 보세요.

이렇게 활용해 보세요

책에 소개된 미술관이 많아요. 지금까지의 경험에서 인상적이었던 미술관을 떠올려 보고 앞으로 가 보고 싶은 미술관도 생각해 봅니다. 내 경험과 책 읽기를 연결하고 미술관에 조금 더 친숙해질 수 있어요.

4. 개요 훑어보기: 미술사를 알고 깨달은 점

이 책에서 소개한 서양미술사의 개요를 훑어봅시다. 이러한 흐름을 통해 알게 된 점은 무엇인가요?

목차나 소제목만 나열해서 한 번 더 살펴보는 것이 의미 있을 때가 있어요. 역사적 흐름이 대표적인 경우죠. 다양한 의견을 수용해 주세요.

5. 그림 감상문 쓰기

이 책에 실린 서양화 중에서 가장 마음에 드는 그림을 골라 보세요. 원고지에 그 그림에 대한 감상을 써서 왜 마음에 드는지 밝혀 보세요.

200자 원고지 한 장에 쓴 것을 함께 읽고 필요하면 첨삭해 주세요. 익숙한 명화라도 문장으로 감상을 쓰려면 새삼 낯설게 느껴질 거예요.

책동아리 POINT

친구마다 감상의 포인트가 다름을 느낄 수 있는 기회가 됩니다.

1. 책동아리 퀴즈 대회 [내가 만드는 문제]

이 책을 읽고 얻은 정보를 활용해 퀴즈 문제를 내 보세요.

> **진행 방식**
> ❶ 다음 형식에 맞는 질문을 한 가지씩 적어 보세요.
> ❷ 돌아가면서 문제를 내고, 답을 맞힌 친구에게 스티커를 붙여 주세요.
> ❸ 예시 문제까지 포함하여 가장 많은 정답을 맞힌 퀴즈왕을 가려 봅시다.

• OX 퀴즈(동시에 대답해요)

> ⑩ 소조란 돌, 나무, 금속, 플라스틱 등을 깎아 만드는 작품을 말한다. (O , X)

• 단답식 퀴즈

> ⑩ 두 가지 이상의 색을 나란히 놓아 다른 색이 보이도록 하는 방법을 무엇이라고 하나요?

• 의미 퀴즈

> ⑩ 인상주의란 어떤 사조인가요?

• Why? How? 퀴즈

> ⑩ 추상미술이 만들어진 배경은 무엇인가요?

나의 스티커

총 _____ 개

2. 설명문을 읽고 정보 이해하기

39쪽 '판화'에 대한 글을 읽고 나무 그림으로 판화의 종류를 나눠 보세요. 무엇에 따른 분류인지 잘 정리해 보세요.

3. 내 경험과 연결하기

이 책에서 알려 준 미술관 중 가 본 곳이 있나요? 앞으로 가장 가 보고 싶은 미술관도 하나 정해 보세요.

내가 가 본 미술관	이름	
	소재지	
	소감	
앞으로 가 보고 싶은 미술관	이름	
	소재지	
	이유	

4. 개요 훑어보기 미술사를 알고 깨달은 점

이 책에서 소개한 서양미술사의 개요를 훑어봅시다. 이러한 흐름을 통해 알게 된 점은 무엇인가요?

> 그리스·로마(고대) 미술 → 중세 비잔틴·로마네스크·고딕 미술 → 르네상스 미술 → 바로크 → 로코코 미술 → 신고전주의 → 낭만주의 → 사실주의 → 인상주의 → 포비슴, 큐비즘 → 추상미술 → 다다이즘, 초현실주의 → 표현주의, 추상표현주의 → 팝아트, 포스트모더니즘

5. 그림 감상문 쓰기

이 책에 실린 서양화 중에서 가장 마음에 드는 그림을 골라 보세요. 원고지에 그 그림에 대한 감상을 써서 왜 마음에 드는지 밝혀 보세요.

와일드 로봇

원제: The Wild Robot, 2016년

#로봇 #야생동물 #관계 맺기
#우정 #공존

글·그림 피터 브라운
옮김 엄혜숙
출간 2019년
펴낸 곳 거북이북스
갈래 외국문학(판타지 동화)

이 책을 소개합니다

로봇이 야생의 섬에 남겨진다면 어떻게 될까요? 자연은 로봇을 어떻게 받아들일까요? 이 이야기는 로봇과 야생의 삶에 관심이 많은 작가 피터 브라운이 놀라운 상상력으로 만들어 낸, 야생에 떨어진 로봇의 치열하고도 감동적인 생존기예요.

로봇들을 싣고 가던 화물선이 거친 파도에 침몰하고, 로봇 '로즈'만이 야생의 외딴 섬에 홀로 살아남아요. 로즈는 아무것도 알지 못한 채 살아남기 위해 고군분투합니다. 살아남으려면 거친 폭풍을 견디고, 사나운 곰의 공격도 받으면서 주변 환경에 적응해야 한다는 것을 알게 되지요. 위장 벌레에게 위장하는 법을 배우고, 동물들을 밤낮으로 관찰하며 동물의 언어까지 이해하게 되고, 야생 동물과 교감하기 위해 노력합니다. 서툴지만 늘 진심을 다하는 로즈의 모습에 낯선 존재를 반기지 않던 동물들도 점차 마음을 열어요.

그러다 우연한 사고로 홀로 남겨진 아기 기러기와 가족이 되어 함께 의지하고 성장해 나가게 됩니다. 엄마의 역할을 배워 가는 로즈의 이야기는 감동을 끌어내며 어른 독자들의 마음까지 사로잡아요. 흑백으로 농도를 조절하면서 그린 그림도 아주 멋진 책이에요.

 ## 도서 선정 이유

AI와 로봇에 대한 관심이 커지고 있는 요즘, 정보책만 아니라 재미있는 모험담으로도 이런 소재를 접해 볼 필요가 있지요. 이 책은 어린이 독자뿐 아니라 어른까지 자신의 관점과 행동을 돌아보게 하는 메시지를 전달해요. 세상과 타인을 다양한 관점에서 바라보고 상대방의 장점을 배우는 것의 가치를 알려 주는 이야기입니다. 협업, 공동 생활, 가족, 자연과 적응 등의 주제를 전반적으로 느낄 수 있어요. 자연의 소중함과 인간이 환경에 미치는 영향에 대해서도 생각해 볼 수 있고요. 무엇보다 재미가 있는 책이라 골라 봤어요.

 ## 함께 읽으면 좋은 책

시리즈

○ 와일드 로봇의 탈출 | 피터 브라운 글·그림, 엄혜숙 옮김, 거북이북스, 2019

비슷한 주제

○ 내 편이 되어줄래? | 노미애 글, 팜파스, 2015

○ 아름다운 아이 크리스 이야기 | R. J. 팔라시오 글, 천미나 옮김, 책과콩나무, 2017

○ 로봇 형 로봇 동생 | 김리라 글, 주성희 그림, 책읽는곰, 2019

같은 작가

○ 선생님은 몬스터! | 피터 브라운 글·그림, 서애경 옮김, 사계절, 2015

문해력을 키우는 엄마의 질문

1. 주제 탐구

285~287쪽 '작가의 이야기'를 읽어 보면 다음과 같은 질문이 나옵니다. 어떻게 답할 수 있을지 생각해 보세요.

- 나(=작가)는 왜 로봇(로즈)이 여자라고 생각하고 있을까?

  이 캐릭터를 모성애를 지닌 엄마 역할로 만들기 위해서

- 어째서 많은 SF 소설가들이 자신의 로봇 캐릭터에 성별을 부여할까?

  로봇 캐릭터를 더 구체화하기 위해서, 로봇을 사람처럼 생각해서, 독자들이 더 쉽게 이해하도록 하기 위해서

이렇게 활용해 보세요

로봇의 모성애는 이 책의 큰 주제입니다. 로봇은 인간의 성별과는 관계가 없어야 마땅한데 이름이 로즈인 주인공은 엄마처럼 묘사되고 있어요. 작가도 책 말미에 실린 인터뷰에서 언급한 내용이지만, 이러한 설정에 대해서 생각해 보며 모임을 시작하면 좋을 것 같아요.

2. 인물 탐구

- 로즈는 특별한 로봇입니다. 양자인 브라이트빌이 남쪽으로 떠나서 가게 된 도시에서 처음으로 많은 로봇들을 만나게 되죠. 로즈와 그 로봇들은 같은 모델이어서 생김새가 같습니다. 하지만 어떤 점이 다른가요? 왜 다를까요?

대상	로즈	다른 로봇들
다른 점	야생에서 자신의 의지대로 산다. 자아가 있다. 사는 환경(섬)이 다르다.	사람들이 시키는 일을 한다. 자아 없이 지시를 따르기만 한다. 주어진 환경(도시나 농장에 팔림)이 다르다.
그 이유	배송 중 난파되어 주인이 없기 때문에	구입한 주인이 있기 때문에

- '와일드(wild)'는 '야생'이라는 뜻입니다. 전원이 켜지자마자 야생에 던져지게 된 로즈가 야생에서 어떠한 위험을 만났는지 기억해 보세요. 그리고 만 12세인 내가 1년간 야생에서 살게 된다면 어떤 삶을 살게 될지 상상해 보세요.

로즈가 경험한 야생	만약 내가 야생에서 살게 된다면?
산사태 곰에게 공격 받음 동물들이 로즈를 '괴물'이라고 부르면서 두려워했다.	나무로 집을 지을 것이다. 그릇처럼 필요한 도구를 손으로 직접 만들 것이다. 야생 동물을 잡아서 구워 먹을 것이다.

- 후반부에 레코들이 비행선을 타고 섬을 찾아옵니다. 로봇의 잔해들과 로즈를 회수하기 위해서죠. 그들은 왜 로즈를 데려가려고 하나요? 로즈와 동물들은 왜 그에 반대해 싸우나요? 그러한 차이는 어디에서 생기는지 생각해 보세요.

대상	레코들	로즈, 동물들
입장 차이	로봇들이 회사의 자산이므로 다시 회수하려고 한다.	로즈는 생물처럼 자아가 있으므로 자신이 원하는 대로 할 수 있다고 생각한다.
그 배경	서로가 로봇을 보는 시각이 다르다. 레코들은 명령대로 움직이며 생각을 하지 않는다. 로즈도 그저 돈으로 환산되는 자산이라고 여기는 것이다.	

> **이렇게 활용해 보세요**

이 책에서는 주인공이 사람이 아닌 로봇입니다. 그래서 평소와는 조금 다른 시각으로 주인공을 바라볼 수 있어요.

첫 번째 질문은 로즈가 어떤 점에서 특별한 로봇인지 나의 말로 표현하는 거예요. 다른 로봇들과 비교하면 더 쉬워지지요.

두 번째로 인물 분석에서 더 나아가 그 환경에 나 자신을 대입하면 어떻게 될까 생각해 봅니다. TV 예능 프로그램 〈정글의 법칙〉을 본 적이 있다면 신나게 말할 수 있을 거예요.

마지막 질문은 첫 번째 질문과 마찬가지로 책에서 명확하게 읽지 않고 유추한 내용을 정리할 수 있도록 해 보았어요. 주인공에게 위기가 닥쳐 절정으로 치닫는 장면을 읽으며 그 상황과 배경을 잘 이해했는지를 알아볼 수 있어요. 이런 기회가 없다면 책을 줄거리 중심으로만 빠른 호흡으로 읽고 덮게 되어 아쉽죠. 그렇지만 친구들과 이런 연습을 자주 하게 되면 책동아리 모임을 위해서가 아니라 혼자 책을 읽을 때도 더 깊이 생각하며 읽게 될 거예요.

3. 미래의 독서 감상문 쓰기

이 책은 후속편이 있다고 합니다. 제목은 《와일드 로봇의 탈출》이래요.

우리가 읽은 책의 283쪽 결말을 보면 후속편의 내용이 어떻게 전개될지 상상할 수 있습니다. 아직 읽지 않은 책의 내용을 마음껏 상상해서 줄거리와 감상이 섞인 글을 원고지에 써 보세요.

- 로즈가 야생을 벗어나면 어떻게 될까요?
- 로즈는 평범한 로봇과 인간을 보고 어떻게 반응할까요?
- 로즈는 문명사회에 적응할 수 있을까요?
- 로즈는 섬으로 되돌아올 수 있을까요?

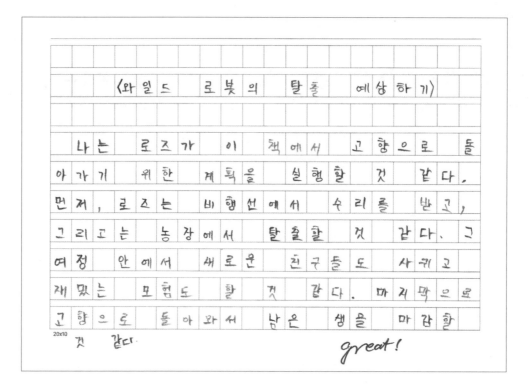

이렇게 활용해 보세요

시리즈거나 후속작이 있는 책을 책동아리 독서 목록에 넣었다면 이 활동을 적극 활용해 보세요. 온라인 서점에서 책 표지를 캡처해서 활동지에 넣으면 아이들의 호기심을 불러일으킬 수 있어요. 전작을 읽었으니 다음 권은 어떤 내용일지 생각해 보는 게 어렵지 않을 거예요. 읽은 책으로만 감상문을 쓰는 게 아니라 아직 안 읽은 책에 대해 미리 써 보는 거죠. 나중에 실제로 읽고 내 예상과 비교해 보는 재미를 느낄 수 있어요.

1. 주제 탐구

285~287쪽 '작가의 이야기'를 읽어 보면 다음과 같은 질문이 나옵니다. 어떻게 답할 수 있을지 생각해 보세요.

> 나(=작가)는 왜 로봇(로즈)이 여자라고 생각하고 있을까?

> 어째서 많은 SF 소설가들이 자신의 로봇 캐릭터에 성별을 부여할까?

2. 인물 탐구

- 로즈는 특별한 로봇입니다. 양자인 브라이트빌이 남쪽으로 떠나서 가게 된 도시에서 처음으로 많은 로봇들을 만나게 되죠. 로즈와 그 로봇들은 같은 모델이어서 생김새가 같습니다. 하지만 어떤 점이 다른가요? 왜 다를까요?

대상	로즈	다른 로봇들
다른 점		
그 이유		

- '와일드(wild)'는 '야생'이라는 뜻입니다. 전원이 켜지자마자 야생에 던져지게 된 로즈가 야생에서 어떠한 위험을 만났는지 기억해 보세요. 그리고 만 12세인 내가 1년간 야생에서 살게 된다면 어떤 삶을 살게 될지 상상해 보세요.

로즈가 경험한 야생	만약 내가 야생에서 살게 된다면?

- 후반부에 레코들이 비행선을 타고 섬을 찾아옵니다. 로봇의 잔해들과 로즈를 회수하기 위해서죠. 그들은 왜 로즈를 데려가려고 하나요? 로즈와 동물들은 왜 그에 반대해 싸우나요? 그러한 차이는 어디에서 생기는지 생각해 보세요.

대상	레코들	로즈, 동물들
입장 차이		
그 배경		

3. 미래의 독서 감상문 쓰기

이 책은 후속편이 있다고 합니다. 제목은 《와일드 로봇의 탈출》이래요.
우리가 읽은 책의 283쪽 결말을 보면 후속편의 내용이 어떻게 전개될지 상상할 수 있습니다. 아직 읽지 않은 책의 내용을 마음껏 상상해서 줄거리와 감상이 섞인 글을 원고지에 써 보세요.

- 로즈가 야생을 벗어나면 어떻게 될까요?
- 로즈는 평범한 로봇과 인간을 보고 어떻게 반응할까요?
- 로즈는 문명사회에 적응할 수 있을까요?
- 로즈는 섬으로 되돌아올 수 있을까요?

나의 첫 세계사 여행: 중국·일본

#세계사 #중국 #일본
#동북아 문화

글 전국역사교사모임
그림 이경석
출간 2018년
펴낸 곳 휴먼어린이
갈래 비문학(역사)

이 책을 소개합니다

아이들에게 세계사 읽기의 즐거움을 선사하고자 학부모이자 베테랑 현직 중등 역사 교사와 초등 교사들이 힘을 모아 쓴 책이에요. 중학교에서 배울 세계사 내용을 내 아이에게 조곤조곤 이야기로 들려주듯 쉽고 재미있게 이야기해요. 함께 여행을 하듯 서술하고, 글을 최대한 쉽고 짧게 썼기 때문에 초등 고학년이면 잘 읽을 수 있을 거예요. 또한 주로 왕이나 영웅 중심의 어른들 이야기를 다룬 대부분의 역사책과는 달리, 하루하루를 열심히 살았을 과거의 어린 친구들의 이야기를 담아내어 더욱 공감할 수 있습니다.

중국의 긴 역사와 일본의 복잡한 역사를 한눈에 꿰뚫으며 두 나라의 정치, 사회, 문화를 명쾌하게 이해하고, 홍콩, 타이완, 몽골, 티베트 등 주변 동아시아의 역사까지 함께 파악할 수 있도록 돕고 있어요. 중국과 일본의 역사를 읽으며 한국사를 좀 더 넓고 객관적으로 파악할 수 있어요. '그때 나라면 어떻게 했을까?' '세계의 역사가 꼭 이렇게 흘러 와야만 했을까? 혹시 다른 길은 없었을까?'와 같은 질문을 스스로 해 보며 역사적 상상력과 비판적 사고력을 기를 수 있을 거예요.

도서 선정 이유

역사, 특히 세계사는 초등학생에게 어렵고 낯설게 느껴집니다. 가 본 적 없는 공간에 대한 이해 부족, 낯선 용어, 단절된 정보들이 나열되어 서술된 세계사책을 힘들어 하지요. 또 남의 나라 역사를 왜 배워야 하는지, 배우면 뭐가 좋은지 알기도 전에 질려 버립니다. 초등학생에게 마음 급하게 역사를 억지로 가르치려다 보면 재미없는 공부라고만 여기게 되므로 주의하세요! 좋은 어린이 역사책은 엄마 아빠도 함께 읽으며 교양을 쌓을 수 있는 책이어야 해요. 논픽션 책도 재미가 중요하고요.

초등학교 5~6학년 아이들도 세계사의 기초를 쌓고 이웃 나라에 관심을 가지는 게 좋아요. 이 책은 역사 속 인물들의 입을 빌려 세계사의 주요 장면들을 재구성했고, 간결하고 명료한 서술이 돋보여요. 적재적소에 배치된 지도와 삽화 덕분에 편집이 흥미로워 잡지를 보는 것처럼 세계사에 접근할 수 있죠.

우리 역사와 여러 길목에서 만났던 중국와 일본의 이야기에는 익숙하면서도 새로운 사실들이 가득해요. 같은 동북아여서 쉽게 갈 수 있는 이웃 나라로 오랜 세월 큰 영향을 주고받았으며, 오늘날의 우리 정치·경제와도 밀접한 관계를 가지고 있는 데다 앞으로도 평화로운 공존을 모색해야 하기에 더욱 중요하고 특별한 두 나라입니다.

함께 읽으면 좋은 책

시리즈

○ 나의 첫 세계사 여행: 유럽·아메리카 | 전국역사교사모임 글, 송진욱 그림, 휴먼어린이, 2018

○ 나의 첫 세계사 여행: 서아시아·아프리카 | 전국역사교사모임 글, 송진욱 그림, 휴먼어린이, 2018

○ 나의 첫 세계사 여행: 인도·동남아시아 | 전국역사교사모임 글, 송진욱 그림, 휴먼어린이, 2018

비슷한 주제

○ 세 나라는 늘 싸우기만 했을까? | 강창훈 글, 오동 그림, 책과함께어린이, 2013

○ 일본사 편지 | 강창훈 글, 이갑규 그림, 이세연 감수, 책과함께어린이, 2014

○ 중국사 편지 | 강창훈 글, 서른 그림, 책과함께어린이, 2011

○ 열세 살까지 꼭 알아야 할 35가지 일본 | 이선경·이호영 글, 이한울 그림, 썬더키즈, 2021

문해력을 키우는 엄마의 질문

1. 역사, 국사, 세계사의 의미 생각해 보기

- 역사는 무엇인가요? 우리의 현재, 미래의 삶에 어떤 의미가 있나요?

  역사는 과거부터 현재까지 일어났던 사건들의 집합이다. 우리는 역사에서 교훈을 얻을 수 있다.

- 국민들이 국사를 배워야 하는 이유는 무엇일까요?

  우리나라를 잘 알기 위해서 국사를 배워야 한다.

  우리나라의 영토와 문화를 지키고 자랑스럽게 자부심을 느끼기 위해서

- 우리가 세계사를 알아야 할 이유는 무엇일까요?

  흥미로워서, 지식을 쌓기 위해서, 세계 여러 나라의 과거와 현재를 알기 위해서, 함께 살아갈 다른 나라들을 이해하기 위해서 세계사를 알아야 한다.

이렇게 활용해 보세요

역사책을 읽고 모였으니 워밍업은 역사의 의미를 생각해 보는 것으로 시작할까요? 읽기 전과 비교해서 생각이 명확해졌을 거예요. 특히 국사는 학교에서 접해 본 데에 반해 세계사는 익숙하지 않기 때문에 연결해서 생각해 볼 필요가 있어요.

2. 읽기 전과 후 비교하기

중국은 우리와 긴밀한 관계를 갖고 지내온 이웃 국가예요. 이 책을 읽기 전과 후에 중국에 대한 생각에 어떤 변화가 있었나요?

이렇게 활용해 보세요

세계사책을 읽기 전에도 이웃 나라에 대해서 알고 있던 지식이나 선입견이 있을 거예요. 책을 읽기 전후의 생각 변화를 비교해 볼 수 있는 좋은 주제겠죠. 주관적이거나 거친 표현도 있을 수 있겠지만, 수용이 필요해요. 읽은 후의 생각에 더 집중해 봅니다.

3. 사건 토론

우리는 과거의 역사를 되돌아봄으로써 교훈을 얻고 같은 실수를 반복하지 않을 수 있어요. 이 책에서 중국, 일본에서 일어났던 과거의 일들 중에 다시는 일어나지 말아야 할 사건들을 꼽아 보세요. 친구들과 의논하여 1, 2, 3순위를 정해 보세요.

이렇게 활용해 보세요

과거에 일어난 역사적 사건 중에는 인류와 지구, 각 나라에 큰 영향을 끼친 경우가 많죠. 주로 비극적 사건이 많고요. 아이들끼리 의견을 교환하면서 어떤 사건의 의미가 더 크게 느껴졌는지 이야기해 보는 시간이에요. 토론처럼 찬성과 반대로 나뉘진 않지만, 일종의 토론이라고 볼 수 있죠.

4. 역사적 유적지 상상하기

이 책에는 '출발! 세계 속으로'라는 제목의 지면이 포함되어 있어요.

다음 중 내가 가 보고 싶은 곳은 어디인가요? 이미 가 본 곳이 있다면 동그라미 쳐 보세요.

중국: 은허, 시안, 둔황, 항저우, 베이징, 홍콩, 난징, 상하이 일본: 아스카, 교토, 가마쿠라, 오사카, 홋카이도, 히로시마, 도쿄	
내가 가 보고 싶은 도시와 그 안의 역사 유적지	**가고 싶은 이유**
홋카이도 - 오타루, 후라노, 삿포로	자연 경관이 멋지고 음식이 맛있기 때문이다. 온천도 할 수 있다.

이렇게 활용해 보세요

이 책의 일부는 아이들이 직접 각 도시로 여행을 가듯이 구성되어 있어요. 비교적 가까운 중국과 일본의 도시들이 역사적으로 어떤 의미를 지니는지 한 번 더 생각해 보기 위한 기회예요. 하지만 단순히 여행 가고 싶은 곳을 고르기도 한답니다.

5. 동북아 문화 비교하기

한국, 중국, 일본은 동북아시아의 대표 3국이에요. 오랫동안 서로 영향을 주고받으며 살아왔지요. 세 나라 간에는 서로 비슷한 점도 있고 차이점도 있어요. 어떤 점들을 꼽을 수 있는지 비교해 보세요. 벤 다이어그램 안에 공통점과 차이점을 써 보세요.

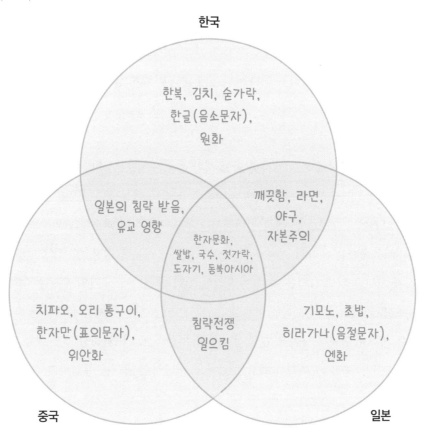

이렇게 활용해 보세요

벤 다이어그램은 두세 개의 원을 겹쳐 쉽게 활용할 수 있어요. 이러한 간단한 표상양식(表象樣式, mode of representation)*은 아이디어를 정리, 조직하기 쉽게 도와줍니다.

책동아리 POINT

정답을 확인하기보다는 아이들의 생각을 수용해 주세요.

---

* 브루너(Bruner)가 제시한 인지 발달 단계에 따른 지식의 표상양식, 즉 개념, 지식, 아이디어 등을 지각하고 표현하는 방법에는 크게 세 가지가 있다. 실물 그대로를 제시하는 동작적 표상양식, 시각적 이미지를 통해 이해하는 영상적 표상양식, 추상적이고 상징적인 명제로 이해하는 상징적 표상양식으로 나아간다. 벤 다이어그램은 영상적 표상양식에 해당한다.

6. 현재에서 세계사 찾기

다음 기사를 읽고, 질문들에 답해 보세요.

- 2004년 아테네 올림픽 시상식장의 천스신 선수는 우리 역사에서 누구를 떠올리게 하나요?

- 2022년 베이징 동계 올림픽에서 황위팅 선수의 연습 복장은 왜 논란이 되었나요?

- 현재 중국과 대만의 관계는 어떤가요?

- 중국과 대만의 미래를 예측해 보세요.

- 중국이 대만과 홍콩, 그리고 우리나라를 대하는 자세에 대해 어떻게 생각하나요?

이렇게 활용해 보세요

　글쓰기 활동 대신에 신문 기사를 읽고 생각해 보는 활동을 준비했어요. NIE는 상당히 효과적인 교육 활동이에요. 문해, 사회 영역에서 특히요. 고학년 아동들은 신문을 읽고 이해할 수 있어요. 시사적인 사건이나 수준 높은 어휘에 대해서는 부모님이 같이 읽으며 도와주면 좋아요.

　어린이들에게는 온라인 기사가 익숙하지만 종이 신문을 활용하는 것도 강력히 추천합니다. 물론 독서 지도를 위해 검색을 할 때는 온라인 기사가 편리해요. 거의 모든 이슈와 관련된 기사를 찾을 수 있을 거예요. 특히 고학년 아동들이 관심을 가질 만한 주제를 선택하면 좋죠.

　읽은 책과 관련된 기사를 읽고 중심 내용을 전반적으로 이해하는 것을 목표로 하면 됩니다. 아직 어리니 모든 내용을 다 이해할 필요는 없어요. 전반적인 이해를 점검하기 위해 적당한 질문을 만들어 보세요.

　두 번째 질문처럼 현재 논란이 되는 사건을 더 다루고 싶을 때는 스마트폰이나 태블릿으로 뉴스를 검색해서 동영상 등을 같이 시청하면 좋습니다.

1. 역사, 국사, 세계사의 의미 생각해 보기

역사는 무엇인가요? 우리의 현재, 미래의 삶에 어떤 의미가 있나요?

국민들이 국사를 배워야 하는 이유는 무엇일까요?

우리가 세계사를 알아야 할 이유는 무엇일까요?

2. 읽기 전과 후 비교하기

중국은 우리와 긴밀한 관계를 갖고 지내온 이웃 국가예요. 이 책을 읽기 전과 후에 중국에 대한 생각에 어떤 변화가 있었나요?

읽기 전의 내 생각	읽은 후의 내 생각

3. 사건 토론

우리는 과거의 역사를 되돌아봄으로써 교훈을 얻고 같은 실수를 반복하지 않을 수 있어요. 이 책에서 중국, 일본에서 일어났던 과거의 일들 중에 다시는 일어나지 말아야 할 사건들을 꼽아 보세요. 친구들과 의논하여 1, 2, 3순위를 정해 보세요.

〈인류의 역사에서 다시는 일어나지 않았으면 하는 일〉

1위

2위

3위

4. 역사적 유적지 상상하기

이 책에는 '출발! 세계 속으로'라는 제목의 지면이 포함되어 있어요.

다음 중 내가 가 보고 싶은 곳은 어디인가요? 이미 가 본 곳이 있다면 동그라미 쳐 보세요.

중국: 은허, 시안, 둔황, 항저우, 베이징, 홍콩, 난징, 상하이 일본: 아스카, 교토, 가마쿠라, 오사카, 홋카이도, 히로시마, 도쿄	
내가 가 보고 싶은 도시와 그 안의 역사 유적지	가고 싶은 이유

5. 동북아 문화 비교하기

한국, 중국, 일본은 동북아시아의 대표 3국이에요. 오랫동안 서로 영향을 주고받으며 살아왔지요. 세 나라 간에는 서로 비슷한 점도 있고 차이점도 있어요. 어떤 점들을 꼽을 수 있는지 비교해 보세요. 벤 다이어그램 안에 공통점과 차이점을 써 보세요.

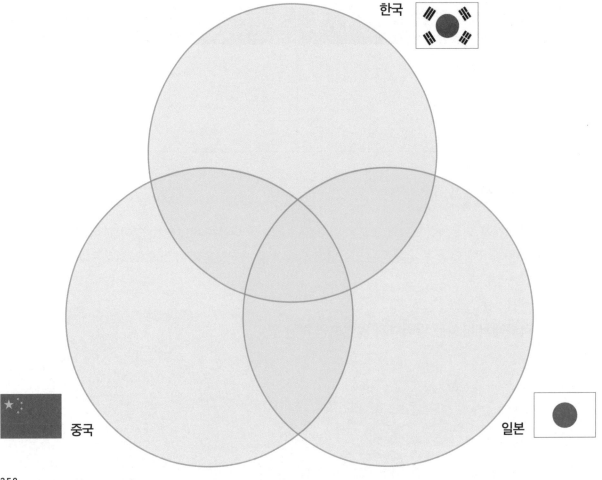

6. 현재에서 세계사 찾기

다음 기사를 읽고, 질문들에 답해 보세요.

[올림픽] 베이징 간 '중화 타이베이' 대만의 착잡한 심정

2004년 아테네 올림픽 시장식장. 대만에 역사적 첫 올림픽 금메달을 안긴 여자 태권도 선수 천스신(陳詩欣)은 하염없이 눈물을 쏟아냈다. 대만인들이 그토록 고대한 첫 금메달을 목에 건 가슴 벅찬 순간이었지만 대만의 청천백일기가 아닌 '차이니스 타이베이(Chinese Taipei·중화 타이베이)' 올림픽위원회 깃발이 올라가고 국가 대신 올림픽위원회 노래가 연주되면서 '나라 없는 설움'에 목이 멘 것이다. 이 장면은 중국의 힘에 밀려 '중화민국'이라는 정식 이름 대신 '차이니스 타이베이'라는 이름으로만 국제 무대에 설 수 있는 대만인들의 한(恨)을 단적으로 보여줬다.

이런 맥락에서 본다면 대만 스케이트 선수인 황위팅(黃郁婷)이 비공식 연습 때 중국 선수가 선물로 준 중국 유니폼을 입은 행위에 왜 많은 대만인이 그렇게 격렬한 반감을 드러냈는지 이해할 만도 하다. 황위팅은 오랫동안 교류해온 친한 중국 선수로부터 선물 받은 것이라면서 "스포츠에는 국경이 없다"고 해명했지만 대만 누리꾼들 사이에서는 "대만을 버리고 다시는 돌아오지 말라"는 거친 비난까지 나왔다.

올해 베이징 올림픽은 양안(兩岸·중국과 대만) 관계가 1979년 미중 수교 이후 최악으로 전락한 가운데 열린다는 점에서 2008년 베이징 하계 올림픽 때와 상황이 또 매우 다르다. 독립 성향의 차이잉원(蔡英文) 총통이 2016년 취임한 이후 중국은 대만과 공식 관계를 끊고 군사·외교·경제 등 거의 모든 수단을 동원해 대만을 거칠게 압박하고 있지만, 큰 효과를 보지 못하고 있다. 오히려 차이 총통이 2020년 대선에서 압도적 지지로 재선에 성공한 것이 보여주듯이 대만에서는 반중 정서가 강해지는 추세다.

대만을 자국의 성(省)으로 간주하는 중국은 국제적 약속인 '차이니스 타이베이'를 뜻하는 중국어 표현인 '중화 타이베이(中華臺北)'로도 성에 차지 않는 모습이다. 중국 국영 중국중앙(CC)TV는 지난 4일 올림픽 개막식 선수단 입장 장면을 생중계하면서 '중화 타이베이' 팀이 입장할 때 '중국 타이베이' 팀이 입장한다고 소개했다.

ⓒ 연합뉴스 | 차대운 기자 (2022. 2. 7.)

2004년 아테네 올림픽 시상식장의 천스신 선수는 우리 역사에서 누구를 떠올리게 하나요?

2022년 베이징 동계 올림픽에서 황위팅 선수의 연습 복장은 왜 논란이 되었나요?

현재 중국과 대만의 관계는 어떤가요?

중국과 대만의 미래를 예측해 보세요.

중국이 대만과 홍콩, 그리고 우리나라를 대하는 자세에 대해 어떻게 생각하나요?

모모

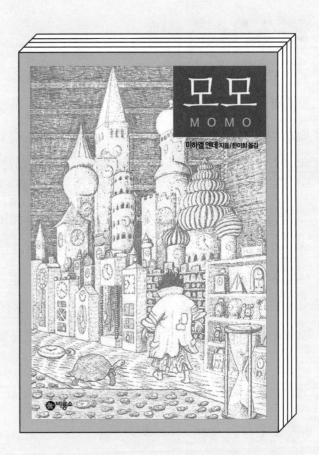

원제: Momo, 1973년

#시간 #존재의 의미 #인내
#자아 성찰 #경청

글 미하엘 엔데
옮김 한미희
출간 1999년
펴낸 곳 비룡소
갈래 외국문학(판타지 동화)

이 책을 소개합니다

부모가 감명 깊게 읽었던 책을 자녀와 나누는 경험, 우리 삶의 즐거움 중 하나겠지요. 꼬마 소녀 모모와 시간 도둑의 한판 승부가 펼쳐지는 환상적인 이야기, 너무나도 유명한 미하엘 엔데의 판타지 동화입니다.

시간이 넘친다면 어떻게 쓰고 싶으세요? 아이들이라면 그 시간으로 무엇을 할까요? 이 책은 사람들에게 행복과 풍요로움을 주는 시간을 빼앗아가 버린 회색 신사들과 당찬 여자 아이 모모, 호라 박사 등이 벌이는 모험을 다룬 소설이에요. '시간'이라는 쉽지 않은 주제를 꿈속에서 벌어질 법한 신기한 에피소드들로 펼쳐 내지요. 흡입력이 강해서 어떤 아이도 재미있게 읽을 거예요.

동화 《모모》에 담긴 주제 의식은 결코 가볍지 않아요. 하지만 어린이가 보더라도 어렵지 않고, 어른이 읽어도 유치하지 않아서 부모와 자녀 간의 독서 모임에 딱 좋은 책이지요. 모모의 면면을 읽어 내고, 아이들의 놀이를 바라보면서 미하엘 엔데가 어린이를 이 사회의 당당한 구성원으로 인식하고 있음을 알 수 있습니다. 부드러우면서도 단단한 이 소설은 어린이에게는 꿈을, 어른들에게는 추억을 떠올리게 하는 평생 갈 책이 될 것입니다.

 도서 선정 이유

우리는 정말 바쁜 세상에서 살고 있습니다. 이상하게도 가면 갈수록 더 바빠지지 않나요? 그런데 많은 일을 하기 위해 시간을 절약하는 것이 진짜 절약일까요? 어린 시절에 친구들과 즐겁게 놀았던 장면이나 혼자서 심심해서 몸을 꼬던 장면을 떠올려 보세요. 그때 그 시간이 지금 경험하고 있는 시간과 같은 결이라고 느낄 수는 없을 거예요. 우리는 무엇을 잃어버렸기에 마음이 콕콕 쑤시며 서글플까요? 한편, 혹시 아이를 위한다는 이유로 아이의 시간을 부모가 통제할 수 있다고 여기지는 않나요? 아이가 "아, 자알 놀았다!" 한 게 언제였는지 기억하세요?

우리는 마음속에 있는 모모를 그리워하면서도 떠올리지 않으려고 노력하는지도 몰라요. 부모는 부와 명예, 아이는 시험 성적과 좋은 학교를 향해 같은 방향으로 달리고만 있지요. 서로 바라보지 않은 채로요. 그렇게 바쁘게 사는 우리 모두에게 필요한 책이 《모모》입니다. 모모와 회색 신사를 통해 우리에게 정말로 소중하고 가치 있는 것이 무엇인지 근본적인 생각을 해 보게 하는 고마운 책이에요. 이 책이 쓰인 지 벌써 반 세기가 되어 간다는 게 놀랍습니다. 미하엘 엔데에겐 미래를 내다보는 능력이 있었던 걸까요?

 함께 읽으면 좋은 책

비슷한 주제

○ 한밤중 톰의 정원에서 | 필리파 피어스 글, 수잔 아인칙 그림, 김석희 옮김, 시공주니어, 1999

○ 시간 가게 | 이나영 글, 윤정주 그림, 문학동네, 2013

○ 나는 어린이입니다 | 콜라스 귀트망 글, 델핀 페레 그림, 강인경 옮김, 베틀북, 2012

○ 시간을 파는 가게 | 이혜린 글, 시은경 그림, 크레용하우스, 2021

○ 13개월 13주 13일 도둑맞은 시간 | 알렉스 쉬어러 글, 원지인 옮김, 책과콩나무, 2018

같은 작가

○ 끝없는 이야기 | 미하엘 엔데 글, 로즈비타 콰드플리크 그림, 허수경 옮김, 비룡소, 2003

○ 마법 학교 | 미하엘 엔데 글, 베른하르트 오버디에크 그림, 유혜자 옮김, 보물창고, 2015

○ 곰돌이 워셔블의 여행 | 미하엘 엔데 글, 코르넬리아 하스 그림, 유혜자 옮김, 보물창고, 2015

문해력을 키우는 엄마의 질문

1. 주제 탐구

이 책은 무엇에 대한 책인가요? 출판사 편집자가 되어 책 둘레에 씌울 띠지에 홍보 문구를 적고 꾸며 보세요.

세계 모든 사람들이 읽어 봐야 할 시간과의 전쟁을 다룬 masterpiece!

> **이렇게 활용해 보세요**

책을 샀을 때 커버를 둘러싼 띠지를 눈여겨보세요? 출판사 입장에서는 책을 쉽게 홍보할 수 있는 방법이지만, 독자에게는 걸리적거리는 종잇조각으로 여겨지기도 하죠. 책을 읽은 독자의 입장에서 홍보 문구를 써 본다면 어떨까요? 친구들에게 읽어 보도록 호소하려면 어떤 점을 어떤 언어로 강조할 수 있을까요? 이번 기회에 띠지를 재활용할 수 있는 재미난 아이디어도 같이 생각해 봐요.

2. 인물 탐구

• 회색 신사들은 흥미로운 인물입니다.

책에서 얻은 정보와 내가 받은 인상을 기준으로 전형적인 회색 신사의 삽화를 그려 보세요.

• 이 책에서 아이들은 원래 어른들과 어떤 점이 다른가요? 회색 신사들은 왜 어린이들에 대한 사업을 어려워했는지 생각해 보세요.

> 아이들은 자유분방해서 어른들보다 대하기 힘들다. 그래서 회색 신사들은 아이들을 꼬시기 힘든 것이다.

• 요즘도 아이들은 어른들과 다르다고 생각하나요?
(Yes / No) 어떤 점에서요?

> 그렇다. 아이들은 어른들과 달리 철이 들지 않았고, 지킬 체면이 없다. 반면에 어른들은 현실주의자이다.

텍스트가 많아지고 삽화는 줄어들면서 글의 내용을 이해하기 어려워하는 아이들도 많아요. 인물을 묘사하는 표현에 초점을 두고 내가 받은 인상을 활용하여 그림으로 그려 보는 활동은 재미있기도 하고 글의 이해 연습에도 도움이 됩니다.

두세 번째 질문은 이야기에 등장하는 두 부류의 사람들을 비교하고, 책과 현실의 인물들을 다시 한번 비교하게 하는 연결된 질문이에요. 마지막 질문을 통해 아이들의 생각을 엿볼 수 있어요. 《모모》에서만 어른과 어린이의 차이가 극명한 건지, 실제로도 그렇다고 생각하는지…….

책동아리 POINT

친구들이 그린 그림 간에 어떤 차이가 있는지도 비교해 보세요!

3. 깊이 있게 이해하기

• 대부분의 사람들이 회색 신사들의 꾐에 넘어가 시간을 빼앗기고 맙니다. 그렇게 된 이유는 무엇일까요? 다양한 인물의 예를 생각해 보세요. 어떤 이유를 들 수 있나요?

수명 연장의 꿈을 이루고 싶고 현재의 삶에 만족하지 않아서.

예를 들어, 기기는 돈과 명예를 얻기 위해서 자기 시간을 팔았다.

• 이야기 전반부에서 모모와 아이들이 하던 놀이를 평가한다면?

아이들의 상상력이 너무나 풍부해서 실화(진짜로 배를 타고 바다를 항해하는 것) 같았다.

• 시간을 빼앗긴 사람들이 잃어버린 것은 결국 무엇이었나요?

행복, 취미 생활, 사랑, 친구, 가족, 자유, 열정, 어린이의 마음 등

글에서 직접 나오지는 않지만 생각을 통해 얻을 수 있는 답들이에요. 질문이 추상적이면 생각하고 답을 내기가 어려워요. 사고력 성장이 필요하다 해도 질문은 구체적일수록 좋아요. 예를 들어 보라고 하거나, 구체적인 장면을 콕 집어서 질문하면 됩니다.

4. 과거-현재-미래 연결해 생각하기

다음 질문들에 대한 답을 생각해 보고 〈회색 신사들이 돌아온다면〉이라는 제목으로 원고지에 글을 써 보세요.

- 이 책은 약 50년 전에 쓰였어요. 옛날이야기처럼 느껴지나요?
- 작가 미하엘 엔데에 대해 어떤 생각이 드나요?
- 시간이란 무엇일까요?
- 시간은 모두에게 공평하다고 생각하나요?
- 오늘날 우리 사회의 사람들은 시간을 어떻게 쓰고 있나요?
- 회색 신사들은 인간의 어떤 취약점을 파고들까요?
- 나의 시간을 어떻게 쓰며 인생을 살고 싶나요?

책을 읽고 감상문 형태의 글을 쓰려고 하면 누구나 막막한 게 정상입니다. 이럴 때 구체적인 질문을 던져 주면 브레인스토밍이 쉽게 일어나고 그에 대한 내 생각을 정리할 수 있어요. 그런 내용을 바탕으로 매끄럽게 연결하면 의외로 멋진 글이 탄생합니다. 그런 경험이 쌓여야 글쓰기에 자신감이 생긴답니다.

오늘은 《모모》의 내용을 우리 사회, 내 삶과 연결하는 작업이에요. 모든 질문에 다 답하기보다는 마음이 더 가는 질문을 골라 답해 보고 그것을 바탕으로 두 문단 정도의 글을 쓰도록 도와주세요.

1. 주제 탐구

이 책은 무엇에 대한 책인가요? 출판사 편집자가 되어 책 둘레에 씌울 띠지에 홍보 문구를 적고 꾸며 보세요.

2. 인물 탐구

회색 신사들은 흥미로운 인물입니다.
책에서 얻은 정보와 내가 받은 인상을 기준으로 전형적인 회색 신사의 삽화를 그려 보세요.

이 책에서 아이들은 원래 어른들과 어떤 점이 다른가요? 회색 신사들은 왜 어린이들에 대한 사업을 어려워했는지 생각해 보세요.

요즘도 아이들은 어른들과 다르다고 생각하나요? (Yes / No) 어떤 점에서요?

3. 깊이 있게 이해하기

대부분의 사람들이 회색 신사들의 꾐에 넘어가 시간을 빼앗기고 맙니다. 그렇게 된 이유는 무엇일까요? 다양한 인물의 예를 생각해 보세요. 어떤 이유를 들 수 있나요?

이야기 전반부에서 모모와 아이들이 하던 놀이를 평가한다면?

시간을 빼앗긴 사람들이 잃어버린 것은 결국 무엇이었나요?

4. 과거-현재-미래 연결해 생각하기

다음 질문들에 대한 답을 생각해 보고 〈회색 신사들이 돌아온다면〉이라는 제목으로 원고지에 글을 써 보세요.

- 이 책은 약 50년 전에 쓰였어요. 옛날이야기처럼 느껴지나요?
- 작가 미하엘 엔데에 대해 어떤 생각이 드나요?
- 시간이란 무엇일까요?
- 시간은 모두에게 공평하다고 생각하나요?
- 오늘날 우리 사회의 사람들은 시간을 어떻게 쓰고 있나요?
- 회색 신사들은 인간의 어떤 취약점을 파고들까요?
- 나의 시간을 어떻게 쓰며 인생을 살고 싶나요?

소년 사또 송보의 목민심서 정복기

리더십의 필독서 목민심서

소년 사또 송보의
목민심서 정복기

박윤규 글 | 최현묵 그림

크레용하우스

#다산 정약용 #리더십 #정치 사회
#가치 덕목 #실학 정신
#애민과 수신

글 박윤규
그림 최현묵
출간 2018년
펴낸 곳 크레용하우스
갈래 비문학(역사)

 이 책을 소개합니다

   리더는 어떤 마음가짐으로 행동해야 할까요? 시대가 바뀌어도 변하지 않는 가치는 있어요. 보이지 않는 곳에서 최선을 다하고, 하늘에 부끄럽지 않으며, 진정으로 타인의 입장을 생각하고, 법을 바탕으로 하되 사람을 기준 삼아 잘잘못을 가리며 무엇보다 사람을 배려하고 진심으로 사랑할 줄 아는 마음가짐. 이것이 다 함께 잘사는 세상을 위해 꼭 필요한 덕목들이지요. 리더십의 필독서로 불리는 다산 정약용의《목민심서》의 원본 구성에 맞추되 소년 사또를 주인공으로 하여 마치 사극을 보듯 인물과 사건을 구성하고 상상력을 더해 새롭게 쓴 책이에요.

   소년 사또 송보는 다산 정약용이 꿈꾸었던 목민을 실천하고자 고군분투합니다. 어려운 고을 문제에 부딪힐 때마다《목민심서》를 통해 실마리를 얻고 하나하나 처리해 나가죠. 오직 백성을 사랑하는 마음으로 지방 관리들의 부패에 맞서 문제를 지혜롭게 풀어요. 어리지만 용기와 소신이 있고 슬기로운 소년 사또 송보의 이야기를 통해 어린 이들은 자연스럽게 바른 마음가짐을 배우고, 오늘날 우리에게 어떤 리더가 필요한지 생각해 볼 수 있을 거예요.

《목민심서》는 공직에 있는 사람은 물론 일반인까지 꼭 읽어야 할 책으로 전해져 내려오고 있지요. 특히나 요즘처럼 혼란스러운 정치 사회에서 《목민심서》를 읽고 그 의미를 배운다면 올바른 민주 시민으로 자라는 데 많은 도움이 될 것입니다.

도서 선정 이유

비문학을 읽는 주였는데, 이 책은 역사적 바탕에 픽션이 많이 가미된 독특한 책이에요. 요즘 유행하는 일부 사극 드라마처럼 '팩션(faction)'이라고 할 수 있죠. 어린이들에게 어렵게 느껴질 만한 《목민심서》를 소년 주인공을 통해 쉽게 풀어낸 점이 매력이에요. 이야기 자체가 재미있어서 술술 읽힐 거예요. 감동적인 부분에서 독자 스스로 교훈을 얻을 수 있는 책이랍니다.

함께 읽으면 좋은 책

비슷한 주제

○ 유배지에서 보낸 정약용 편지 | 정약용 원작, 강정규 글, 알라딘북스, 2009

○ 정약용이 귀양지에서 아들에게 보낸 편지 | 김숙분 엮음, 유남영 그림, 어린이가문비, 2019

○ 목민심서: 모두가 잘 사는 나라를 만들다 | 정약용 원작, 이성률 글, 한재홍 그림, 파란자전거, 2008

○ 정약용 선생님의 리더십 캠프 | 강정화 글, 김효주 그림, 다락원, 2016

같은 작가

○ 산왕 부루(1~2권) | 박윤규 글, 조승연 그림, 웅진주니어, 2013

○ 버들붕어 하킴 | 박윤규 글, 아이완 그림, 푸른숲주니어, 2011(개정판)

○ 내 친구 타라 | 박윤규 글, 유기훈 그림, 푸른책들, 2003

○ 대단한 무지개 안경 | 박윤규 글, 푸른책들, 2010

○ 와글와글 용의 나라 | 박윤규 글, 정승희 그림, 사파리, 2011

문해력을 키우는 엄마의 질문

1. 상위 텍스트 분석하기

이 책의 내용은 정약용의 《목민심서》와 연결되어 있어요. 인터넷 검색을 통해 자료를 찾아 읽고, 한 줄 요약을 해 보세요.

- 개요: 《목민심서》란 어떤 책인가요?

  다산 정약용 사상의 정수를 담은 책으로, 조선의 사회, 정치의 실상을 민생 문제, 수령의 역할과 엮어 보여 준다.

- 구성: 《목민심서》는 어떻게 구성되어 있나요?

  48권 16책의 저작으로 부임-율기-봉공-애민-이전-호전-예전-병전-형전-공전-진황-해관 등 모두 12부로 구성되어 있다.

- 가치: 《목민심서》는 어떤 가치를 지니고 있나요?

  조선 후기에 대한 역사 자료로서 의미가 있고, 현대의 어려운 시대 상황을 헤쳐 나가기 위해서도 도움이 되는 탁월한 사상서이다.

> **이렇게 활용해 보세요**

   논픽션 중 고서 등 다른 책과 관련이 된 책을 다룰 때는 원서도 함께 다루는 게 좋아요. 읽어 볼만한 자료를 인터넷 검색을 통해 찾아서 정리하고 인쇄해 주어도 좋지만, 6학년 후반쯤 되었으니 아이들이 스스로 찾아보도록 하는 것도 좋겠죠. 믿을 수 있는 자료를 찾아서 활용하는 과정을 통해 정보 문해력이 성장합니다.

질문에 딱 맞는 핵심적인 정보를 찾고, 자기만의 간결한 문장으로 정리하는 연습도 아주 중요해요.

2. 사실과 허구 구분하기

이 책은 역사적 사실과 저자의 상상으로 만들어진 이야기가 섞여 있어요. 사실(fact)과 소설(fiction)이 결합된 팩션(faction)이라는 장르로 보기도 하지요. 내용 중 대표적인 사실과 허구를 뽑아 보세요.

사실	허구
조선 후기 철종 시대를 배경으로 한다.	송보라는 사또는 가공의 이름이다.
정약용이 《목민심서》를 저술했다.	철종과 송보의 관계는 허구이다.
다산의 초당이 있었다.	다산의 증손녀 연지는 허구이다.
강진은 정약용의 유배지였다.	이용심이라는 인물은 없었다.
환곡 제도가 시행되었다.	고광택 가문 며느리 사건은 가짜이다.

이렇게 활용해 보세요

배경, 인물, 사건과 관련해서 역사적 사실이 아닌 허구가 섞여 있는 책이에요. 처음부터 구별해 내기 어려워하면 하나씩 물어 보세요. "어느 시대 어느 임금 시절의 이야기일까?"(배경), "다산 선생의 증손녀 연지는 진짜 있었을까?"(인물), "이용심 사건은 있었던 일일까?"(사건)처럼요.

사실인지 허구인지 확실하지 않은 점도 있겠지만 왜 그렇게 판단했는지 이야기해 볼 수 있어요.

3. 시대상 발견하기

이 책에서는 조선 후기 지방 관리와 백성들의 생활상을 볼 수 있어요. 송보의 부임 이후 '이용심 사건'은 이야기를 이끌어 가는 굵직한 소재에 해당합니다. 이 사건을 통해 알 수 있는 당시의 시대상을 몇 가지로 추려 보세요.

첫째, 조선 말기에는 탐관오리들이 백성을 괴롭히고 자신들의 사리사욕을 채우기 바빴다.

둘째, 백성들은 탐관오리들의 만행에 대해 불만을 가졌다.

셋째, 억울하게 누명을 쓴 사람들이 있었다.

이렇게 활용해 보세요

아이들이 책에서 읽은 특정 사건을 잘 기억하지 못할 경우에는 간략하게 다시 떠올려 볼 수 있도록 "어떤 사건이었지?"처럼 단계별로 질문합니다. 나온 의견들을 정리한 후 첫째, 둘째, 셋째처럼 나열하여 써 볼 수 있게 도와주세요.

4. 교훈 찾기

• '노블레스 오블리주(noblesse oblige)'란 사회 고위층 인사에게 요구되는 높은 수준의 도덕적 의무를 뜻해요. 아래 글을 읽고, 강진에 부임한 사또 송보의 이야기에서 찾을 수 있는 노블레스 오블리주의 예를 들어 보세요.

송보는 신분이 높은 사또인데도 불구하고 옆 동네에서 온 노숙자들에게 숙식을 제공해 주었다.

• 이 책은 정약용의 《목민심서》와 가상의 인물 송보의 이야기를 통해 리더십이란 무엇인지 보여 주고 있어요. 오늘날 우리 사회의 리더들에게 말하고 싶은 내용을 원고지에 써 보세요(200~300자).

이렇게 활용해 보세요

책의 핵심 주제를 아우를 수 있는 개념에 대해 깊이 생각할 기회를 주고 글을 써 보는 연습입니다. 개념을 검색하거나 참고 자료를 통해 얻은 자료를 편집해서 추가적인 읽기 텍스트로 제공하면 좋아요.

읽은 책보다 수준이 높을 수 있지만, 읽어 보는 경험으로는 괜찮습니다. 모르는 단어도 일단 추측하며 읽다 보면 유창하게 읽어 내려갈 수 있어요. 모두 읽은 후에 의미를 알고 싶은 단어에 관해 이야기 나눌 수 있습니다. 더 자세히 읽을 때는 중심 문장과 뒷받침 문장에 형광펜 등을 이용해 각각 표시하도록 해도 좋고요.

원고지에 글을 쓰기 전에 아이들이 익숙하게 알고 있는 현재 시점의 리더들을 떠올려 보게 하세요. 이 책에서 얻은 교훈을 요즘 우리 사회에 어떻게 적용할 수 있을지 생각하게 하는 쓰기 주제입니다.

책동아리 POINT

사또 송보가 노블레스 오블리주를 실천한 예를 들 때, 예들이 각자 달라야 서로에게 도움이 됩니다. 똑같이 쓰지 않도록 신경 써 주세요. 정답이 있는 게 아니니까요.

1. 상위 텍스트 분석하기

이 책의 내용은 정약용의 《목민심서》와 연결되어 있어요. 인터넷 검색으로 자료를 찾아 읽고, 한 줄 요약을 해 보세요.

개요: 《목민심서》란 어떤 책인가요?

구성: 《목민심서》는 어떻게 구성되어 있나요?

가치: 《목민심서》는 어떤 가치를 지니고 있나요?

2. 사실과 허구 구분하기

이 책은 역사적 사실과 저자의 상상으로 만들어진 이야기가 섞여 있어요. 사실(fact)과 소설(fiction)이 결합된 팩션(faction)이라는 장르로 보기도 하지요. 내용 중 대표적인 사실과 허구를 뽑아 보세요.

사실	허구

3. 시대상 발견하기

이 책에서는 조선 후기 지방 관리와 백성들의 생활상을 볼 수 있어요. 송보의 부임 이후 '이용심 사건'은 이야기를 이끌어 가는 굵직한 소재에 해당합니다. 이 사건을 통해 알 수 있는 당시의 시대상을 몇 가지로 추려 보세요.

4. 교훈 찾기

- '노블레스 오블리주(noblesse oblige)'란 사회 고위층 인사에게 요구되는 높은 수준의 도덕적 의무를 뜻해요. 아래 글을 읽고, 강진에 부임한 사또 송보의 이야기에서 찾을 수 있는 노블레스 오블리주의 예를 들어 보세요.

제주 백성들을 살려낸 제주 부자, 김만덕

김만덕(1739~1812)은 제주의 한 가난한 집안에서 태어났어요. 12세에 부모님을 여읜 탓에 기생의 몸종으로 가게 되었고, 제주의 유명한 기생이 되었지요. 그 후 김만덕은 기생을 그만두고 객주를 운영하게 되었는데, 타고난 사업 수단과 노력으로 큰돈을 모았어요. 객주를 통해 얻은 정보를 바탕으로 유통업을 벌인 덕분이었지요. 만덕이 한 유통업은 제주도 물품과 육지 물품을 교역하는 일이었답니다. 유통업을 통해 막대한 부를 갖게 된 김만덕은 당시 '거상'으로까지 불리게 되었는데, 여성의 몸으로 그런 위치까지 올라간 것은 당시로서는 아주 드문 일이었어요.

제주는 당시 1792년부터 시작된 흉작과 태풍으로 극심한 굶주림에 시달리고 있었어요. 김만덕은 평생 모은 돈이 담긴 궤를 열었어요. 당시 만덕이 육지에서 들여온 쌀은 500석이었어요. 자신의 재산 천금으로 마련한 곡식이었어요. 만덕은 그중에 50석은 이웃 친지들을 위해 두고, 450석을 관아에 구호 곡식으로 내놓았어요. 그 곡식으로 제주 관아는 굶주린 제주의 백성을 구할 수 있었지요.

김만덕은 벼슬 같은 특별한 대가를 바라지도 않았어요. 74세의 나이로 숨을 거두기까지 가난한 이들을 돌보는 일에 자신의 재산을 아낌없이 내놓았답니다.

※ 출처: 이향안(2016), 《나눔으로 따뜻한 세상을 만든 진짜 부자들》, 현암주니어, pp.43~52.

- 이 책은 정약용의 《목민심서》와 가상의 인물 송보의 이야기를 통해 리더십이란 무엇인지 보여 주고 있어요. 오늘날 우리 사회의 리더들에게 말하고 싶은 내용을 원고지에 써 보세요(200~300자).

레몬첼로 도서관 탈출 게임

원제: Escape from Mr. Lemoncello's Library, 2013년

#도서관 #게임 #책 읽기

글 크리스 그라번스타인
옮김 정회성
출간 2016년
펴낸 곳 사파리
갈래 외국문학(판타지 동화)

 이 책을 소개합니다

도서관에서 책과 영화를 보고, 게임도 실컷 할 수 있다면? 이 책은 한 마을의 도서관 개관 행사에 초대된 열두 명의 아이들이 최첨단 도서관에서 2박 3일간 머물며 겪는 모험 이야기예요. 책 제목에서 예상할 수 있듯이, 도서관을 탈출해야 하는 미션을 완수하기 위해 아이들은 책과 게임을 망라한 갖가지 복잡한 퍼즐과 퀴즈, 수수께끼 등을 풀어야 하죠.

도서관의 즐거움과 가치를 일깨우는 특별한 이야기로, 도서관은 답답한 곳, 책은 지루한 것이라는 편견을 가진 아이들에게 게임 속 가상 공간보다 실제 도서관으로 가서 수많은 책 속에 담겨 있는 온갖 세계를 만나 보는 것이 훨씬 즐거운 일임을 자연스럽게 일깨워 줘요. 즉, 이 책은 도서관에 대한 고정관념을 깨고 동네 도서관이나 학교도

서관을 바라보는 시각의 변화를 가져올 수 있습니다. 도서관 탈출의 열쇠를 책 속에 숨겨 놓은 설정은 우리가 보다 나은 미래를 향해 나아가려면 책 속에서 그 답을 찾아야 함을 의미해요.

저자 크리스 그라번스타인은 광고 감독, 방송 작가, 카피라이터, 연극배우, 희극인, 극작가라는 화려한 경력을 가진 작가답게, 긴장감을 늦추지 않고 시종일관 눈을 뗄 수 없는 이야기를 속도감 있게 이끌어 나갑니다. 무엇보다 잘 어울리지 않을 것 같은 '도서관'과 '게임'이란 소재를 절묘하게 결합해 놓았어요.

📖 도서 선정 이유

'책에 대한 책' 많이 보셨어요? 은근히 많아요. 저는 책꽂이 한 칸에 그런 책들을 모아 두었답니다. 이런 책에는 독서를 좋아하는 인물도 등장하지만, 극단적으로 싫어하는 인물도 많이 나와요. 그래서 이런 책들은 아이들이 부담 없이 독서에 다가가게 해 줄 수 있어요. "책 좀 읽어라"라는 잔소리보다 효과적이죠. 또한 도서관에 관한 흥미로운 책도 참 많은데, 이 책이 대표적이에요. 등장인물들 간의 역동이 돋보여서 책동아리 활동에도 제격입니다.

책 읽기보다는 게임과 인터넷, SNS가 더 친숙한 아이들에게는 도서관이 따분하게 느껴질 수 있어요. 하지만 이 책에서는 도서관이 거대한 게임판이 되고, 그 속에서 아이들은 상상을 뛰어넘는 긴박한 탈출 게임에 참여하기 때문에 대단히 흥미로운 장소로 인식될 거예요. 아이들이 책이 지닌 위대한 힘을 깨닫고, 책으로 가득한 도서관을 가까이 하기를, 이 책 덕분에 앞으로 도서관을 찾는 아이들이 점점 늘어나기를 기대합니다.

📖 함께 읽으면 좋은 책

시리즈

○ 레몬첼로 도서관: 도서관 올림픽 | 크리스 그라번스타인 글, 정회성 옮김, 사파리, 2019

○ 레몬첼로 도서관: 최첨단 논픽션 게임 레이스 | 크리스 그라번스타인 글, 정회성 옮김, 사파리, 2021

비슷한 주제

○ 도서관을 훔친 아이 | 알프레드 고메스 세르다 글, 김정하 옮김, 클로이 그림, 풀빛미디어, 2018

○ 맑은 날엔 도서관에 가자 | 미도리카와 세이지 글, 미야지마 야스코 그림, 햇살과나무꾼 옮김, 책과콩나무, 2009

○ 도서관의 기적 | 미도리카와 세이지 글, 미야지마 야스코 그림, 햇살과나무꾼 옮김, 책과콩나무, 2011

○ 책, 어디까지 아니? | 김윤정 글, 우지현 그림, 고래가숨쉬는도서관, 2019

○ 책이 있는 나무 | 비센테 무뇨스 푸에예스 글, 아돌포 세라 그림, 김정하 옮김, 풀빛미디어, 2015

○ 마법의 도서관 | 요슈타인 가아더 · 클라우스 하게루프 글, 이용숙 옮김, 현암사, 2004

문해력을 키우는 엄마의 질문

1. 나의 독서 경험과 연결하기

이 책은 도서관을 배경으로 하는 '책에 대한 책'이에요. 먼저, 내용에 등장하는 다양한 책들 중 내가 읽은 책을 찾아 표시해 보세요. 그리고 앞으로 읽고 싶은 책도 추려 보세요. 두 가지 색의 색연필로 각각 동그라미 치면 됩니다.

이 25권의 첫 자를 적어 5×5 빙고 판을 만들고 빙고 게임을 해 보세요.

이렇게 활용해 보세요

읽은 책과 읽고 싶은 책을 각각 다른 색연필로 표시하면서 스스로의 독서력을 점검할 수 있어요. 모임을 게임으로 시작하면 활기찬 분위기가 조성됩니다. 사춘기 아이들은 2주일에 한 번 만나면 처음엔 좀 서먹서먹해할 때가 있더라고요. 빙고 게임으로 책 제목들을 말하면서 나의 독서에 대한 생각들을 일깨울 수 있어요.

2. 인물 분석하기

이야기의 중요 인물인 다음 두 사람에 대해 생각나는 대로 분석해 봅시다.

어린 시절, 가족 관계, 좋아하는 것, 성격 형성에 영향을 준 것 등등에 대해 이 책으로부터 이용 가능한 정보를 활용하고, 추론할 수 있는 것을 떠올려 보세요.

카일 킬리	루이지 레몬첼로
형이 두 명 있다. 게임을 좋아한다. 리더십이 있다. 책 읽기를 싫어한다. 승부욕이 강하다.	형제가 많다. 게임을 좋아한다. 도서관을 좋아했다. 책을 좋아한다. 평범하지 않다.

이렇게 활용해 보세요

대뜸 "이 인물을 분석해 보렴" 하면 아이들은 뭘 하라는 건지 당황해요. 분명한 기준을 주어야 아이들이 하나씩 쉽게 내용을 떠올릴 수 있어요. 몇 명의 아이들이 돌아가면서 하나씩만 말해도 금방 풍부하게 인물을 묘사할 수 있어요.

또한 이 활동은 사실과 의견을 구분하는 연습이 됩니다. 먼저 확실한 정보부터 시작하는 것이 쉬워요. 이런 연습을 통해 우리가 책을 읽을 때 빈칸을 메우는 생각을 한다는 것을 깨달을 수 있어요.

3. 상호텍스트성 활용하기

책에서 레몬첼로 씨와 《찰리와 초콜릿 공장》(로알드 달)의 윌리 웡카 씨를 비교하는 내용이 나오죠. 《찰리와 초콜릿 공장》을 이미 읽은 독자라면 아마 그런 점을 먼저 눈치챘을 가능성이 높아요. 이러한 텍스트 간의 관계를 '상호텍스트성'이라고 해요. 두 인물의 어떤 점이 유사할지 생각해 보세요.

자기 소유지인 곳으로 아이들을 초청한다.

개성이 넘친다.

창의적이다.

철이 안 든 어른들이다.

이렇게 활용해 보세요

아동·청소년 도서가 드라마나 영화로 영상화되는 것은 흔한 일입니다. 이렇게 매체 간의 관계도 상호텍스트성으로 연결되죠. 그런 점에 초점을 두고 차이점과 유사점을 생각해 볼 수 있습니다.

하지만 여기서는 유사성을 지닌 두 권의 책들을 비교하는 데에 초점을 두도록 해요. 독서 이력이 쌓일수록 아이들의 상호텍스트성 활용 수준도 높아집니다.

활동지를 직접 만들 때에는 인터넷 검색을 통해 영화 포스터 같은 자료를 넣어 줘도 좋아요.

4. 창의적인 리버스 퀴즈 만들기

리버스(rebus) 퀴즈는 그림과 글자(음절 또는 단어)를 조합한 수수께끼를 말해요.

H + 귀 모양 그림(ear) = Hear처럼요. 한글이나 영어 단어(전체나 일부)를 활용해 재미있는 수수께끼를 만들어 친구들에게 내 주세요.

문제	정답	정답자
🖐 + 님	손님	손님

　　아이들이 무척 재미있어한 활동이에요. 이 책의 내용에서 끄집어 낸 재미의 요소였습니다. 책동아리는 공부보다는 책을 읽고 모여서 놀며 이야기하는 모임임을 잊지 마세요. 아이들이 재미있어할 만한 요소가 꼭 들어 있어야 해요.

5. 등장인물과 소통하기

찰스 칠팅턴에게 해 주고 싶은 조언을 써 보세요.

　찰스야, 넌 너무 자신감이 넘쳐. 조금 더 남을 배려하면 좋겠어. 듣는 사람을 생각하고 말을 해야 해. 지금처럼 살다간 너의 장례식에 와 줄 친구들도 없을 거야.

　　또래에 대한 조언이라면 6학년 아이들이 무지하게 잘하는 행동이죠. 이야기에서 그런 행동을 저절로 불러일으키는 인물이 나타난다면 해 볼 만한 활동입니다. 단순하게 "그렇게 살지 마"처럼 대답한다면 그렇게 생각하는 이유를 물어보세요. 구체적인 근거를 들어 조언할 수 있도록요.

6. 마음껏 상상하고 이야기 나누기

- 내가 레몬첼로 도서관 탈출 게임의 실제 멤버라면 어떤 스타일의 참가자였을까요?
  나 포함 세 명으로 팀을 꾸려서 할 것이다. 내가 리더 역할을 할 것 같다.

- 내가 레몬첼로 도서관에 방문한다면 어떤 서비스를 가장 먼저 이용해 보고 싶나요?
  홀로그램을 먼저 체험해 보고 싶다. 읽을 때 가장 신기하게 느껴졌다.

- 《레몬첼로 도서관: 도서관 올림픽》이라는 후속편이 있대요. 어떤 내용일까요?

단순히 탈출 게임이 아니고 레몬첼로 도서관에서 참가자들이 메달을 두고 경쟁하는 올림픽이 열릴 것 같다. 올림픽이니까 동네 아이들이 아니고 나라별 대항일 수도 있다.

이렇게 활용해 보세요

　이번 모임에서는 글쓰기 활동을 넣지 않았어요. 모든 모임마다 글쓰기를 할 필요는 없지요. 흥미진진한 이야기책을 읽었을 때는 원고지 쓰기가 아닌 수다도 좋습니다.

　먼저 등장인물과 독자를 연결하는 질문을 했어요. 실제 또래 아이들과 나를 연결해 봄으로써 인물도 분석하고 나 자신도 돌아볼 수 있어요.

　그리고 이 책에 등장하는 SF적인 최첨단 도서관에 대해 이야기를 나눠 보았습니다. 도서관들은 이미 변신을 거듭하고 있어 머지않은 미래에 우리가 이런 도서관을 이용하게 될 수도 있죠. 이야기의 흐름에 따라 내용도 되짚어 보고, 도서관 이용 욕구도 끌어올릴 수 있는 질문이에요.

　끝으로, 후속편이 있는 책이라면 적극 활용해 보세요. 읽은 책과 관련지어 또는 제목을 이용해 내용을 미리 상상해 보는 것도 의미 있는 활동이지요. 다음 권을 어서 읽고 싶게 만들 수도 있고요. 독서는 자발성이 가장 중요함을 기억하자고요!

1. 나의 독서 경험과 연결하기

이 책은 도서관을 배경으로 하는 '책에 대한 책'이에요. 먼저, 내용에 등장하는 다양한 책들 중 내가 읽은 책을 찾아 표시해 보세요. 그리고 앞으로 읽고 싶은 책도 추려 보세요. 두 가지 색의 색연필로 각각 동그라미 치면 됩니다.

이 25권의 첫 자를 적어 5×5 빙고 판을 만들고 빙고 게임을 해 보세요.

보물섬	낮잠 자는 집	안 돼, 데이비드!	물고기 한 마리, 물고기 두 마리, 빨간 물고기, 파란 물고기	웨스팅 게임
80일간의 세계 일주	정글북	빨간 머리 앤	해리포터와 마법사의 돌	셜록 홈즈 시리즈
잘 자요, 달님	올리비아	시간의 주름	어느 날 미란다에게 생긴 일	찰리와 거대한 유리 엘리베이터
삼총사	찰리와 초콜릿 공장	클로디아의 비밀	허클베리 핀	모자 쓴 고양이
오리엔트 특급 살인	검은 고양이	죄와 벌	이집트 게임	스캣

2. 인물 분석하기

이야기의 중요 인물인 다음 두 사람에 대해 생각나는 대로 분석해 봅시다.

어린 시절, 가족 관계, 좋아하는 것, 성격 형성에 영향을 준 것 등등에 대해 이 책으로부터 이용 가능한 정보를 활용하고, 추론할 수 있는 것을 떠올려 보세요.

카일 킬리	루이지 레몬첼로

3. 상호텍스트성 활용하기

책에서 레몬첼로 씨와 《찰리와 초콜릿 공장》(로알드 달)의 윌리 웡카 씨를 비교하는 내용이 나오죠. 《찰리와 초콜릿 공장》을 이미 읽은 독자라면 아마 그런 점을 먼저 눈치챘을 가능성이 높아요. 이러한 텍스트 간의 관계를 '상호텍스트성'이라고 해요. 두 인물의 어떤 점이 유사할지 생각해 보세요.

4. 창의적인 리버스 퀴즈 만들기

리버스(rebus) 퀴즈는 그림과 글자(음절 또는 단어)를 조합한 수수께끼를 말해요.

H + 귀 모양 그림(ear) = Hear처럼요. 한글이나 영어 단어(전체나 일부)를 활용해 재미있는 수수께끼를 만들어 친구들에게 내 주세요.

문제	정답	정답자

5. 등장인물과 소통하기

찰스 칠팅턴에게 해 주고 싶은 조언을 써 보세요.

6. 마음껏 상상하고 이야기 나누기

내가 레몬첼로 도서관 탈출 게임의 실제 멤버라면 어떤 스타일의 참가자였을까요?

내가 레몬첼로 도서관에 방문한다면 어떤 서비스를 가장 먼저 이용해 보고 싶나요?

《레몬첼로 도서관: 도서관 올림픽》이라는 후속편이 있대요. 어떤 내용일까요?

이대열 선생님이 들려주는
뇌과학과 인공지능

세상을 읽는 커다란 눈
알고리즘

원제: Ma Vie Sous Algorithmes, 2018년

#뇌과학 #인공지능 #마음 이론

글 이대열
그림 전진경
출간 2018년
펴낸 곳 우리학교
갈래 비문학(과학, 사회)

**#알고리즘 #인공지능
#인간의 두뇌 #공유 경제**

글 플로랑스 피노
그림 뱅상 베르지에
옮김 허린   감수 이철현
출간 2019년
펴낸 곳 다림
갈래 비문학(과학, 사회)

 이 책을 소개합니다

> 이대열 선생님이 들려주는 뇌과학과 인공지능

세계적으로 주목받는 뇌과학자인 이대열 선생님이 어린이들에게 들려주는 특별한 뇌과학에 대한 이야기예요. '인간과 인공지능 로봇이 사이좋게 지낼 수 있을지', '오직 인간의 뇌만 가진 진정한 능력이 무엇인지', 그리고 '뇌와 지능이 우리를 어떤 존재로 이끌어 줄지' 새롭고 흥미진진한 이야기를 들려줍니다. 고양이 탈출 실험, Y자 미로 실험, 강화 학습과 딥러닝, 거울 실험과 마음 이론 등의 내용을 생생하게 만나는 한편, 인공지능이 쉽게 인간을 따

라잡을 수 없다는 메시지를 주면서, 자신의 가능성을 믿고 자신만이 할 수 있는 일을 찾아 나서도록 어린이들을 격려하고 있어요. 인공지능 시대의 문턱을 가뿐히 넘게 해 줄 책으로, 뇌과학이야말로 인간이 서로를 이해하기 위한 특별하고 즐거운 공부임을 알게 해 줄 것입니다.

세상을 읽는 커다란 눈 알고리즘

이 책에서는 알고리즘의 역사와 현재 우리 일상의 다양한 사례를 통해 디지털 세상을 움직이는 핵심인 알고리즘이 무엇인지 알려 줍니다. 인터넷 사이트뿐 아니라 엘리베이터, 냉장고, 스마트폰 등 우리 생활 곳곳의 삶에 깊숙이 들어와 우리에게 정보를 전달하고, 우리가 사는 세상을 어떻게 바꾸어 놓았는지, 앞으로 인간의 미래를 어떻게 바꿀지도 예측할 수 있어요.

알고리즘에 대한 방대한 사진 자료와 세계 굴지의 디지털 거대 기업들에 대한 최신 자료를 담고 있으며, 알고리즘을 활용해 거대 기업으로 성장한 인터넷 회사들이 세계 경제를 어떻게 바꾸었고, 또 그로 인한 문제점이 무엇인지도 자세히 파헤치고 있어요. 마지막으로 알고리즘으로 인하여 생겨날 수 있는 다양한 문제점도 하나하나 꼬집어 주며, 향후 알고리즘과 인간이 어떻게 공존할 수 있을지를 생각해 보게 합니다.

📖 도서 선정 이유

6학년 책동아리를 마무리하는 시점에서 오랜만에 책 두 권을 함께 엮어 읽는 기회를 마련했어요. 활동이 많으니 일부만 선택해도 되고, 두 번에 걸쳐 해도 좋아요. 2019년부터 초등교육과정에서 소프트웨어 교육이 필수 과목으로 진행되고 있어요. 그 내용 중에 알고리즘도 포함되어 있고요. 또한 뇌과학이 인공지능의 발전을 이끌고 있기 때문에 미래를 살아갈 어린이들에게는 우리 뇌에 대한 이해가 필요합니다.

《이대열 선생님이 들려주는 뇌과학과 인공지능》에는 인공지능 세상의 한가운데에 던져질 아이들이 무슨 공부를 해야 하는지, 왜 뇌과학을 배워야 하는지에 대한 답이 있습니다. 인간의 뇌를 모르고는 앞으로의 세상, 인공지능과의 경쟁에서 제대로 살아남을 수 없을 거예요. 이 책을 통해 뇌와 지능, 몸과 마음, 생명과 진화의 의미를 탐색하며 경이로운 뇌과학의 세계에 첫발을 들여놓을 수 있어요.

한편, 알고리즘이란 단어는 아이들은 물론 어른들에게도 생소하고 어렵게 느껴지지요. 우리가 사는 디지털 세계에서 알고리즘은 생활에 도움을 주는 것을 넘어서서 우리가 하는 모든 일에 간섭하고 우리의 행동을 조종하는 단계까지 이르렀답니다. '알고리즘을 모르면 10년 뒤 무직'이라는 말이 나올 정도죠. 전문가들은 미래를 살아갈 우리 아이들에게 필요한 진정한 소프트웨어 교육은 창의적이고 혁신적인 미래 인재로 성장하기 위한 알고리즘 교육이라고 말하고 있어요. 어린이들이 《세상을 읽는 커다란 눈 알고리즘》을 통해 알고리즘을 흥미롭게 이해할 수 있을 거라 기대합니다.

📖 함께 읽으면 좋은 책

비슷한 주제

○ 청소년을 위한 뇌과학 | 니콜라우스 뉘첼·위드겐 안드리히 글, 김완균 옮김, 김종성 감수, 비룡소, 2009

○ 미래가 온다, 뇌 과학 | 김성화·권수진 글, 조승연 그림, 와이즈만BOOKs, 2019

○ 미래가 온다, 인공 지능 | 김성화·권수진 글, 이철민 그림, 와이즈만BOOKs, 2019

○ 정재승의 인간 탐구 보고서(1~8권) | 정재승 기획, 정재은·이고은 글, 김현민 그림, 아울북, 2019~2021

○ 퀴즈! 과학상식: 뇌와 인공지능 | 도기성 글, 김선주 감수, 글송이, 2017

○ 에덜먼이 들려주는 뇌 과학 이야기 | 이홍우 글, 자음과모음, 2010

○ 십 대가 알아야 할 인공지능과 4차 산업혁명의 미래 | 전승민 글, 팜파스, 2018

○ 왜 인공지능이 문제일까? | 조성배 글, 반니, 2017

○ 로봇: 인공지능 시대, 로봇과 친구가 되는 법 | 나타샤 셰도어 글, 세브린 아수 그림, 이충호 옮김, 길벗어린이, 2016

○ 인공지능 쫌 아는 10대 | 오승현 글, 방상호 그림, 풀빛, 2019

○ 컴퓨터과학 알고리즘: 스크래치 3.0 | 장수정 외 7인 글, 생능, 2019

○ 태아성장보고서: KBS특집 3부작 다큐멘터리 첨단보고 뇌과학, 10년의 기록 | KBS 첨단보고 뇌과학 제작팀 글, 마더북스, 2012

○ 서쌤이 알려주는 인공 지능과 미래 인재 이야기 | 서지원 글, 박은미 그림, 크레용하우스, 2019

같은 작가

○ 나를 움직이는 리모컨, 뇌! | 플로랑스 피노 글, 세브린 아수 그림, 권지현 옮김, 노란상상, 2019

○ 루이 파스퇴르: 미생물 과학 수사관 | 플로랑스 피노 글, 쥘리앵 비요도 그림, 이승재 옮김, 신현정 감수, 봄의정원, 2020

○ 엔트리와 함께하는 어린이 코딩 | 이철현·김동만 글, 김정한 그림, 미래엔아이세움, 2016

문해력을 키우는 엄마의 질문

1. 글의 핵심 파악하기

정보와 의견을 담은 텍스트를 읽고 중요한 내용을 파악해 보세요.

• 이 책의 저자 이대열 선생님은 '지능'이 무엇이라고 정의했나요?

　생물체가 생존하기 위해 필요한 것

• 지능은 지능 지수와 어떻게 다른가요?

　지능은 우리가 다양한 환경에서 만나는 여러 가지 복잡한 문제를 해결하는 능력이지만 지능 지수는 검사를 통한
　시험 점수에 불과하다.

• 유전자와 뇌의 관계는 어떠한가요? 뇌와 유전자가 맺은 비밀 계약은 무엇인가요?

　유전자가 뇌에게 위임을 한다. 유전자가 뇌에게 역할을 맡긴다.

• 특이점이란 무엇인가요?

　모든 영역에서 인공지능이 인간을 넘어서게 되는 때

• 메타 선택이란 무엇인가요?

　다양한 해결 방법들 중에서 어떤 방법을 고를까 하는 문제

이렇게 활용해 보세요

　　　정보책을 읽었을 때 기본 개념을 형성했는지 확인이 필요할 때가 많아요. 책에서 보여 주는 정의를 활용하여 간략하게 정리하는 연습이 필요합니다. 이런 개념은 대강 아는 느낌이 들지만, 시간이 가면 머릿속에서 사라지기 때문에 정리해 둘 필요가 있어요.

2. 시청각 자료 활용하기

48쪽의 QR코드를 이용해 〈세포 안에서 단백질이 만들어지는 과정〉을 살펴보세요.

- 어떤 느낌이 드나요?

문장으로 읽었을 때와 비교하여 굉장히 신기했다. 이런 일이 우리 몸속에서 실제로 일어나고 있음을 알 수 있었다.

- 시청각 자료는 읽기를 어떻게 도울까요? 이 애니메이션 영상을 보고 나서 글만 읽었을 때와 달리 '단백질이 만들어지는 과정'에 대한 내 지식과 생각에 어떤 변화가 생겼나요?

어떻게 단백질이 생기는지를 더 구체적으로 알 수 있었다. 같은 시각적 정보지만 움직임이 주는 힘이 큰 것 같다.

이렇게 활용해 보세요

　종이책 안에 QR코드가 활용되는 빈도가 높아지고 있습니다. 유튜브 세대인 요즘 아이들에게 효과적인 접근일 수 있어요. 스마트폰이나 태블릿 PC를 이용해 그 자리에서 함께 동영상을 보고 이야기 나누어 볼 수 있어요.

　학습자는 시각적, 청각적, 역동적인 방식으로 학습하며, 아동마다 더 선호하고 효과적인 방식이 다릅니다. 책으로만 정보를 접하는 데에는 한계가 있을 수 있어요. 스스로 어떤 방식이 더 흥미로운지 비교해 보는 것도 의미 있는 경험입니다.

3. 책의 주제 곱씹어 보기

이 책에서 얻은 뇌에 대한 정보 중에서 가장 인상적인 내용은 무엇인가요?

특이점의 정의를 알게 된 것이 인상적이었다. 지능과 지능 지수가 다르다는 것을 알게 되었다.

이렇게 활용해 보세요

　책을 읽고 나서 무엇이 가장 흥미로웠는지, 어떤 내용이 가장 기억에 남는지를 되새겨 두면 좋아요. 전체적인 내용을 다 기억할 수는 없지만, 이렇게 해 두면 각 책의 포인트를 오랫동안 간직할 수 있습니다.

1. 개념 정의하기

'알고리즘'이란 무엇인가요? 간결하게 정의해 보세요.

어떠한 문제를 해결하거나 계산 결과를 얻어 내기 위한 명령의 집합

이렇게 활용해 보세요

책 한 권을 다 읽어도 대답하기 어려운 기본 정의랍니다. 모임을 시작하면서 다시 한번 책을 뒤적거려 정리해 두면 좋아요.

2. 과학과 일상생활 연결하기

• 우리 주변에서 경험할 수 있는 인공지능의 예를 들어 보세요. 무엇이 가장 먼저 떠오르나요? 판매되는 제품, 가정용 로봇, 영화 캐릭터 등등 중에 떠올려 보세요.

로봇청소기: 집의 공간에 맞게 움직이면서 경로를 기억해서 스스로 청소를 한다.

• 스마트폰의 음성 인식 서비스를 이용해 무언가 질문을 해 보세요. 우리가 어떤 질문을 했을 때 정보 수집에 효율적인지 비교해 보세요.

 - 나의 질문: 너 랩 할 수 있어?
 - 음성인식 대답: 너와 나의 연결 고리 이건 우리 안의 소리~

이렇게 활용해 보세요

아이들마다 대답이 다를 수 있는 게 책동아리의 장점입니다. 자신과 다른 친구의 답을 여러 개 들어 보는 경험을 주지요.

음성 인식 서비스를 활용하는 경험이 많은 요즘 아이들에게는 위의 예처럼 조금은 장난스러운 활동이 될 수 있어요. 다만 같이 해 본다는 게 중요하고, 비교를 통해 경우에 따라 달라지는 결과를 경험할 수 있으면 된 겁니다.

3. 예시 들기

37쪽 '알고리즘은 무슨 일을 할까요?'에서는 알고리즘이 하는 조종, 분석, 조언, 예측에 대한 설명과 예가 제시되어 있어요. 각 역할에 대해 다른 예를 하나씩 들어 보세요.

조종하기	분석하기	조언하기	예측하기
자율 주행 자동차를 조종한다.	사건 현장을 분석해 범인의 행방을 찾을 수 있다.	대통령에게 어떻게 나라를 다스리면 좋을지 여러 가지 근거를 대어 조언한다.	스포츠 경기에서 어떤 선수나 팀이 이길지를 예측한다.

이렇게 활용해 보세요

몇몇 개념들 간의 차이를 확실하게 인지하려면 정의보다 예시가 효율적일 때가 많아요. 생각해 낼 수 있는 수준의 예를 통해 다른 개념과의 차이를 느낄 수 있어요.

책동아리 POINT

친구는 어떤 예를 드나 들어 보는 것도 중요해요. 사례의 적절성을 비교·평가하며 생각이 깊어집니다.

4. 창의적 설계하기

창의성의 하위 요소는 유창성, 융통성(유연성), 독창성, 정교성이에요. 창의성은 확산적 사고와 수렴적 사고가 상호 작용하며 문제를 해결하는 데 도움을 주지요. 거리가 먼 개념을 끌어와서 연결시키는 힘이 창의성을 나타냅니다. 창의성 테스트 중에는 '외계인 그리기'가 있어요. 평가 기준에서 '인간과 얼마나 다르게 그렸는지'가 핵심이랍니다.

38~41쪽 로봇에 대한 부분을 읽고, 내가 설계하고 싶은 로봇을 그려 보세요. 각 부분의 기능에 대해 간단한 설명을 써 넣어도 좋아요.

내가 만들고 싶은 로봇	주요 기능 설명
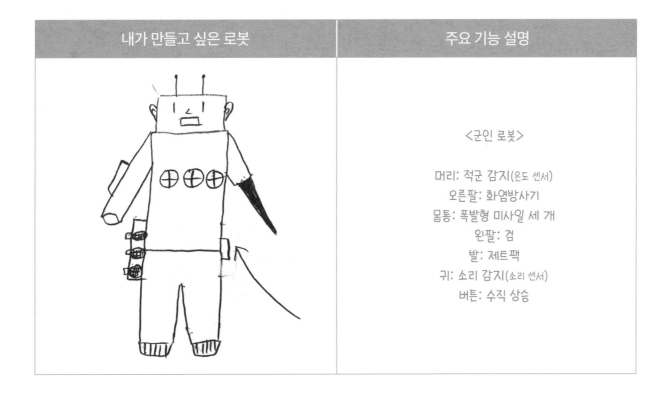	<군인 로봇> 머리: 적군 감지(온도 센서) 오른팔: 화염방사기 몸통: 폭발형 미사일 세 개 왼팔: 검 발: 제트팩 귀: 소리 감지(소리 센서) 버튼: 수직 상승

 이렇게 활용해 보세요

　　그림 그리기, 상상하기, 설계하기와 관련되는 활동이에요. 고학년 아이들은 이런 걸 잘 안 하고 자라는 게 아쉽습니다. 잠깐이나마 쉬어 가며 창의력을 발휘해 볼 수 있게 해 주세요. 내 친구는 뭘 상상했나 서로 나누면서요.

5. 토론하기

• 아마존, 알라딘과 같은 온라인 서점에서는 내가 좋아할 만한 책을 추천해 주고, 페이스북 같은 SNS에서는 내가 관심 갖는 상품 광고나 드라마가 점점 더 많이 뜹니다. 넷플릭스는 개인 맞춤형으로 영화 시청을 제안하지요. 분석 능력을 가진 프로그램이 개인의 성향을 파악해서 상업적으로 활용하는 것이에요. 이런 서비스의 편리함과 위험성에 대해 각각 생각해 봅시다. 우리가 주의해야 할 점은 무엇일까요?

• 청소년이 소셜 미디어 서비스를 이용하는 것의 장단점에 대해 이야기해 보세요. 59쪽의 정보를 활용해 SNS에 대해 알아볼 수 있어요.

 이렇게 활용해 보세요

　　글로 쓰지 않아도 서로 이야기해 보는 걸로 충분해요.

6. 정보 요약하기

- 84~85쪽을 읽고 '검색 엔진 회사는 어떻게 돈을 버는지' 한 문장으로 요약해 보세요.

  주로 광고로 돈을 벌고 애드워즈로도 돈을 번다. 스폰서 링크라고 표시한 광고를 연관 정보와 함께 보여 주기도 한다.

- 87쪽에서 '정보 과부하'란 무엇을 말하나요? 나만의 표현으로 답해 보세요.

  정보가 지나치게 많아 넘치는 것을 말하며, 찾고자 한 내용을 찾기 어렵다.

- 101쪽을 읽고 '공유 경제'의 대표적인 예를 들어 보세요.

  우버, 타다, 에어비앤비 등이 있다.

- 105쪽에서 '인공지능에게 적게 위협받는 직종'의 공통점은 무엇인지 찾아보세요.

  사람을 직접 만나 교육, 치료, 상담 같은 일을 한다.

이렇게 활용해 보세요

질문을 정하면서 그 대답을 찾을 수 있는 페이지를 명시해 주면 편리해요. 질문에 즉석에서 답할 수 있는 경우는 거의 없을 거예요. 정보책을 읽었을 때는 필요한 정보를 다시 찾아보는 과정이 의미 있어요.

7. 두 책을 연결해 깊이 있게 생각하기

다음 중 하나의 질문을 골라 원고지에 글을 써 보세요.

- 내가 어른이 되었을 때 인공지능이 내 생활을 어떻게 도와주면 좋겠나요? 특이점이 오면 인공지능은 인간을 위협하게 될까요?

- 스마트폰을 사용하는 인구가 늘고, 청소년 사용률도 세계적으로 높아졌어요. '스크린 타임', 즉, 스마트폰을 보는 시간이 급증해 청소년의 경우 하루 평균 4시간에 달한다고 합니다. 스마트폰이 없던 시절에는 이 시간이 어떻게 쓰였을까요? 내가 스마트폰을 쓰게 될 때 어떻게 디지털 의존도를 낮추어 사용 시간을 조절할 수 있을까요?

- 《세상을 보는 커다란 눈 알고리즘》142쪽을 읽고 내 생각을 정리해 보세요. 알고리즘은 인간의 두뇌를 대신할 수 있을까요?

〈'알고리즘은 인간의 두뇌를 대신할까?'〉

　나는 알고리즘이 인간의 두뇌를 대신할 수 없다고 생각한다. 왜냐하면 알고리즘이 아무리 똑똑해져도 인간의 경험을 대체할 수는 없기 때문이다. 그리고 나는 알고리즘이 인간의 뇌를 대체한다면 사는 재미가 없어질 것 같다. 난 알고리즘이 로봇에만 사용될 것이라고 생각한다.

20x10

great!

이렇게 활용해 보세요

　첫 번째 질문에는 상상력을 발휘해 쓰면 됩니다. 제목은 제일 마지막에 쓰는 게 좋을 때도 있어요. 한두 문단의 짧은 글을 완성해서 중심적인 생각이 무엇인지 확실하게 알 수 있으니까요.

　두 책을 연결하는 여러 개의 질문을 읽는 것만으로도 도움이 됩니다. 이 중에서 어떤 질문에 대해 답해 볼까 생각하는 과정도 사고력에 도움이 되거든요.

1. 글의 핵심 파악하기

정보와 의견을 담은 텍스트를 읽고 중요한 내용을 파악해요.

> 이 책의 저자 이대열 선생님은 '지능'이 무엇이라고 정의했나요?

> 지능은 지능 지수와 어떻게 다른가요?

> 유전자와 뇌의 관계는 어떠한가요? 뇌와 유전자가 맺은 비밀 계약은 무엇인가요?

> 특이점이란 무엇인가요?

> 메타 선택이란 무엇인가요?

2. 시청각 자료 활용하기

48쪽의 QR코드를 이용해 〈세포 안에서 단백질이 만들어지는 과정〉을 살펴보세요.

> 어떤 느낌이 드나요?

> 시청각 자료는 읽기를 어떻게 도울까요? 이 애니메이션 영상을 보고 나서 글만 읽었을 때와 달리 '단백질이 만들어지는 과정'에 대한 내 지식과 생각에 어떤 변화가 생겼나요?

3. 책의 주제 곱씹어보기

이 책에서 얻은 뇌에 대한 정보 중에서 가장 인상적인 내용은 무엇인가요?

1. 개념 정의하기

'알고리즘'이란 무엇인가요? 간결하게 정의해 보세요.

2. 과학과 일상생활 연결하기

우리 주변에서 경험할 수 있는 인공지능의 예를 들어 보세요. 무엇이 가장 먼저 떠오르나요? 판매되는 제품, 가정용 로봇, 영화 캐릭터 등등 중에 떠올려 보세요.

스마트폰의 음성 인식 서비스를 이용해 무언가 질문을 해보세요. 우리가 어떤 질문을 했을 때 정보 수집에 효율적인지 비교해 보세요.

-나의 질문:

-음성 인식 대답:

3. 예시 들기

37쪽 '알고리즘은 무슨 일을 할까요?'에서는 알고리즘이 하는 조종, 분석, 조언, 예측에 대한 설명과 예가 제시되어 있어요. 각 역할에 대해 다른 예를 하나씩 들어 보세요.

조종하기	분석하기	조언하기	예측하기

4. 창의적 설계하기

창의성의 하위 요소는 유창성, 융통성(유연성), 독창성, 정교성이에요. 창의성은 확산적 사고와 수렴적 사고가 상호 작용하며 문제를 해결하는 데 도움을 주지요. 거리가 먼 개념을 끌어와서 연결시키는 힘이 창의성을 나타냅니다. 창의성 테스트 중에는 '외계인 그리기'가 있어요. 평가 기준에서 '인간과 얼마나 다르게 그렸는지'가 핵심이랍니다.

38~41쪽 로봇에 대한 부분을 읽고, 내가 설계하고 싶은 로봇을 그려 보세요. 각 부분의 기능에 대해 간단한 설명을 써 넣어도 좋아요.

주요 기능 설명

5. 토론하기

- 아마존, 알라딘과 같은 온라인 서점에서는 내가 좋아할 만한 책을 추천해 주고, 페이스북 같은 SNS에서는 내가 관심 갖는 상품 광고나 드라마가 점점 더 많이 뜹니다. 넷플릭스는 개인 맞춤형으로 영화 시청을 제안하지요. 분석 능력을 가진 프로그램이 개인의 성향을 파악해서 상업적으로 활용하는 것이에요. 이런 서비스의 편리함과 위험성에 대해 각각 생각해 봅시다. 우리가 주의해야 할 점은 무엇일까요?

- 청소년이 소셜 미디어 서비스를 이용하는 것의 장단점에 대해 이야기해 보세요. 59쪽의 정보를 활용해 SNS에 대해 알아볼 수 있어요.

6. 정보 요약하기

84~85쪽을 읽고 '검색 엔진 회사는 어떻게 돈을 버는지' 한 문장으로 요약해 보세요.

87쪽에서 '정보 과부하'란 무엇을 말하나요? 나만의 표현으로 답해 보세요.

101쪽을 읽고 '공유 경제'의 대표적인 예를 들어 보세요.

105쪽에서 '인공지능에게 적게 위협받는 직종'의 공통점은 무엇인지 찾아보세요.

7. 두 책을 연결해 깊이 있게 생각하기

다음 중 하나의 질문을 골라 원고지에 글을 써 보세요.

- 내가 어른이 되었을 때 인공지능이 내 생활을 어떻게 도와주면 좋겠나요? 특이점이 오면 인공지능은 인간을 위협하게 될까요?

- 스마트폰을 사용하는 인구가 늘고, 청소년 사용률도 세계적으로 높아졌어요. '스크린 타임', 즉, 스마트폰을 보는 시간이 급증해 청소년의 경우 하루 평균 4시간에 달한다고 합니다. 스마트폰이 없던 시절에는 이 시간이 어떻게 쓰였을까요? 내가 스마트폰을 쓰게 될 때 어떻게 디지털 의존도를 낮추어 사용 시간을 조절할 수 있을까요?

- 《세상을 보는 커다란 눈 알고리즘》 142쪽을 읽고 내 생각을 정리해 보세요. '알고리즘은 인간의 두뇌를 대신할 수 있을까요?

초등 문해력을 키우는
엄마의 비밀 3단계 | 고학년 추천

초판 1쇄 발행일 2022년 4월 25일
초판 4쇄 발행일 2023년 12월 15일

지은이 최나야 정수정
펴낸이 유성권

편집장 양선우
편집 정지현 윤경선 김효선 조아윤
홍보 윤소담 박채원 디자인 프롬디자인(표지) 박정실(내지)
마케팅 김선우 강성 최성환 박혜민 심예찬 김현지
제작 장재균 물류 김성훈 강동훈

펴낸곳 ㈜이퍼블릭
출판등록 1970년 7월 28일, 제1-170호
주소 서울시 양천구 목동서로 211 범문빌딩 (07995)
대표전화 02-2653-5131 | 팩스 02-2653-2455
메일 loginbook@epublic.co.kr
포스트 post.naver.com/epubliclogin
홈페이지 www.loginbook.com
인스타그램 @book_login

로그인 은 ㈜이퍼블릭의 어학·자녀교육·실용 브랜드입니다.